メカニズム解剖図鑑―機械のしくみが見えてくる

機械構造解剖圖鑑

修訂版

和田忠太——著　劉明成——譯
大同大學機械系教授・日本東京工業大學機研所博士 賴光哲——總審訂
大同股份有限公司生產技術研究中心 劉傳根工程師——審校

審訂序

本書作者和田忠太先生是一位實際從事機械創造與設計的機械工程師，長期擔任技術顧問的工作，協助工業開發各種新產品與各種省力化、自動化等設備，同時他也是音樂自動演奏機、寵物餵食機等富有創意的新型機械發明家。這本《機械構造解剖圖鑑》是作者對生活周遭各種器物關心與了解的結果與記錄，也可以說是從事發明創造的最佳參考資料。

機械的種類很多，要編寫一本可以讓讀者理解所有機械原理與構造的參考書，的確是一件非常困難的工作。作者憑藉發明創造的經驗，選擇一百四十九種機械徹底剖析，充分發揮設計繪圖的能力，將不易以文字說明的詳細部結構與動作，全部以最適當的立體圖或剖面圖加以說明，圖文並茂，文字說明與圖解說明各占二分之一，是本書最大的特點。

在整本書的構成上，以作者對機械的深入了解，將所選擇的一百四十九種機械適當分類為一、機械設設的起源，二、家庭機械，三、辦公機械，四、戶外常見機械，五、休閒娛樂機械，六、運輸機械，七、產業機械，八、夢想與未來機械共八大類。這樣的分類使讀者能根據生活經驗，很快於書中找到想要認識的機械。本書可以說是一本易於使用的機械小百科全書。

多年來本人從事機械工程的教育工作，由經驗得知，在整個工程師養成教育的過程中，最困難的在於如何激發學生的學習動機，並確立學習目標，我們嘗試準備各種報廢的舊機械，指導學生拆裝這些舊機械，希望學生由拆裝機械的過程中學習機械的各種結構、設計者的設計思想與製作者的生產技術。多年來的教學實驗結果，這樣的機械解剖課程的確具有教學成果。但，同時也遭遇到下列兩個無法解決的困難：一、報廢的舊機械與現時的社會脫節，較難引起同學的好奇心。二、報廢舊機械的種類有限，無法滿足同學們多方面的需要。在我們思索如何突破教學困難的時候，我們發現這本《機械構造解剖圖鑑》，將會是我們教學上的最大幫手，一百四十九種機械的詳細解剖，將提供學生了解現代機械的最佳機會，這本《機械構造解剖圖鑑》應該是機械工程入門最適當的好書。

和田先生以豐富的發明設計經驗編寫本書，書中任何一種機械解剖圖面與精簡解說，將喚起對現代文明關心人士內心的感動，這樣的感動正是激發我們從事發明造物，造福人群的原動力。

賴光哲　教授
於大同大學機械系

前言

在生活中，我們每天都需要許多機械的輔助。

生活中的各種機器，在外蓋之下藏著什麼樣的結構？裝置了哪些機械？凡此種種疑問，都可在本書中一窺究竟。

從機械各機制的「原點」開始，本書以家庭、工廠、戶外、交通運輸等各種場合中運轉的機械為探討對象。此外，更將時間延長，無論平時、假日，現在或未來，在各個時點上機械的應用情況．都是本書探討的焦點。

機械的基本原理是由齒輪、凸輪、輪軸等基本零件所構成，在此結構上應用電動、油壓、空氣壓縮等技術，現今更增添ＩＣ、電晶體等電子要件。由於電路、電子技術的進步，促使機械能力有飛躍性的提昇。

所謂機電（Mechatronics）是結合機械與電子技術而成形，能完成巧妙作業的機械手臂（Robotic arm），能細微控制、完成動作的洗衣機等，都是利用機電技術而製成的產品。

電腦式的電子機械具有多變的設計。例如個人電腦及文字處理機二者在外觀上並沒有太大的差別，但功能上卻各不相同。換句話說，在硬體上雖是相似的外形，但因內部裝置的軟體（應用程式）不同，而形成不同的機械，從外表無法加以分辨，可見由軟體擔任主角的時代已來臨。

機械手臂是象徵現代化的機械，除了工廠中主要使用的產業機械手臂，還有標榜應用機械手臂的各種自動化機械及裝置。無論是打掃環境、製作食物、修剪高大樹木等工作，都可藉機械手臂完成，在本書中列舉各種實例加以說明。

機械高科技化發展的成就是有目共睹的。包括噴水式推進器、線性機動列車（Linear moto car）等，尚有許多獨特先進的設計，向實用化的目標不斷地推進。

機械在高精密、複雜的組合趨勢之下，爲了深入了解結構，研究的焦點很容易變得偏狹。集中性的研究固然必要，但大方向的判斷卻是更加困難的。

本書以整體的分析取代細部的研究，旨在從寬廣的視野著手，對各種機械做大趨勢的研究探討。這樣的「宏觀」研究，對未來將愈趨重要。

和田　忠太

【目錄】

第3章

辦公與醫療機械

第4章

戶外常見機械

第5章 休閒娛樂機械

第6章 運輸機械

第7章

產業機械

第8章

夢想與未來機械

COVER DESIGN
HIROSHI SUZUKI
DESIGN&ILLUSTRATION
TATSUYA OKA
SYNAPSE
NIWAKO

第1章 機械設計的起源

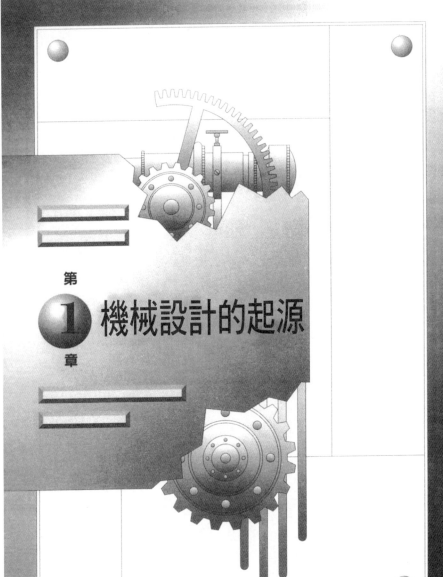

1-1 古希臘的機械

聖水販賣機

擲入的硬幣帶動槓桿作用，使水閥短暫開啓，釋放出一定量的聖水。

槓桿及水閥的應用

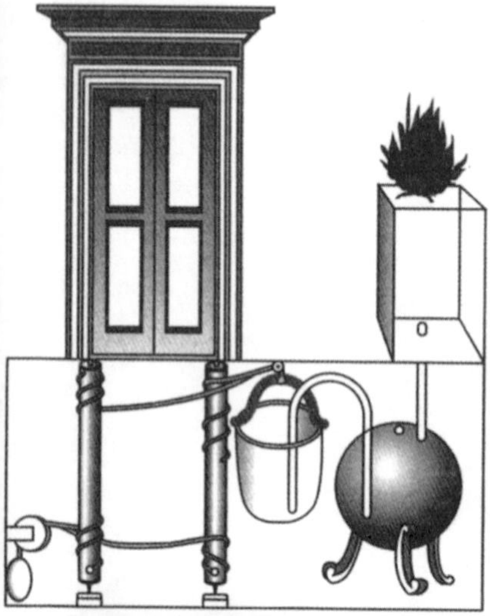

自動門

運用燃燒使得空氣膨脹的原理，使球內的水流入水桶中，利用水桶的重量使門開啓，熄火則門關閉。

空氣膨脹及虹吸管的應用

汽力球

從相反方向的噴嘴噴出水蒸氣，以力偶原理旋轉的渦輪。

反作用力及蒸氣的應用

▼你知道嗎?距今約二千年前，自動販賣機及自動門等機械的雛形已有初步的構想。例如依照埃及神官的創意、亞歷山卓（Alexandria）技師製作的聖水販賣機，就是自動化機械的先趨。當神殿朝拜者投入硬幣，硬幣的重量會使槓桿下降，水閥瞬間開啓，送出一定的水量。

這類自動機械是西元前後由亞歷山卓的希臘科學家赫龍（Heron）介紹給世人。赫龍搜集自古以來的發明，更加入自己的創見，著作「New Matica」等書。

當時由於奴隸勞動者充足，是以人力為主的時代，故未特別追求省力設計。因此當時這些自動機械並非以實用為目的，僅以追求神奇的機械動力及機械使用的便利性，為設計的原始構想。

赫龍的自動機械是以「火」、「水」、「空氣」、「重力」等動力

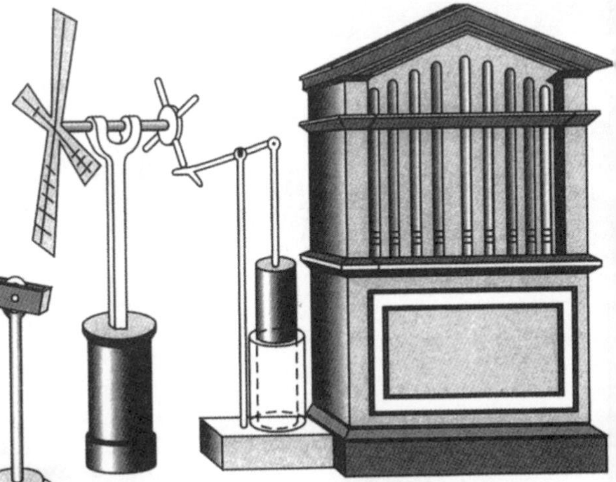

自動管風琴

風車旋轉使重錘上下移動，將
空氣送入風琴琴管中以發聲。

風車、重錘的應用

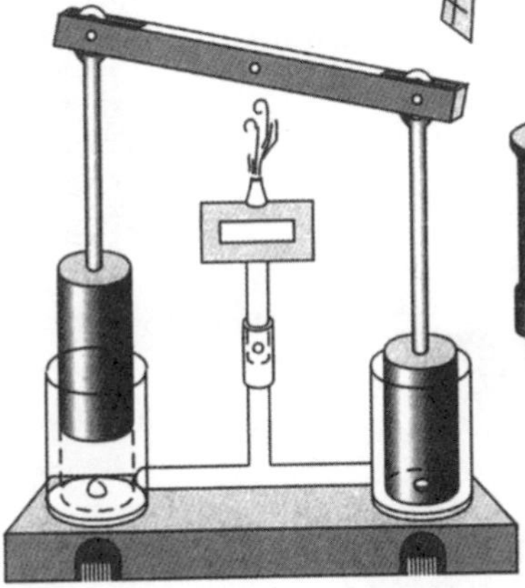

消防幫浦

這種消防幫浦是 18 世紀發現的羅馬帝國時
代的遺跡，其原理與現代的幫浦相近。

空氣壓縮及虹吸管的應用

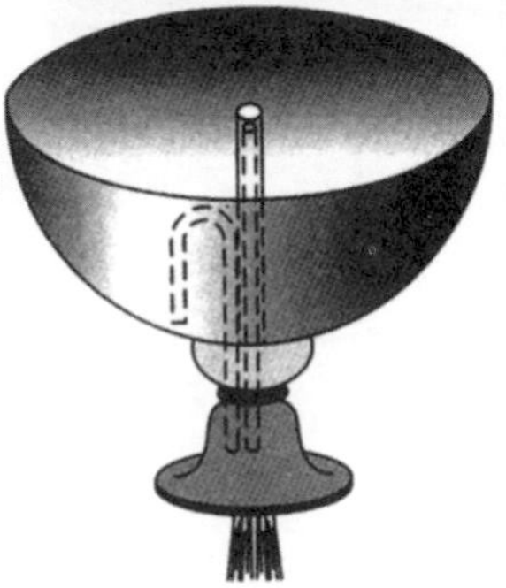

魔術杯

杯内液體欲滿時，可快
速流出，故絕不會溢出
的設計。

虹吸管的應用

為構成要素，應用車輪、滑車、槓桿、虹吸管等簡單機械，以及空氣熱膨脹、空氣壓縮等原理巧妙完成的機械設計。

當時以這些機械原理為基礎，發展出許多新構想，例如「風車動力的管風琴」、「熱力應用的神酒壺」，以及現在使用的校準儀（土木測量上使用的工具，用以測量水平角及鉛直角）的基礎─「測角器」，及測距用的「計程器」等。

這些機械真能動作嗎？關於這樣的疑問，已經得到解答。一九六二年，在日本早稻田大學以赫龍的機械圖為基礎實際製作「自動門」的模型，能有效動作，當時曾在電視上展示這個模型。

赫龍的時代是實証科學極盛的希臘亞歷山卓時代，也是人類對機械結構的興趣正濃的時期，正可謂自動機械設計起源的時代。

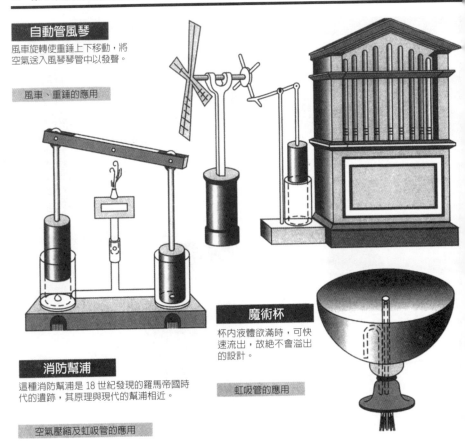

1-2 機械結構人偶

送茶人偶的動作

前輪控制方向、後輪驅動的三輪式設計。足部與後輪結合，可前後移動。

U形迴轉的設計

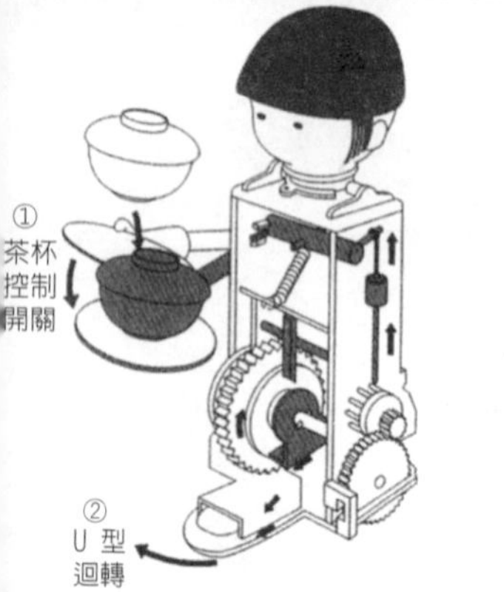

穿上外衣的人偶

▼機械結構人偶的內部由機械構成，在歐洲稱為 automaton，而日本在江戶時代（西元一六〇三－一八六七年）已有相當於今日機械手臂的精巧自動人偶（或稱端茶童子）。

例如送茶人偶，能迎接座上客人，提供送茶水服務。首先主人在人偶的手上放置茶杯，移開制動器，則人偶會搖頭晃腦，向客人走去。

客人從走來的人偶手上取走茶杯以後，人偶會停止動作。將喝完的茶杯放回人偶手上，人偶會轉身一百八十度（U形迴轉），然後直接走回主人處。看了這個人偶的表演，日本作家井原西鶴先生驚嘆地寫下：「活像個真人！」

身高約五十公分的送茶人偶以發條（在當時以鯨鬚製成）為原動力，由齒輪、凸輪、車輪、輪軸、連桿等巧妙組合而成。

包括時鐘及人偶共十三種機械結構

運作人偶的木製零件

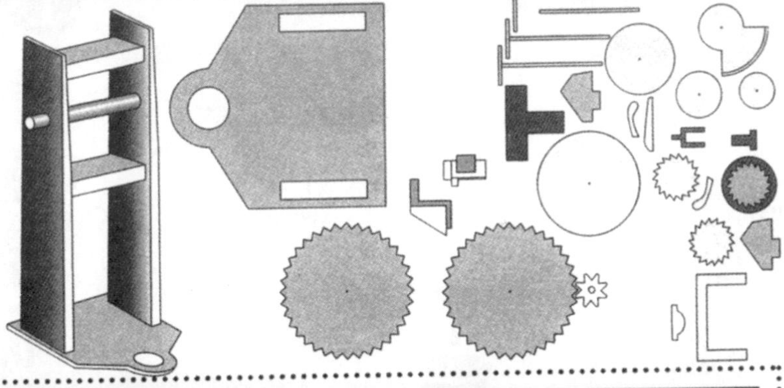

內部構造（背部）

寫字人偶

能以鋼筆書寫，頭部、眼睛都可動作。身高約為 1 公尺。

的製作圖解，已在一七九六年編輯成書，那就是日本人偶師——細川半藏賴直先生所寫的《機巧圖彙》一書。這是二百多年前出版的機械工學書籍，是一部國際稀有的珍貴書籍。

一九六七年，日本根據《機巧圖彙》的繪圖，重新製作送茶人偶，可巧妙動作。

在細川半藏先生為送茶人偶的設計而埋頭苦思時，歐洲的機械結構大師所設計的「寫字人偶」（一七七三年瑞士）這樣優秀的設計亦已問世。

瑞士的人偶設計於十九世紀末開始迎向黃金時代，除了有精美的設計，臉部皮膚甚至還能微妙動作。

構成機械結構人偶的零件，不外是齒輪、凸輪等普通的零件。然而在組合方式的設計所下的工夫，會產生種種不同的動作機能。機械可以說是充滿著迷人的魅力。

1-3 簡單機械

五大機械要素及應用

A（作功）＝F（施力）×S（沿施力方向移動的距離）

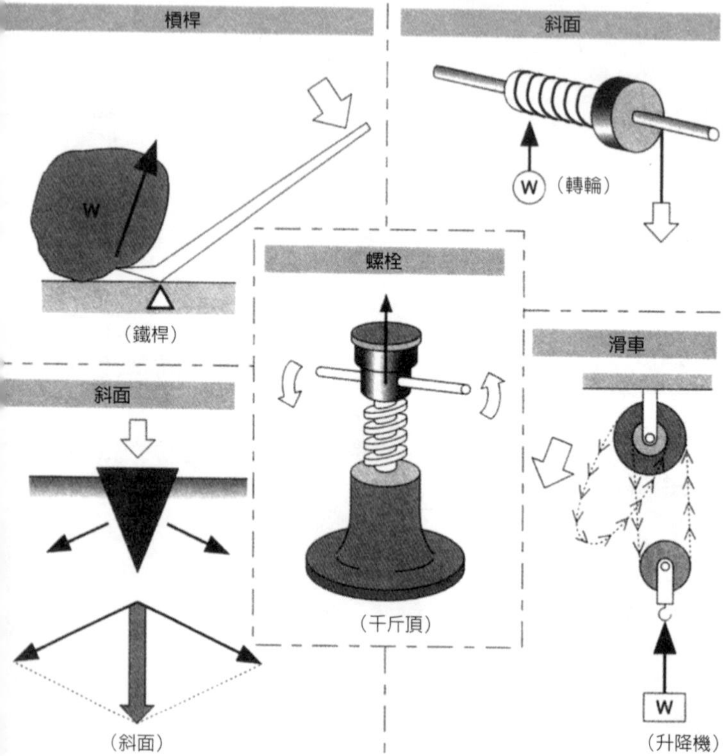

▼希臘科學家赫龍應用「槓桿」、「輪軸」、「斜面」、「螺栓」、「滑車」等五大要素，作為機械的基礎結構。所謂的「簡單機械」就是由這些基礎結構所組成。現代的機械，仍然強調著這些簡單機械的重要性。

這些簡單機械是因應人們將力量延伸擴大的願望而發明，是專門將力量放大的設計。

以構造簡單的機械，完成如此巧妙的功能。然而施力再大，整體的作功量卻不會改變。例如以槓桿能抬高重二、三倍的重物，而舉起重物的高度卻降低為二分之一、三分之一，施力與移動距離的乘積，表示作功量是一定的。

「槓桿」是人類最早利用的機械，遠古時代應用在汲取尼羅河水的吊桶。後來以無限制移動的載物活動板車及滑車（轆轤）的姿態，出現在古代人們的生活中。

在現代產業中，簡單機械

機械的實際應用

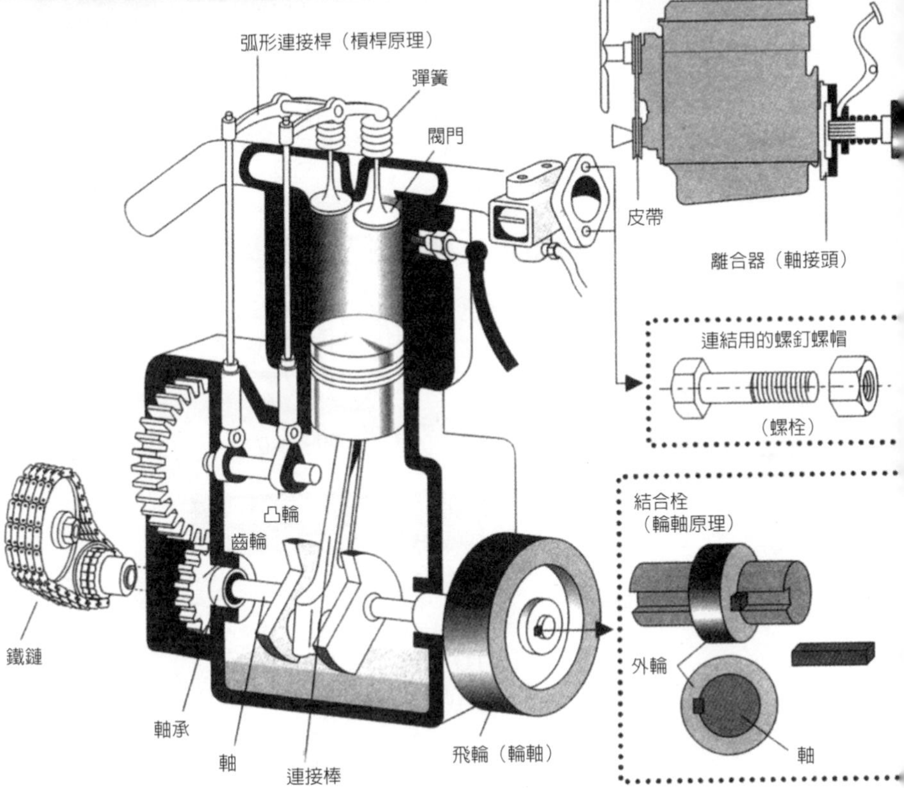
弧形連接桿（槓桿原理）
彈簧
閥門
皮帶
離合器（軸接頭）
連結用的螺釘螺帽
（螺栓）
結合栓
（輪軸原理）
凸輪
齒輪
鐵鏈
外輪
軸
軸承
軸
連接棒
飛輪（輪軸）

樣的角色，例如從槓桿發展到鏟土車、天秤；輪軸應用於車輪、渦輪等；斜面應用在刀刃、犁；螺栓應用在千斤頂、螺旋槳；滑車應用於起重機等。

機械運轉的動力，在古代以人力為主，後來加上畜力、風力、水力、蒸氣、電氣、內燃機等，現在尚有核能的應用，這些力的組合與應用，使得機械設計更為豐富而多樣性。

現代的機械元件，除了螺栓、軸、軸承、齒輪、凸輪、皮帶、鏈條、彈簧之外，還應用許多機制，這些都是從簡單機械發展出來的新形態。

電腦被賦與控制的「智力」，而機械的功能取決於「整體構造」。因此機械本身必須有堅實的結構。在這個高科技時代，人們對於機械的功用依然懷抱高度的期待。

1-4 陀螺儀

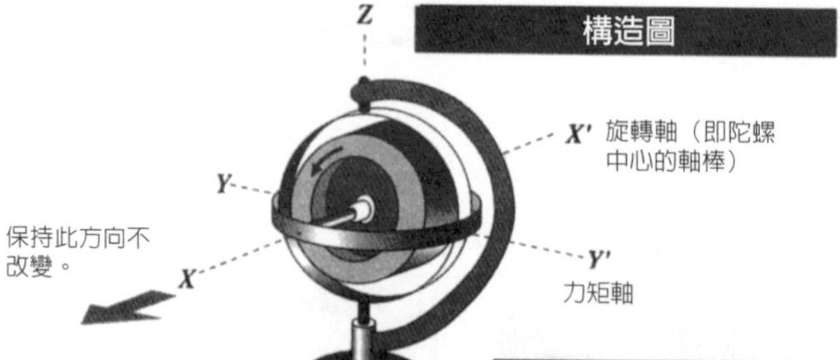
構造圖
Z
X'
旋轉軸（即陀螺中心的軸棒）
Y
保持此方向不改變。
X
Y'
力矩軸
Z'
進動軸

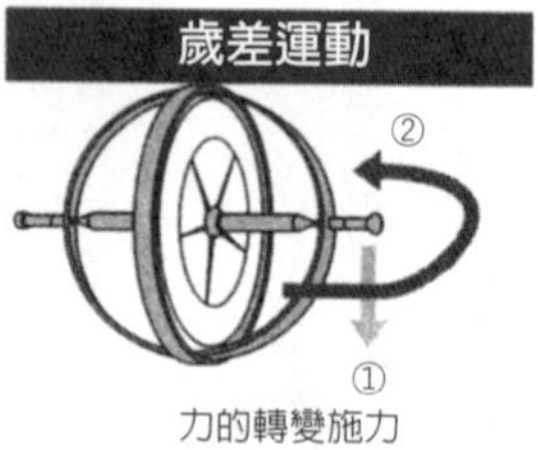
歲差運動
②
①
力的轉變施力

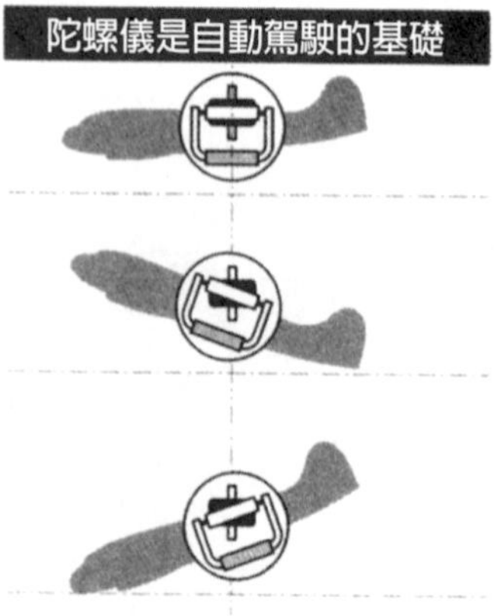
陀螺儀是自動駕駛的基礎

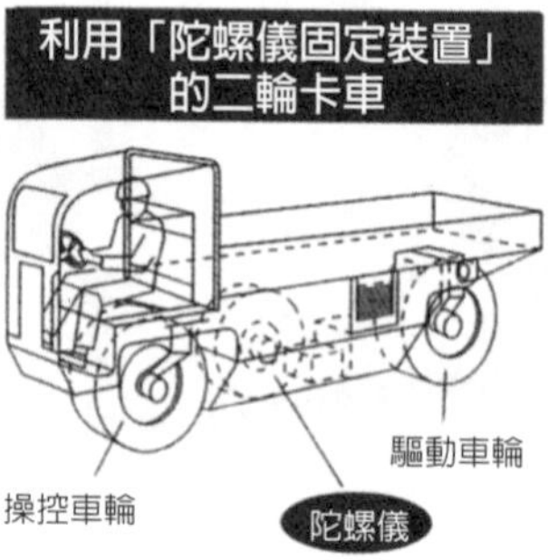
利用「陀螺儀固定裝置」的二輪卡車
驅動車輪
操控車輪
陀螺儀

▼旋轉中的陀螺，僅以一點支撐，保持平衡不倒，若施力推它，會受到立即的抗拒力。可以想像地球，也似一只巨大的陀螺。

加上支持框架，使陀螺可以持續旋轉，就成為「陀螺儀」裝置，其特性之一是方向強制性。指向某一方向旋轉的轉軸，始終維持同一方向。其方向無關乎地球位置，但相對於空間保持一定的方向。特性之二是「歲差運動」。施加力量欲使旋轉軸的方向改變時，陀螺並不向施力方向移動，若施加與旋轉方向相反的力量，則陀螺的運動方向會變得與原方向呈直角。

陀螺儀是「控制機械的機械」，可廣泛應用於計量器、導航裝置、安定裝置等方面。

現在陀螺儀應用已不限於機械性的旋轉體，更開發出利用雷射及光纖的陀螺儀。

第 2 章 住家機械

2-1 微波爐

微波爐

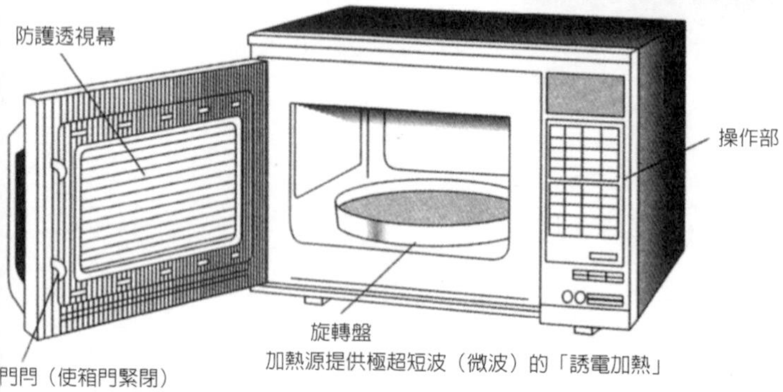
防護透視幕
操作部
旋轉盤
門閂（使箱門緊閉）

加熱源提供極超短波（微波）的「誘電加熱」

側面圖

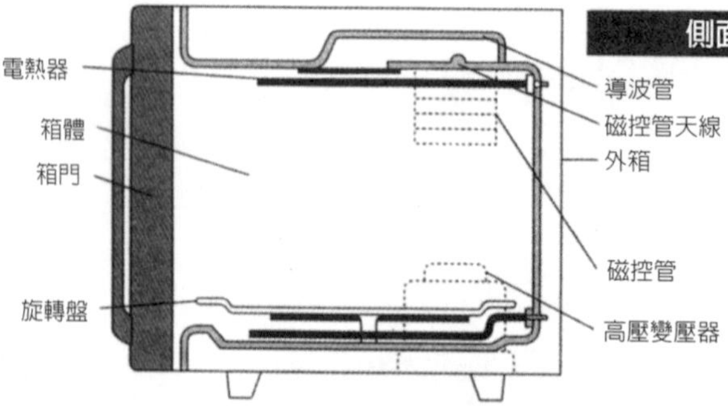
電熱器
箱體
箱門
旋轉盤
導波管
磁控管天線
外箱
磁控管
高壓變壓器

有些產品除微波功能，兼具烤箱功能。加熱、解凍時以「誘電加熱」方式，烤蛋糕等烤箱調理食物則用「電熱器加熱」；而烤魚之類的烤肉料理則以「誘電加熱」及「電熱器加熱」二方式交替使用。

▼微波爐利用電波加熱，不同於一般電熱器由食物外部向內加熱的方式，相反的由中心開始加熱。由於加熱時食物的水分蒸發是從內部開始，故使得調味及解凍效果都與傳統加熱方法不同。

這種加熱方法稱為「誘電加熱」，所使用的微波波長比電視機的電波短了十分之一。電波照射在食物上，可使內含的水分子振動而發熱。

微波爐發明於一九四六年，美國雷達研究者在實驗中發現，以手遮住電波會有溫熱感，首先以微波爐做出爆米花，是美國式的調理食物。

目前市面上可見的誘電加熱製品，有的還另外發展為等附烤箱等加電熱裝置的複合機能「微波烤箱」例如「水波爐」。

微波爐的整體結構是由放射電波的加熱源、電源部、操作部、冷卻風扇及外箱組成。中央的食物放置台大多

誘電加熱的結構

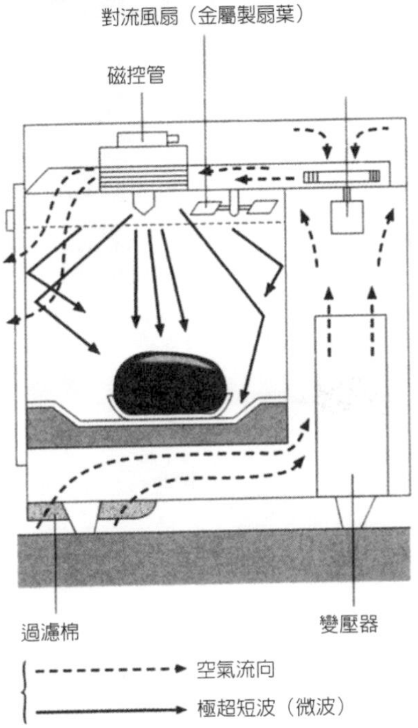
對流風扇（金屬製扇葉）
磁控管
過濾棉
變壓器
空氣流向
極超短波（微波）

射出電波被箱內的食物吸收。設有對流風扇及旋轉盤，使食物能均勻接受電波。

磁控管

以鐵氧體磁鐵為材料產生磁場。陽極產生的電波可由輸出天線導入加熱室。

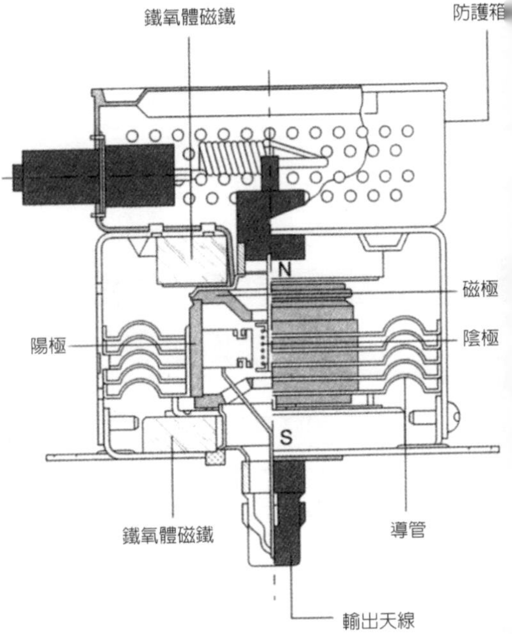
鐵氧體磁鐵
防護箱
N
磁極
陽極
陰極
S
鐵氧體磁鐵
導管
輸出天線

陽極的周圍有強制冷卻裝置。

設計為旋轉盤，使食物能均勻地接受電波。

電波的放射加熱源為一種稱為磁控管（Magnetron）的特殊二極真空管，將強磁場送入，可使共振器發出極超短波，再由輸出天線送出電波，集中照射在食品上。

由於強烈的電波對生物有害，故於接觸位置設有安全裝置，必須緊閉箱門才能啟動。此外，箱體為金屬材質，可防止電波外洩。微波爐內使用的容器也要留意。耐熱玻璃或陶瓷器都容易被電波穿透，適合用在微波爐。但金屬容器則會反射電波，使電波無法穿透，因此不適合使用。

另外，生雞蛋等具有外殼包裹的食品，可能因內部急速加熱而爆炸，加熱時需先刺破或打開。

2-2 電磁爐

誘導加熱的原理

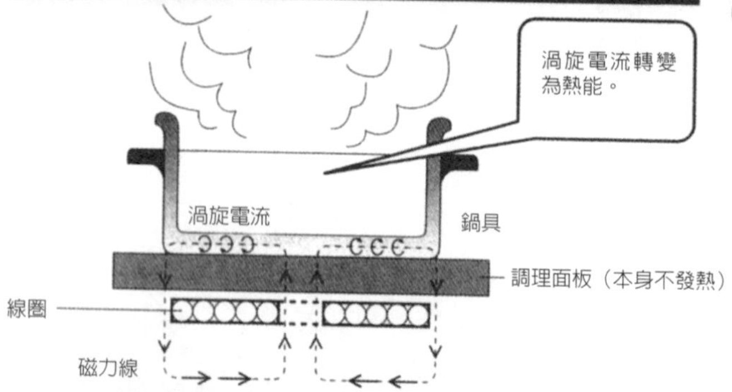
渦旋電流轉變為熱能。
渦旋電流
鍋具
調理面板（本身不發熱）
線圈
磁力線

回路

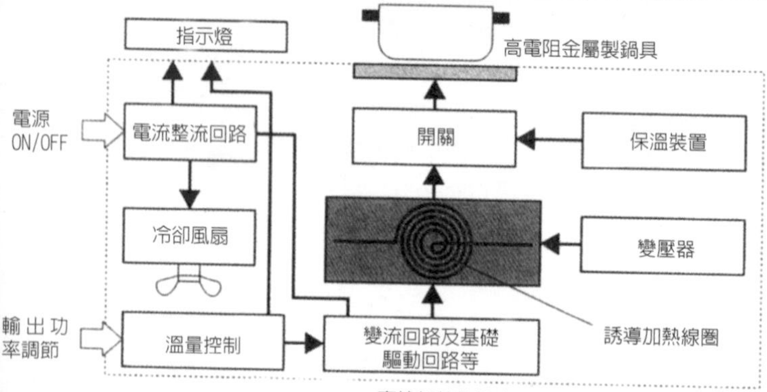
指示燈
高電阻金屬製鍋具
電源 ON/OFF
電流整流回路
開關
保溫裝置
冷卻風扇
變壓器
輸出功率調節
溫量控制
變流回路及基礎驅動回路等
誘導加熱線圈

直接加熱於鍋底。一旦沒放鍋子，即不發熱。

▼電磁爐沒有火焰，可直接加熱鍋具的底部，移開鍋具就停止發熱，其無污染的加熱方式可謂既乾淨又安全，熱效率極高，可達到百分之八十。

電磁爐的加熱原理是「電磁誘導加熱」，例如使用25千赫左右的高周波流，使其通過誘導加熱線圈，因磁力的變化使鍋底的鐵金屬部分產生無數的渦旋電流，這些渦旋電流在強行通過鍋具的金屬時，由於抵抗電阻而產生熱能，利用這些熱能來達到加熱的目的。

電磁爐與微波爐的誘電加熱方式不同，是以透過食物周圍的鍋具材料所傳導的熱能來加熱。

電磁爐烹煮食物容器的鍋具材質宜選擇鐵、琺瑯、不鏽鋼等，不可使用玻璃製品、陶瓷器、土鍋、鋁鍋、銅鍋等。換言之，電阻係數較大的金屬較適合用於電磁爐。另外為增加接觸面積，最好使用底面是平面的鍋具。

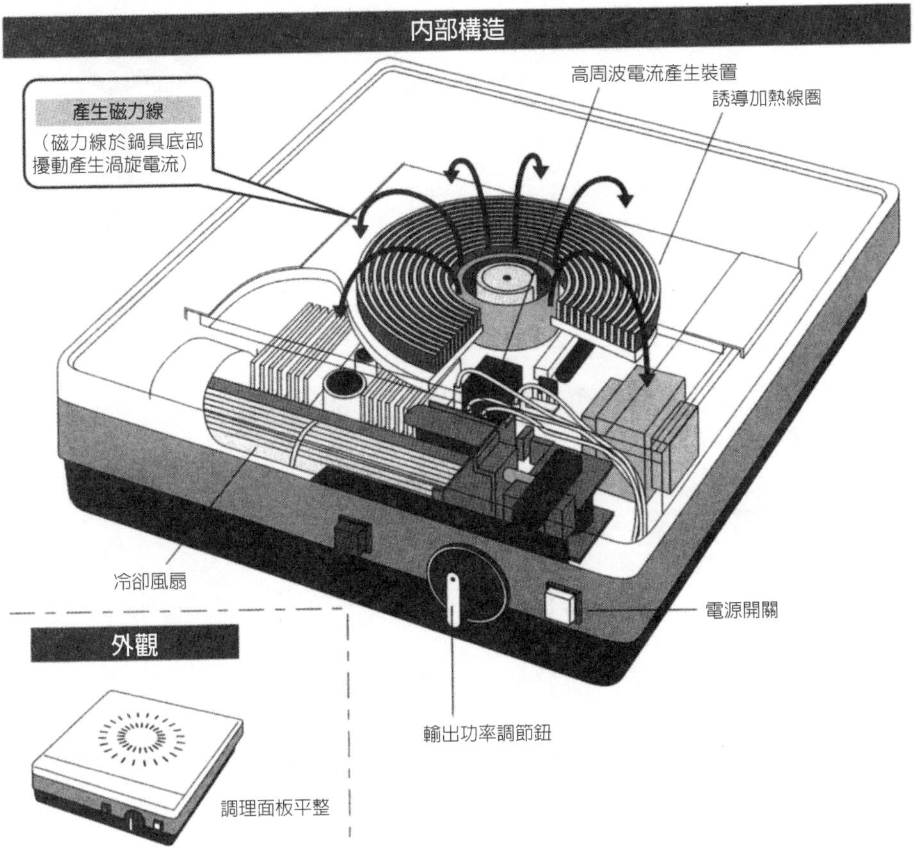
內部構造
高周波電流產生裝置
誘導加熱線圈
產生磁力線
（磁力線於鍋具底部擾動產生渦旋電流）
冷卻風扇
電源開關
輸出功率調節鈕
外觀
調理面板平整

一般的不鏽鋼鍋具無法像鐵器一樣吸附磁鐵，但因其電阻係數高，可在電磁爐上使用。但若電磁爐的裝置構造中，內部使用磁控管開關，則不適用不鏽鋼鍋具，但現在已不生產這種電磁爐。

電磁爐表面的調理面板，材質使用耐熱硬質陶瓷，而內部井然有序地安置著產生磁力線用的線圈和電源裝置，以及使這些裝置冷卻用的強制冷卻風扇。

除了這些安全設計，為防止鍋具內未置入食物，因「空炊」而導致異常溫度上升，還具有「防止過熱裝置」的設計。

良好的誘導加熱效果，必須以安全的設計技術為前提。因此電磁爐得因無焰、不置鍋具則不發熱等特性，而成為優良的家用產品。

2-3 電子鍋

炊飯曲線（火力控制線）

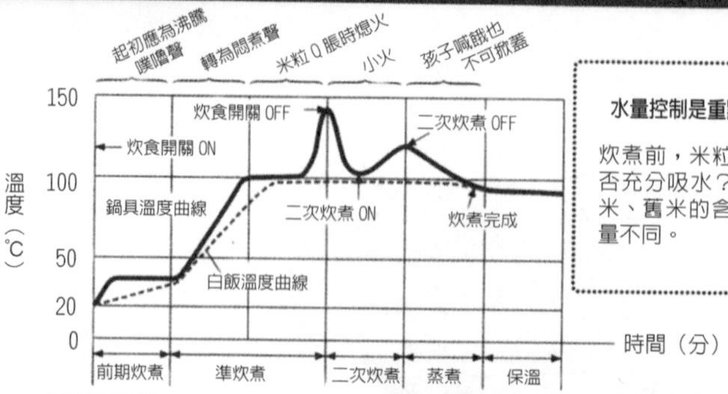
起初應為沸騰噗嚕聲
轉為悶煮聲
米粒Q脹時熄火
小火
孩子喊餓也不可掀蓋
150
100
50
20
0
溫度（℃）
炊食開關 OFF
二次炊煮 OFF
炊食開關 ON
鍋具溫度曲線
二次炊煮 ON
炊煮完成
白飯溫度曲線
時間（分）
前期炊煮
準炊煮
二次炊煮
蒸煮
保溫

水量控制是重點

炊煮前，米粒是否充分吸水？新米、舊米的含水量不同。

煮飯沒有固定的程序。米量較少，電力應隨之減少。

內部構造

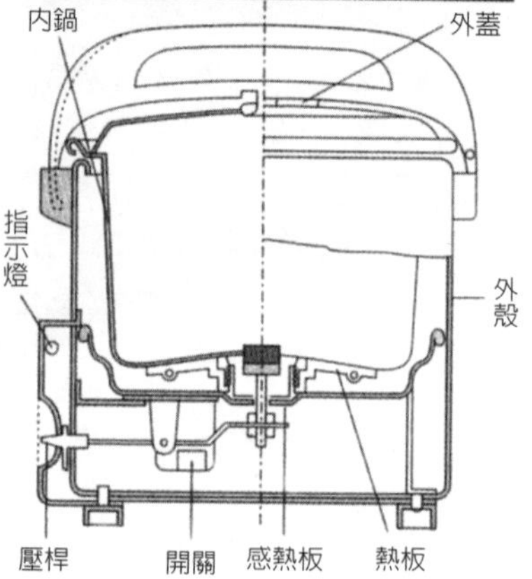
內鍋
外蓋
指示燈
外殼
壓桿
開關
感熱板
熱板

微電腦溫控電子鍋

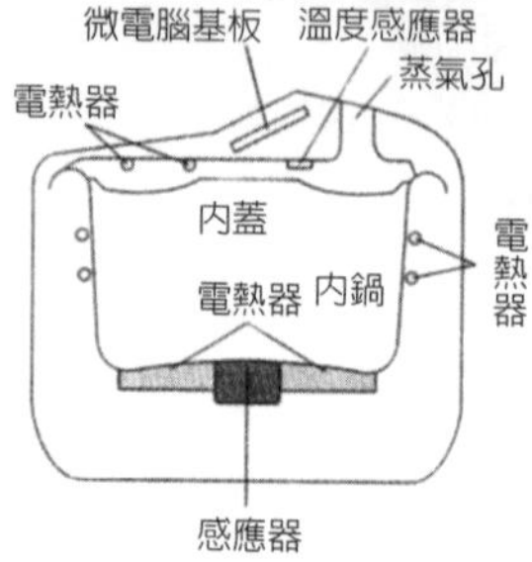
微電腦基板
溫度感應器
蒸氣孔
電熱器
內蓋
電熱器
內鍋
電熱器
感應器

▼日本古早用土鍋在灶上炊飯，能煮出香Q的白飯，將這個秘訣加以引伸，日本研發「炊飯曲線」，而電子鍋是依最佳的炊飯曲線所設計，可煮出可口的米飯，是生活好幫手。

電子鍋多為熱板式，在裝米的內鍋底部，以接觸熱板的方式直接加熱。熱板下置電熱器，鍋底中央設有感應器，能發出控制火力的訊號。

電子鍋煮飯從上層或下層加熱，二者效果不同。少量炊煮時，下層容易產生鍋巴，這個問題可以側面加熱炊煮的方式加以克服，微電腦可依照米量控制加熱程度，大大提高效果。

高科技化發展，結合內鍋電磁誘導加熱方式，以及依人性反應而設計的Neuro Fuzzy 控制系統，使現代化的電子鍋得以回歸至大灶炊飯的原點。

2-4 麻糬機

構造

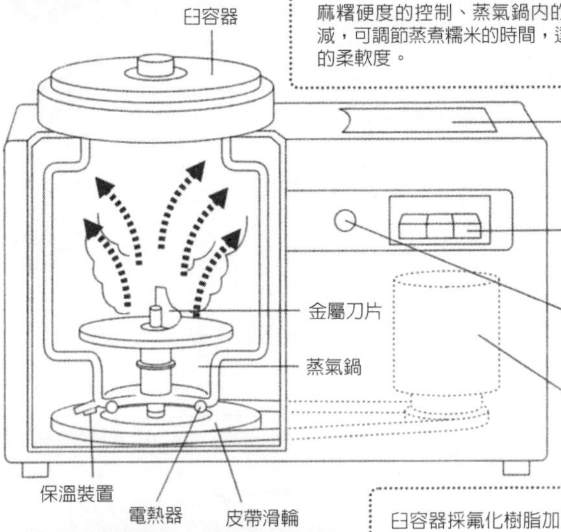

臼容器
外蓋
開關
指示燈
金屬刀片
蒸氣鍋
馬達
保溫裝置
電熱器
皮帶滑輪

麻糬硬度的控制、蒸氣鍋內的水量增減，可調節蒸煮糯米的時間，達到喜好的柔軟度。

臼容器採氟化樹脂加工，麻糬不沾黏鍋底，容易取出。

外觀

容量從 1.8 公升到 3.6 公升，占整體的三分之二。重量約為 10kg。

1.8 公升（1 升米用）若糯米浸泡充分，則蒸煮時間 30 多分鐘。拌打時間 10 分鐘即可製成麻糬。

▼想吃現做的軟QQ的麻糬嗎？有了這台麻糬機，就能在家裡自己動手做。這台現代的麻糬機並非用一個大臼和一支木杵舂打，而是一台以蒸煮及攪拌的動作為主，將糯米加工的機器。

蒸煮的功能是在於專用的小蒸氣鍋。先將浸泡好的糯米瀝乾水分，放入「臼」一般的容器中，小蒸氣鍋會產生蒸氣，由底面的小孔送入，使臼內的糯米蒸熟。

接著將開關切換到「打米」，在臼底的金屬刀片快速旋轉，將蒸熟的糯米飯攪拌充分，揉成Q軟的麻糬。

還有其他攪拌、打碎專用的機器，應用在絞碎食物、製造味噌。當然，想吃麻糬只要到市場就可買到，不過麻糬機除了供應現做的麻糬，更提供動手做的樂趣。

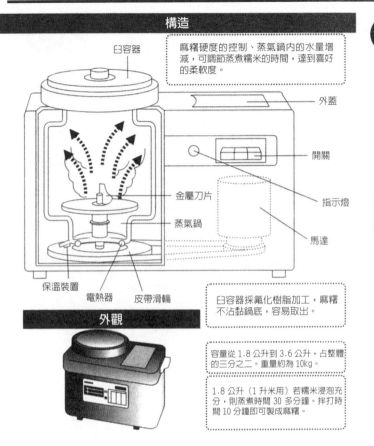

2-5 電冰箱

一般氣體壓縮式

原理

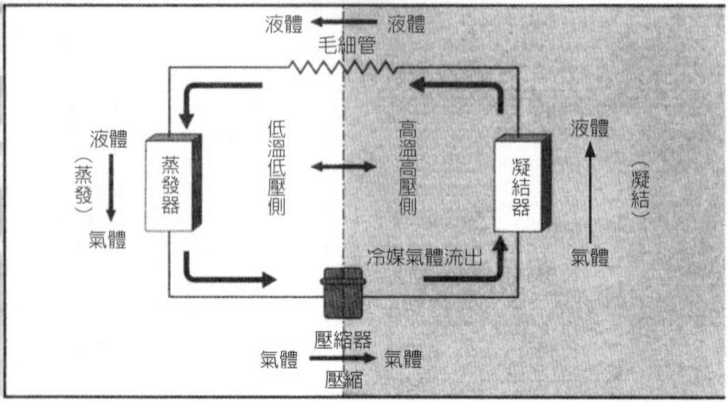
液體
液體
毛細管
液體
（蒸發）
氣體
蒸發器
低溫低壓側
高溫高壓側
凝結器
液體
（凝結）
氣體
冷媒氣體流出
壓縮器
氣體
氣體
壓縮

冷凍冷藏庫

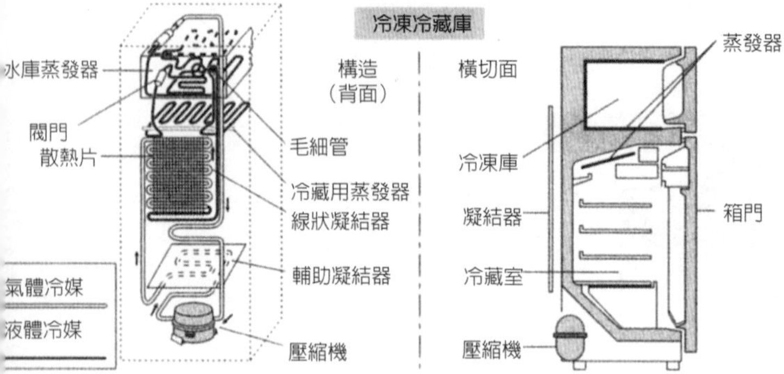
構造
（背面）
冰庫蒸發器
閥門
散熱片
毛細管
冷藏用蒸發器
線狀凝結器
輔助凝結器
壓縮機
氣體冷媒
液體冷媒
橫切面
蒸發器
冷凍庫
凝結器
箱門
冷藏室
壓縮機

▼在手上擦拭酒精，再呼呼吹兩下，酒精蒸發會產生冰涼的感覺，這便是家用電冰箱的冷卻原理（氣體壓縮式）。世界上最早的電冰箱是美國在一九一八年開始銷售。

電冰箱是一種熱移動機械，將冰箱内部的熱向外排出，以保持内部冷卻，其冷卻方式一般是採用氣體壓縮方式，另外還有吸收式、電子式等不同的方式。

觀察電冰箱的結構，底部的壓縮機壓縮冷媒氣體，通過背側的凝結器，此時冷媒氣體因空氣冷卻作用而液化，經過毛細作用呈低溫低壓狀態。接著在蒸發器内由液體汽化為氣體，大量吸收周圍的熱，最後氣體又回到壓縮機。

完成熱傳送作用的冷媒，早期主要成分為氟氯碳化物，此種氣體會破壞高空中的大氣層，已經禁止使用，以其他產品替代。

其他電冰箱

吸收式

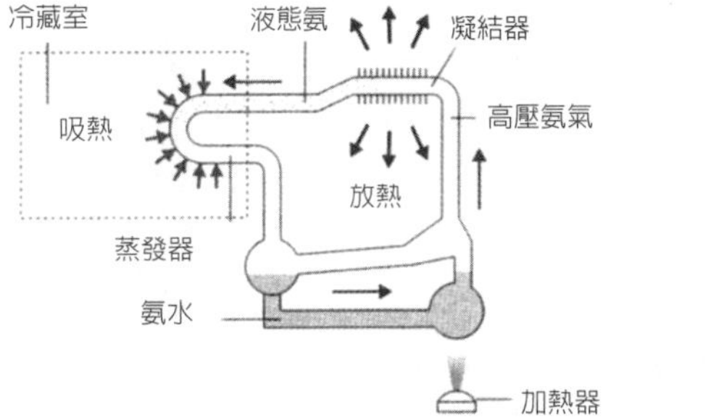
冷藏室
液態氨
凝結器
吸熱
高壓氨氣
放熱
蒸發器
氨水
加熱器

加熱即可產生冷氣環境的吸取式冰箱

- 熱來源如氣熱、電熱等各種熱源都適用。
- 冷媒為高濃度氨水溶液。
- 經凝結器液化而成的氨水，在蒸發器汽化的過程會發生吸熱作用，使周圍環境降溫。

- 非機械式，在沒有電源的地方也能使用。
- 可供野外露營、室外活動之用。

電子式

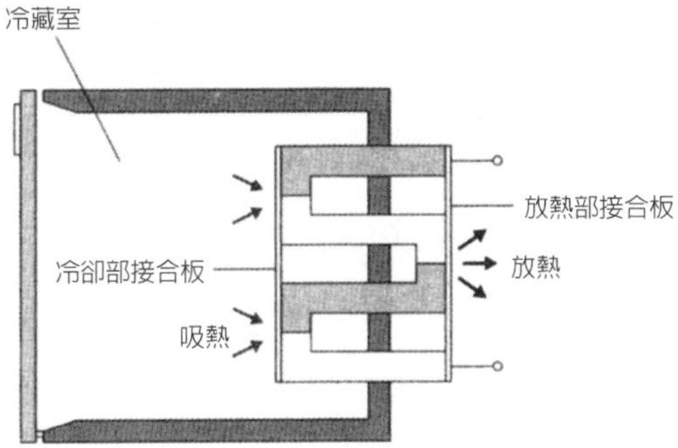
冷藏室
放熱部接合板
冷卻部接合板
放熱
吸熱

無需使用冷媒的電子式電冰箱

- 將電能直接轉換為熱能。
- 以直流電通過異種導體的接觸點，可進行生熱、吸熱（貝爾帖吸熱效果的應用）。

- 應用在恆溫槽及醫療用電冰箱。
- 在休閒生活方面，可應用在車內裝載的釣魚冰箱。
- 正負極電流方向逆轉，即可快速轉換冰箱／保溫箱的功能。

冰箱內的食品會發出溼氣，在蒸發器表面結為白霜，對熱的傳送有所阻礙，必須加以清除。利用電熱器及壓縮機所產生的熱氣，即可將蒸發器周圍溫度提高，避免溼氣凝結。

冰箱的結構無法直接用作冷氣機。若勉強要拿冰箱當作冷氣設備，則箱門必須朝室內方向開啓，而背側凝結機的散熱面則必須朝窗外排放熱氣，使熱氣流向為單向。如此則理論上可以成立。

冰箱除了冷藏室，另闢冷凍庫，冷藏室溫度為0～10℃左右，而冷凍庫則為零下15～20℃，分別有冰涼及凍結的不同功能。

吸收式電冰箱是利用氨的狀態變化來降溫，外部加熱，內部溫度會降低。電子式電冰箱則是利用貝爾帖（Peltereffect）熱電效應為基本原理。兩者都無壓縮機運轉，不會產生噪音。

2-6 水龍頭／活栓

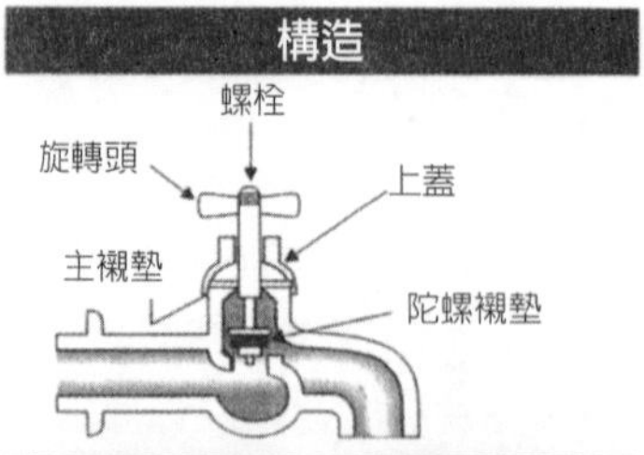
構造
螺栓
旋轉頭
上蓋
主襯墊
陀螺襯墊

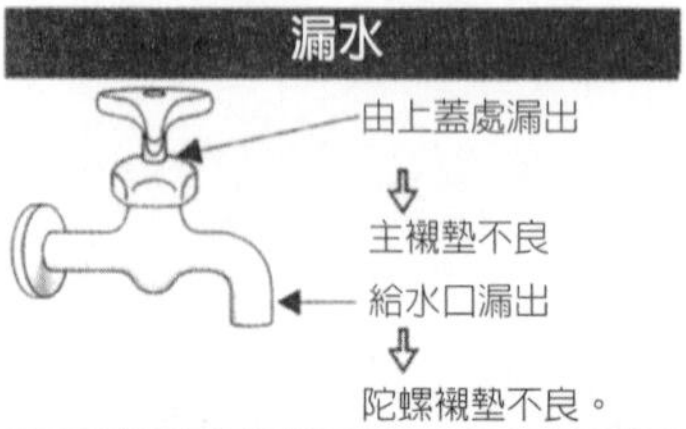
漏水
由上蓋處漏出
主襯墊不良
給水口漏出
陀螺襯墊不良。

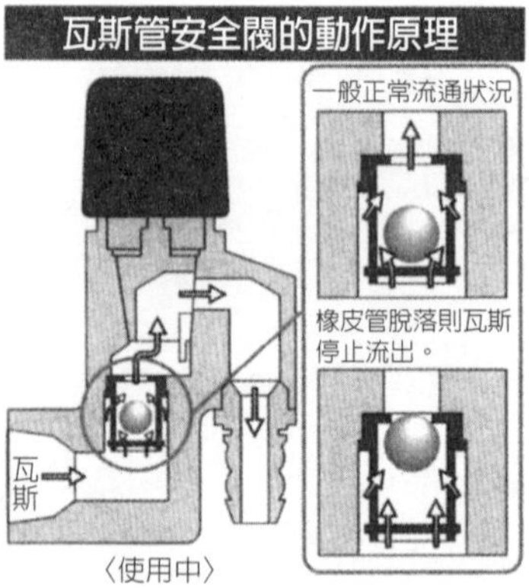
瓦斯管安全閥的動作原理
一般正常流通狀況
橡皮管脫落則瓦斯停止流出。
瓦斯
〈使用中〉

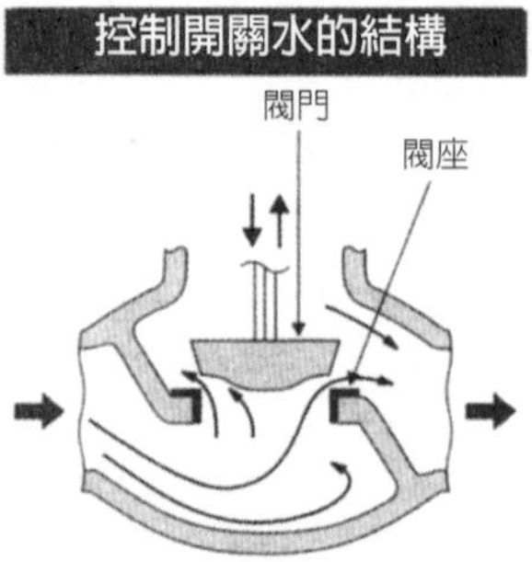
控制開關水的結構
閥門
閥座

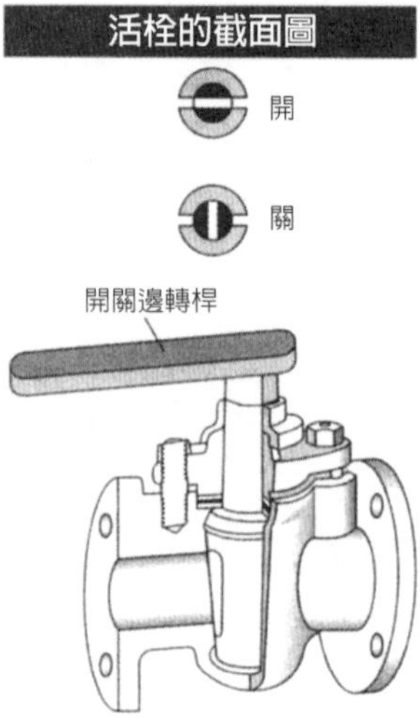
活栓的截面圖
開
關
開關邊轉桿

▼水、瓦斯等流體能流出或即時阻斷，受「閥門」機制所控制。控制自來水流量的是水龍頭，而控制瓦斯開關的則是活栓。

水龍頭的主要部分包括具有輪軸功能的旋轉頭、螺栓、閥門／閥座，閥門頂端附著軟質陀螺襯墊，下壓緊靠在閥座上，則水流停止。而螺栓部分因有摩擦力，旋轉頭能停在固定位置。

活栓的結構，在正中心有一圓椎形栓子，上面的橫向穴可供氣體進出，將栓子上端的旋轉桿轉九十度，就能控制氣體流通，操作方便，但由於安全，在設計上故意使旋轉動作稍感吃重些。

家用瓦斯的活栓，具有各種安全裝置，例如瓦斯管安全閥若有橡皮管突然脫落，可利用瓦斯本身的壓力將球體向上吹，堵住出口，令瓦斯自動停止外洩。

2-7 淨水器

自來水直接連接型

製造美味飲用水的條件：

- ●冷水。（10℃～17℃、平均水溫約 14℃）
- ●PH 值 7.2～7.4 弱鹼性。
- ●水分子團較小者較易為身體吸收。
- ●適當的含鈣量可使水質更醇美。
- ●鎂及鐵離子等會破壞水的口感。

（註）什麼是 PH 值？

氫離子濃度產生的酸強度指示值。PH＝7 為中性；小於 7 則為酸性；大於 7 則為鹼性。（人體血液經常保持 PH＝7.4 的弱鹼性）

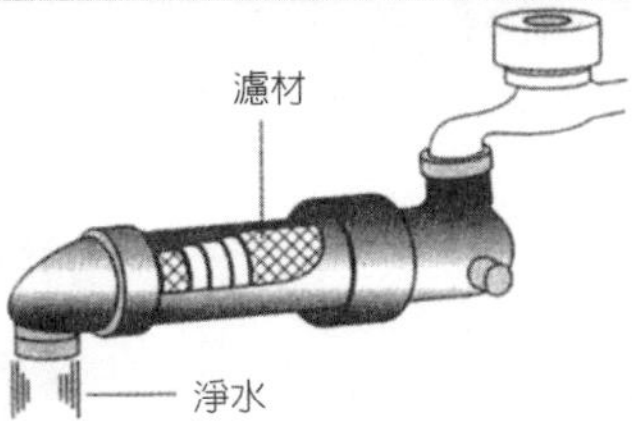
濾材
淨水

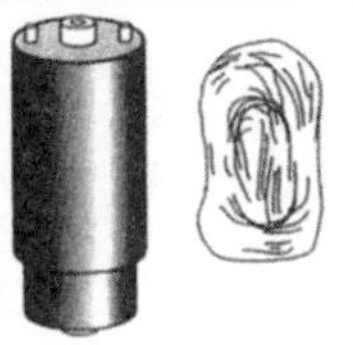

●在卡匣式內膽裡面。

中空狀絲膜

- ●截面為細麵條般的纖維。中空絲表面有無數個 0.01～0.1 微米的小洞。
- ●可將活性碳無法吸附的細菌、鐵、黴菌等一一濾除。

電解水水質調整器

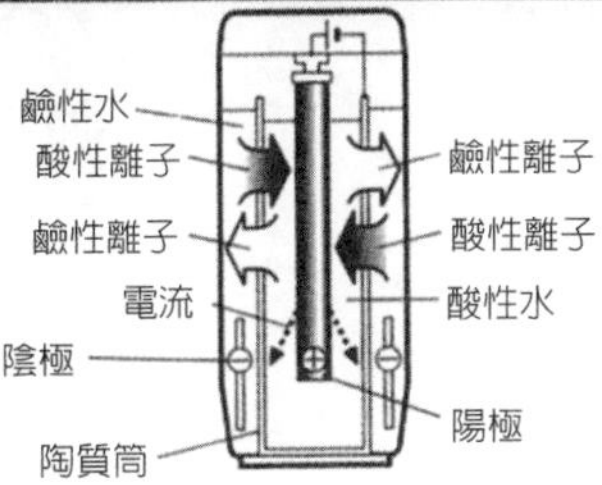
鹼性水
酸性離子
鹼性離子
電流
陰極
陶質筒
鹼性離子
酸性離子
酸性水
陽極

水的電解

- ●以直流電將水電解，以陶質筒隔開陰陽兩極，陰極為鹼性水槽，陽極為酸性水槽。
- ●電解水集水量，鹼性水較酸性水為多。
- ●鹼性水適於飲用，酸性水適用於洗滌用。

▼「改善自來水的口感」是淨水器的一大賣點，然而使自來水變好喝並不是容易的事。例如蒸餾水十分純淨，但由於完全不含礦物質，口感絕不會太好，咕嚕喝下肚，除了解渴對身體健康無多大的益處。

濾材是淨水器的生命，是可更換的卡匣式內膽，內部大多以活性碳去除氯臭味（水中殘留的氯）及汙染物，中空狀絲膜可吸附細菌及鐵鏽。

濾材的淨化力有使用期限，達飽和就必須更換內膽，一般約有兩個月到半年的壽命。另有使水逆流以清洗內部的洗淨設計，可使內膽的壽命延長為一年。

此外與淨水器類似的產品─水質調整器，可利用電力將水分解為鹼性電解水。鹼性電解水口感美味，對胃腸吸收及消化力也有提昇的功效。

2-8 即熱式瓦斯熱水器

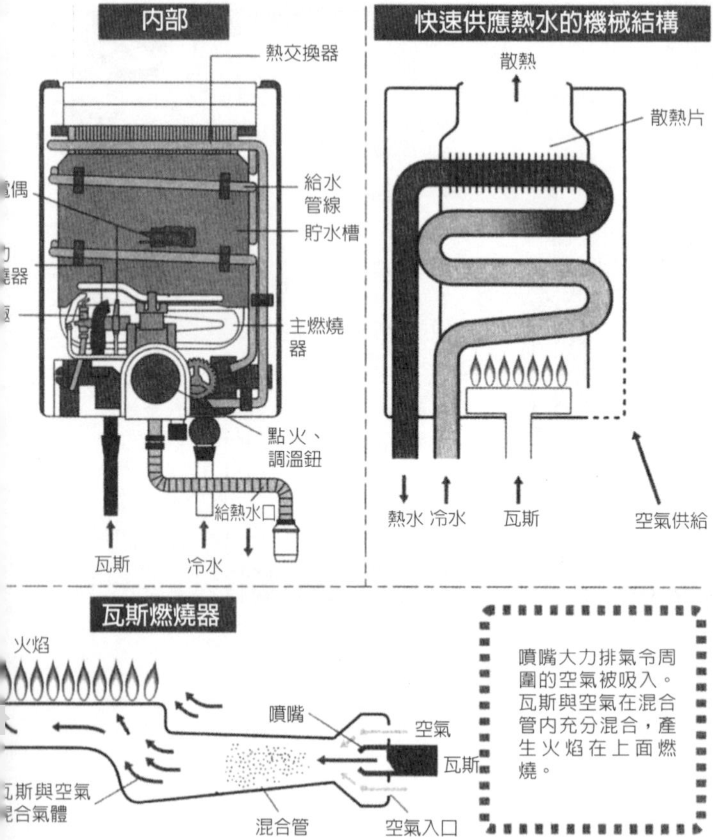
內部
熱交換器
給水
管線
貯水槽
主燃燒
器
點火、
調溫鈕
給熱水口
瓦斯
冷水
快速供應熱水的機械結構
散熱
散熱片
熱水
冷水
瓦斯
空氣供給
瓦斯燃燒器
火焰
噴嘴
空氣
瓦斯
混合管
空氣入口
噴嘴大力排氣令周圍的空氣被吸入。瓦斯與空氣在混合管內充分混合，產生火焰在上面燃燒。

▼家庭用的熱源之中，瓦斯可以說是最普遍的廚房主角。

與其他的能源相較瓦斯，使用簡便，經濟性也高。即熱式瓦斯熱水器便是以瓦斯為能源的加熱裝置，能快速將自來水加溫為熱水。

如此高效率快速供應熱水，需要高效率的熱交換器。構造是一支附有散熱片的彎管，進入管中的自來水經外部瓦斯燃燒加熱後排送出來。

若瓦斯燃燒加熱的程度固定，給水管中通過的水量較少，則傳熱較快，水溫升高；而水量較多時，傳熱較慢，故水溫降低。利用此原理可調節水溫。

點火的方式是利用壓電式點火裝置。此裝置是在石英等強介電結晶體上施加機械力，使結晶表面發電，釋放高電壓，引燃導火口上的瓦斯而點火。

導火口點燃之後，會打開供水旋

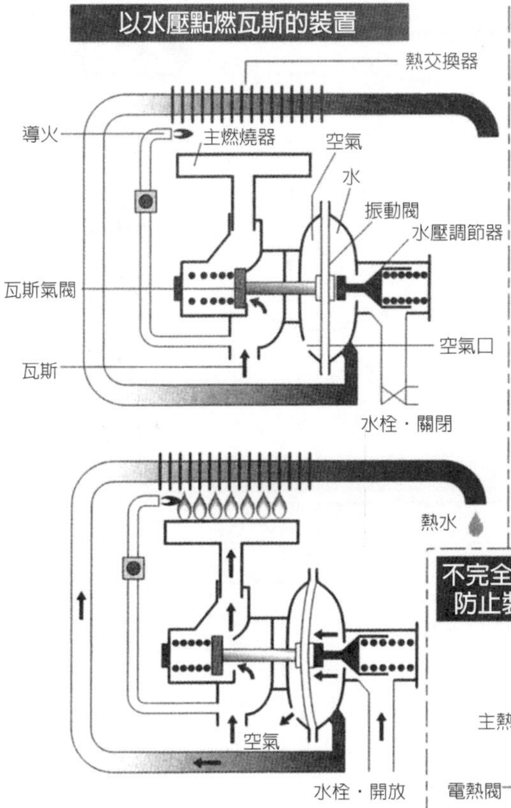
以水壓點燃瓦斯的裝置
熱交換器
導火
主燃燒器
空氣
水
振動閥
水壓調節器
瓦斯氣閥
空氣口
瓦斯
水栓・關閉
熱水
空氣
水栓・開放

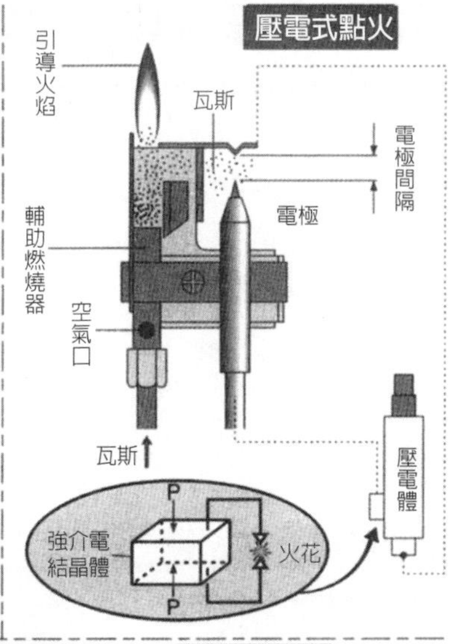
壓電式點火
引導火焰
瓦斯
電極間隔
電極
輔助燃燒器
空氣口
瓦斯
壓電體
強介電結晶體
P
P
火花

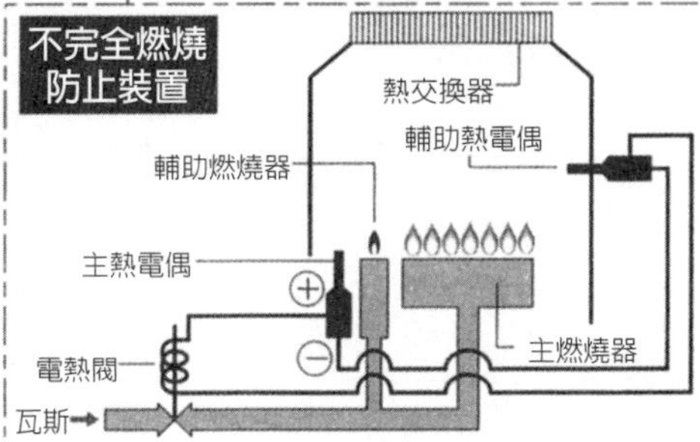
不完全燃燒防止裝置
熱交換器
輔助熱電偶
輔助燃燒器
主熱電偶
主燃燒器
電熱閥
瓦斯

鈕，藉著流出的自來水壓力，使水壓作動機構中的振動閥開啓，使瓦斯進入主燃燒器，開始燃燒，快速送出熱水。

即熱式瓦斯熱水器有各種安全裝置，例如不完全燃燒防止裝置在異常因素發生，使氧氣濃度降低時，可由熱電偶檢測火焰長度得知，進而控制電磁閥，切斷瓦斯供給。另外還有即時熄火安全裝置等設計。

使用上應注意周圍空氣的流通。另外，上部的熱交換器散熱片不可阻塞，若受到汙垢堵塞，須立即清潔。

小型熱水供應器，應避免連續使用超過十分鐘。

2-9 彩色電視機

彩色電視機內部

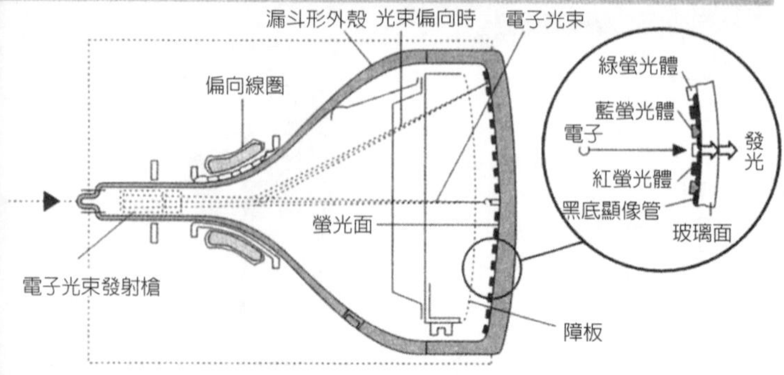
影像接收器（電子映像管）
漏斗形外殼
光束偏向時
電子光束
偏向線圈
綠螢光體
藍螢光體
電子
發光
紅螢光體
黑底顯像管
玻璃面
螢光面
電子光束發射槍
障板

高視覺系列

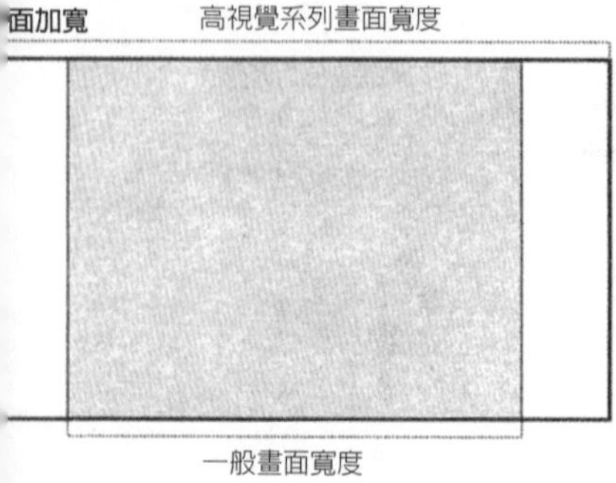
面加寬
高視覺系列畫面寬度
一般畫面寬度

比較	一般畫面	高視覺系列畫面	效果
長寬比	3：4	9：16	畫面寬度
掃描線數	525 條	1,125 條	高解析度
音聲方式	FM	PCM	高音質

▼彩色電視的設計原理，以光的三原色紅、綠、藍為基礎。自然界中的物體都以這三色的組合來表現視覺上的特色（色彩的三原色是紅、黃、藍）。

影像移動的原理與電影類似。電影以每秒16～24格圖像為放映標準，而電視則是以電子的方式每秒更換30張影像。在畫面上左右游走的掃描線共有五百二十五條（日本規格）。

攝像機把被攝物體的顏色以紅色、綠色、藍色三種基色加以分析，轉換為電子訊號，傳送電波在影像方面使用AM（振幅調制，調幅），在聲音方面使用FM（頻率調制，調頻），使收訊效果及音質良好。

傳統彩色電視機影像接收器的映像管主要由電子光束發射槍、障板、螢光體三部分構成。由電子光束發射槍發出的電子光束，受影像訊號影響，使磁力線產生彎曲及振動，穿透障板

魚骨天線

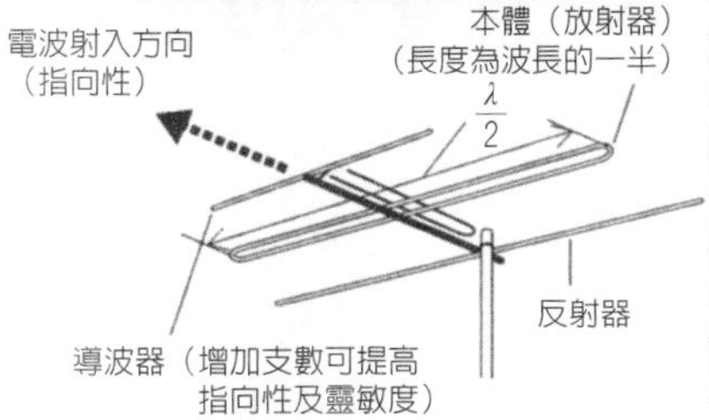
電波射入方向
（指向性）
本體（放射器）
（長度為波長的一半）
λ/2
反射器
導波器（增加支數可提高指向性及靈敏度）

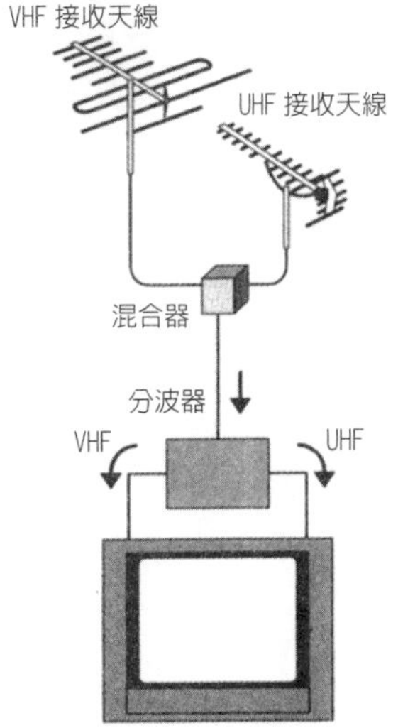
VHF 接收天線
UHF 接收天線
混合器
分波器
VHF
UHF

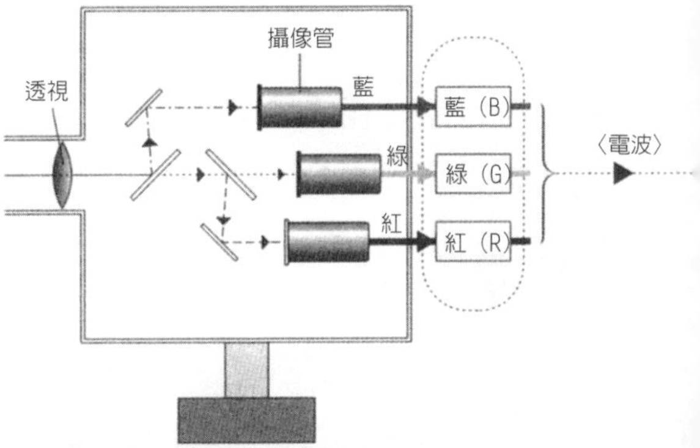
攝像機（3 管式）
攝像管
透視
藍
綠
紅
藍（B）
綠（G）
紅（R）
〈電波〉

液晶彩色電視機

畫面

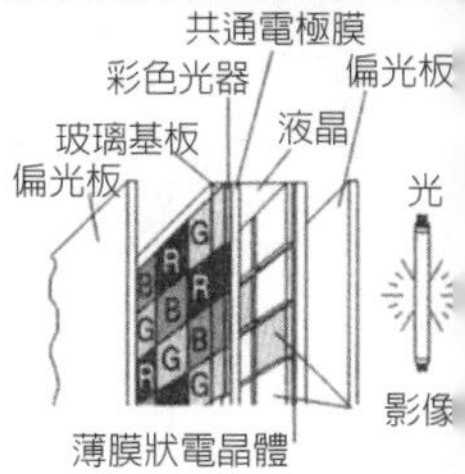
結構
共通電極膜
彩色光器
偏光板
玻璃基板
液晶
偏光板
光
影像
薄膜狀電晶體

上的小洞，照射到特定的螢光體上，產生彩色影像。

電視天線常使用魚骨線，以迴紋針狀彎曲的本體為中心，較短的導波器在前方，較長的反射器在後方，構成天線的收訊結構。

近來液晶顯示的彩色電視機成為主流。液晶本身不發光，作用在使穿透光或反射光得以通過或被阻斷，而構造上，是將微細孔狀的彩色濾光器及制御用的薄膜狀電晶體重疊，成為輕、薄的影像接收器。

高視覺系統（High Vision）是以寬螢幕、細膩的解像度、音聲PCM（脈衝符號調制）等各種先進技術，使映像品質獲得飛躍性的提升。而清晰影像技術則是改進掃描線的處理，以提高畫質。

CATV（Cable TV）對各收視戶以有線方式傳送，依地域區別有數百個頻道，所傳送的節目內容包羅萬象。

2-10 衛星傳訊

BS 收訊結構

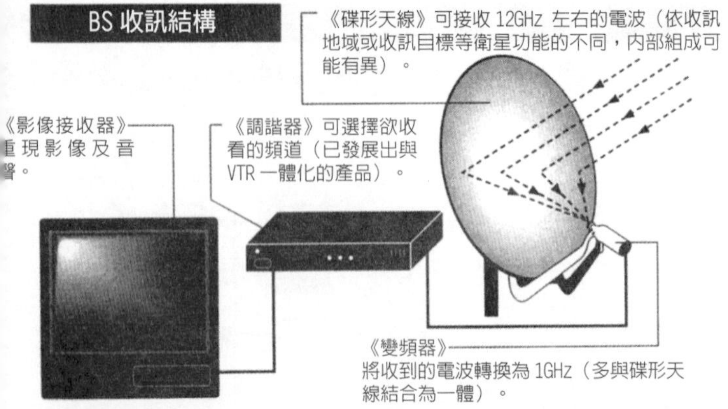
《碟形天線》可接收 12GHz 左右的電波（依收訊地域或收訊目標等衛星功能的不同，內部組成可能有異）。
《影像接收器》
重現影像及音聲。
《調諧器》可選擇欲收看的頻道（已發展出與 VTR 一體化的產品）。
《變頻器》
將收到的電波轉換為 1GHz（多與碟形天線結合為一體）。

軌道及「日食」

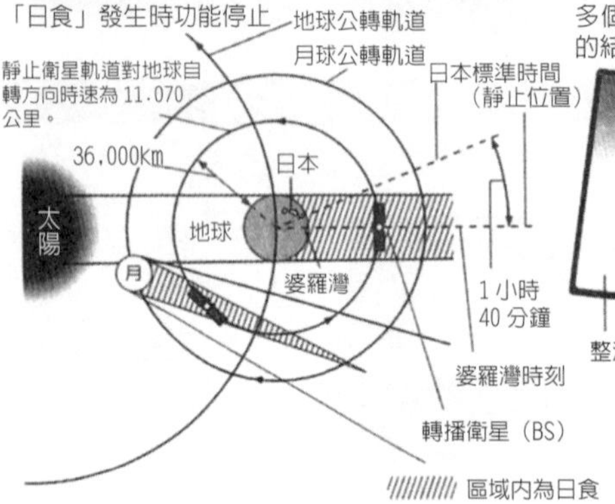
「日食」發生時功能停止
地球公轉軌道
月球公轉軌道
靜止衛星軌道對地球自轉方向時速為 11.070 公里。
日本標準時間
（靜止位置）
36,000km
日本
太陽
地球
月
婆羅灣
1 小時
40 分鐘
婆羅灣時刻
轉播衛星（BS）
區域內為日食

平面天線

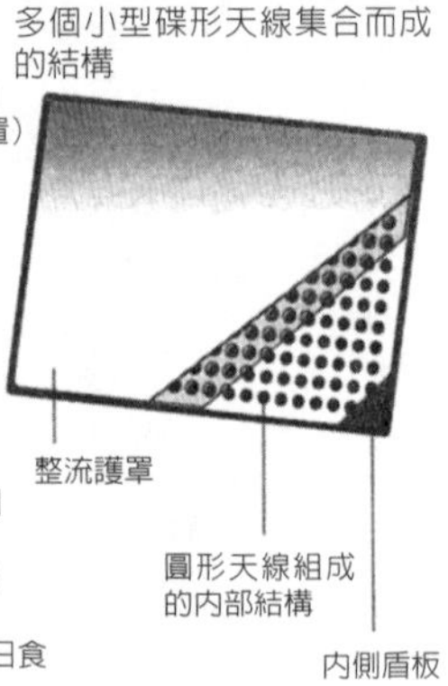
多個小型碟形天線集合而成的結構
整流護罩
圓形天線組成的內部結構
內側盾板

▼衛星傳訊可接收赤道上空三萬六千公里靜止軌道上的衛星電波。因電波由宇宙傳送，故不受地形、環境、災害等因素的影響。依功能不同，可分為轉播衛星（ＢＳ）與通訊衛星（ＣＳ）兩種。

轉播衛星的收訊結構，包括碟形天線、變頻器、調諧器、及影像接收器。通訊衛星的收訊必須用解碼器來解讀密碼。

ＢＳ從西南方、ＣＳ從南方開始移動，靜止在東方的高空，故接收天線須對準此方向。

傳訊範圍可達亞洲各地區。此外，只要是拋物線狀的任何金屬物體，如炒菜鍋、金屬蓋等皆可作為收訊天線。

衛星所使用的電源為太陽能電池，因此當衛星繞行到地球或月球的背後，由於陽光遮住，就會失去功能。

這就是衛星的「日食」狀態，於春分、秋分發生，日食狀態將使衛星失去正常功能。

2-11 投影式放映機

投影結構

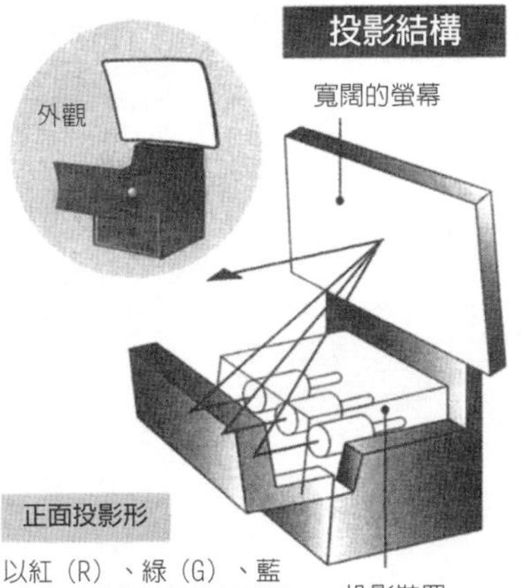
外觀
寬闊的螢幕
投影裝置

正面投影形

以紅（R）、綠（G）、藍（B）三支投影管投射成像。

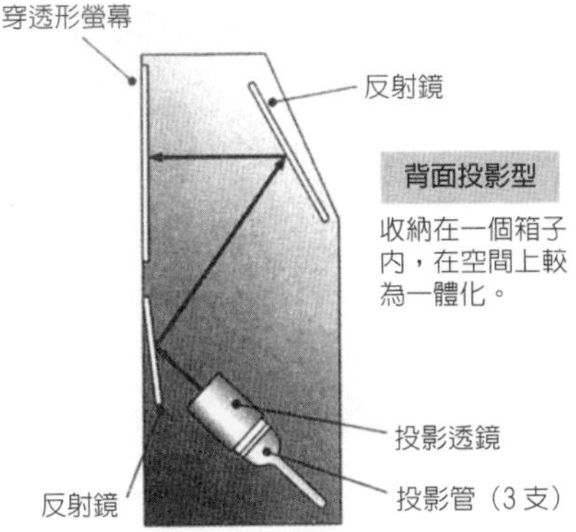
穿透形螢幕
反射鏡
投影透鏡
投影管（3 支）
反射鏡

背面投影型

收納在一個箱子內，在空間上較為一體化。

原理

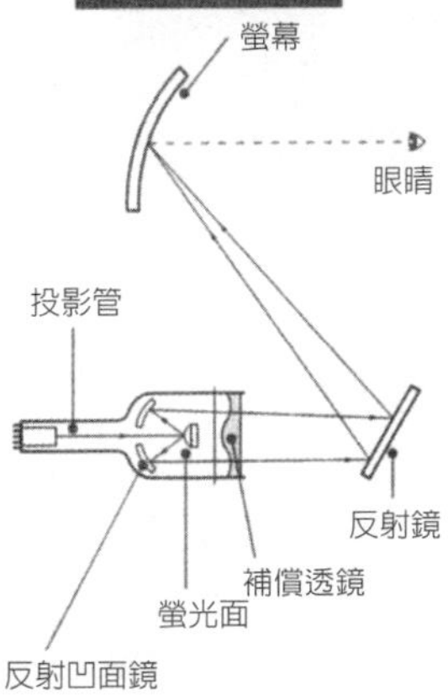
螢幕
眼睛
投影管
反射鏡
補償透鏡
螢光面
反射凹面鏡

液晶投影機

依光的調節，利用液晶操控盤投影的放映機。小小體積卻能投射成大型畫面。

▼大螢幕電視所放映的震撼視聽的畫面，使用的就是Vedio Projector投影式放映機。除了在公開場合放映影片，在家庭客廳的使用也愈來愈多。目前家庭用的投影機多為一百吋型的畫面，極具臨場震撼力。

生成影像的投影型映像管，稱為投影管。彩色畫面則是以紅、綠、藍三支投影管並排，將影像以鏡子反射出去，投射在對面的螢幕上。

此外，穿透型螢幕以從背面投射的方式來顯像，這樣的裝置在空間上較為一體化，是一種高品質內投影電視。由螢幕的橫切面來看，若是採雙凸透鏡，即可見立體的影像。

使用液晶螢幕的彩色投影機可輕可小，能率極大。另外，以鹵素燈、液晶操作盤、投影透鏡等構成的投影機可拉大與螢幕之間的距離，實現一百吋型大畫面的投影效果。

2-12 紅外線遙控器

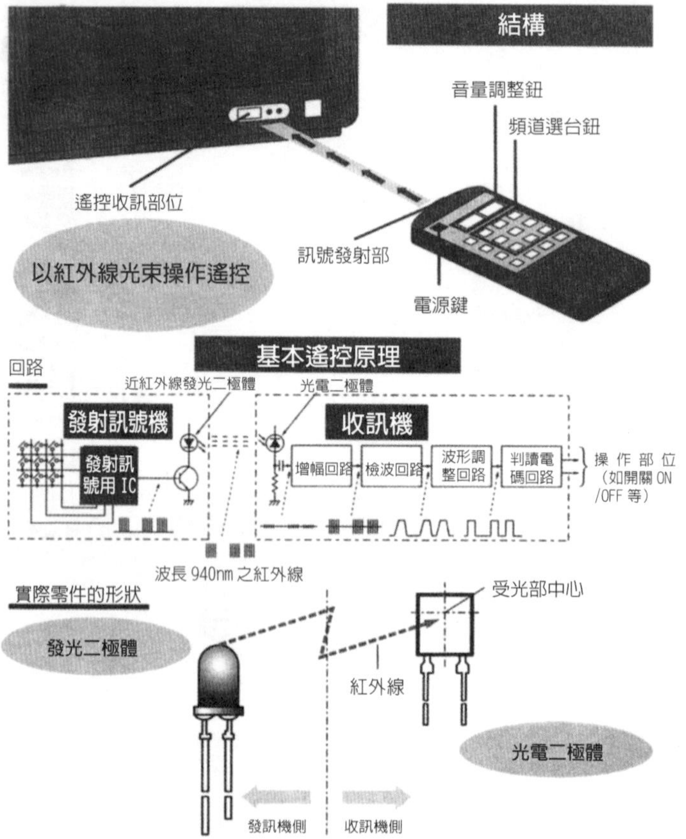
結構
音量調整鈕
頻道選台鈕
遙控收訊部位
訊號發射部
以紅外線光束操作遙控
電源鍵
基本遙控原理
回路
近紅外線發光二極體
光電二極體
發射訊號機
收訊機
發射訊號用 IC
增幅回路
檢波回路
波形調整回路
判讀電碼回路
操作部位（如開關 ON/OFF 等）
波長 940nm 之紅外線
實際零件的形狀
受光部中心
發光二極體
紅外線
光電二極體
發訊機側
收訊機側

▼家中使用的遙控器距離最多約為五公尺，在這不算長的距離之內，若無法達成精確的遙控操作，著實令人困擾。

採用紅外線遙控方式，最適於家庭遙控的條件。紅外線是介於可見光與電波之間的一種電磁波，遙控用的是波長較短的近紅外線。首先將操作訊號轉為脈衝波，再與紅外線一同傳送出去。收訊的一側備有光電二極管，可將收到的紅外線轉為電訊符號。接著經過增幅、檢波、通過其他回路，即可執行電源開／關、轉頻道、音量調節等動作。

紅外線遙控的弱點，在於若有太陽光等外來光線進入，則無法執行遙控動作。然而它的功能不僅在直視方向的遙控，也可利用鏡子在看不見的陰暗處執行遙控動作，另外還應用在空調設備、照明設備的遙控等更廣泛的用途，可說是十分便利的現代化產物。

2-13 收音機

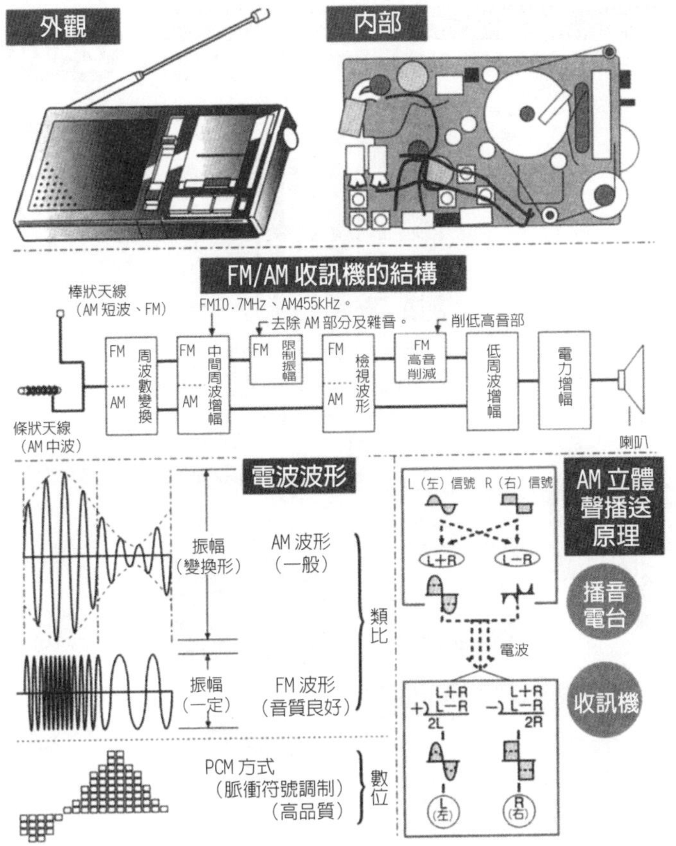
外觀
內部
FM/AM 收訊機的結構
棒狀天線（AM 短波、FM）
FM10.7MHz、AM455kHz。
去除 AM 部分及雜音。
削低高音部
FM 周波數變換 AM
FM 中間周波增幅 AM
FM 限制振幅
FM 檢視波形 AM
FM 高音削減
低周波增幅
電力增幅
條狀天線（AM 中波）
喇叭
電波波形
振幅（變換形）
AM 波形（一般）
振幅（一定）
FM 波形（音質良好）
類比
PCM 方式（脈衝符號調制）（高品質）
數位
AM 立體聲播送原理
L（左）信號 R（右）信號
L+R
L−R
播音電台
電波
收訊機
+) L+R L−R 2L
−) L+R L−R 2R
L（左）
R（右）

▼收音機發明的原點，是始於轉換電波振幅而送出聲音的AM振幅調制（調幅）。

AM播音方式雖在音質上不及FM（頻率調制），但收播區域很廣，可傳播到更多聽衆。

日本原為AM播音方式，在一九九二年起增加了「AM立體聲播音」服務。以兩種電波分別在左右二個不同的頻道播放的立體聲播放方式，從前就存在，但立體聲播音進一步創新，將左右的頻道加、減而成的信號，附於一個電波傳送出去，收訊側可從電波中分離左右頻道的音聲。

「音聲」的播送功能更加擴展，AM、FM、FM立體聲、電視音聲收音（FM）及衛星轉播的音聲盡收耳底，音質提昇效果顯著。

AM立體聲相較於其他播音系統是一項新的改良，能提供人們更新的技術性發展。

2-14 電池

各式電池

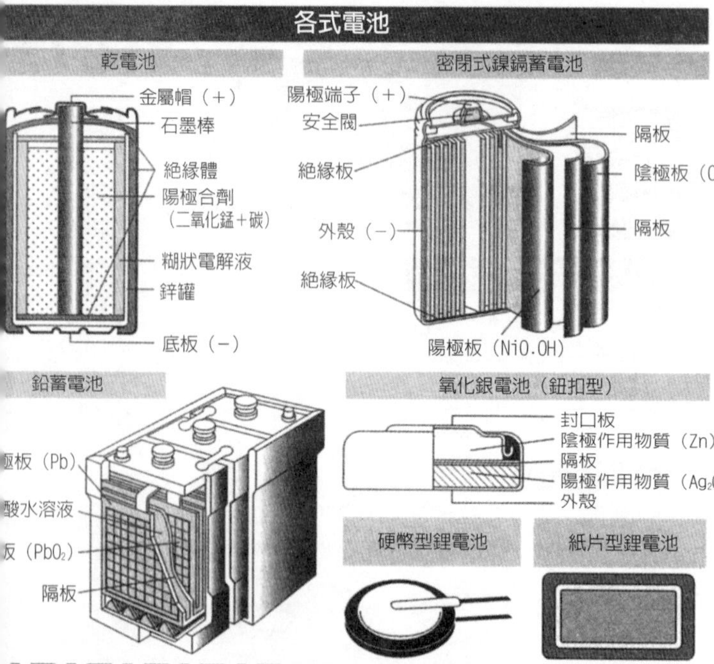
乾電池
金屬帽（＋）
石墨棒
絕緣體
陽極合劑
（二氧化錳＋碳）
糊狀電解液
鋅罐
底板（－）
密閉式鎳鎘蓄電池
陽極端子（＋）
安全閥
絕緣板
外殼（－）
絕緣板
陽極板（NiO.OH）
隔板
陰極板（Cd）
隔板
鉛蓄電池
極板（Pb）
酸水溶液
反（PbO_2）
隔板
氧化銀電池（鈕扣型）
封口板
陰極作用物質（Zn）
隔板
陽極作用物質（Ag_2O）
外殼
硬幣型鋰電池
紙片型鋰電池

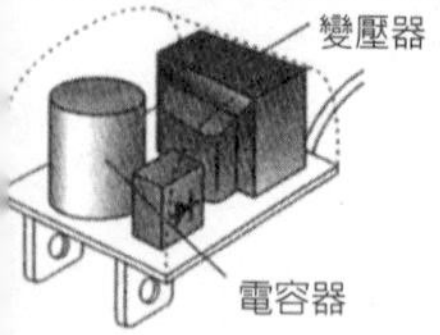
變壓器
電容器

備用品

結合器
可取代電池，將交流電轉為直流電。

放電器
可將電池內殘餘的電力快速放出。

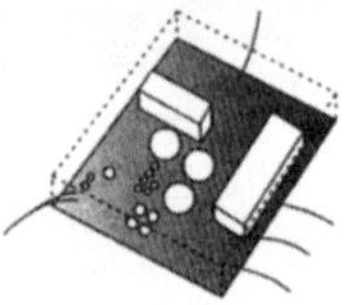

▼在蘋果或檸檬裡面插入銅及鋅板，銅為＋（正）、鋅為－（負），產生電流在此系統中流動。這時，銅板為「正極」、鋅板為「負極」，而果汁就是「電解液」，這三者是電池的主要部分。

電池有用完即丟的一次電池，也有充電後可再使用的二次電池，雖同樣名為「電池」但卻各有不同形式。此外，太陽能電池、原子力電池、燃料電池等，都有不同的發電技術。

常見的單1顆或單2顆的圓筒形乾電池，為錳電池及鹼性錳乾電池。電解液種類很多，一般乾電池通常是以石墨棒為正極，周圍有黑色的碳粉及二氧化錳包裹而成。

二次電池的主角是鉛蓄電池，可應用為汽車用電池，用途廣泛。模型等動力常用的鎳鎘電池，是鹼性蓄電池的姊妹產品。

在環境保護的考量之下，將鎘以氫

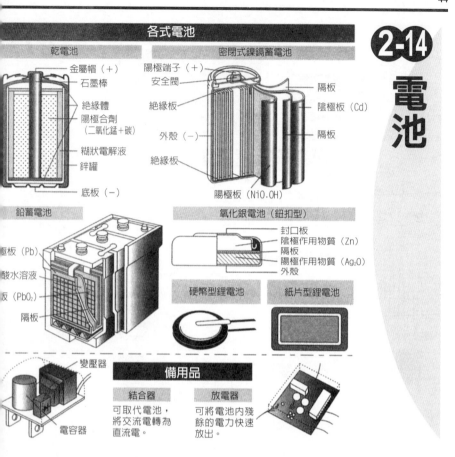

電池内容物

分類	電池名稱		構成			公定電壓單顆電池的[V]
			正極作用物質	電解液	負極作用物質	
一次電池	錳乾電池		MnC_2	NH_4Cl · $ZnCl_2$	Zn	1.5
	鹼性錳電池		MnO_2	KOH(ZnO)	Zn	1.5
	水銀電池		HgO	KOH 或 NaOH(ZnO)	Zn	1.35
	氧化電池		Ag_2o(AgO)	KOH 或 NaOH(ZnO)	Zn	1.55
	空氣電池		空氣中的 O_2	KOH(ZnO) 或 NH_4Cl	Zn	1.3
	海水電池		AgCl	海水	Mg	1.7
	鋰電池		(OFx)n · MnO_2	例如 $LiClO_4$ 等有機溶媒溶液	Li	3.0
二次電池	鉛蓄電池	開放型、密閉型	PbO_2	H_2SO_4	Pb	2.0
	鹼性蓄電池	鎳鎘電池	NiO · OH	KOH	Cd	1.2
		鎳氫電池	NiO · OH	KOH	MH	1.2
	鋰離子二次電池		$LiCoO_2$	非 Proton 性的有機溶媒	C	3.6
燃料電池			燃料為氫、聯胺、甲醇及其他			約 1

以水果製作的電池

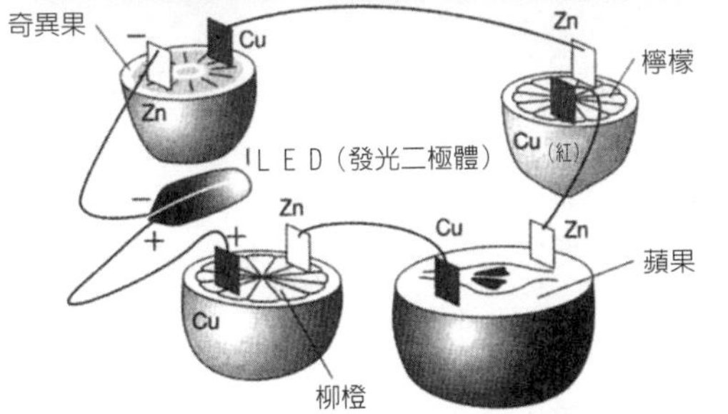

利用水發電的電池時鐘

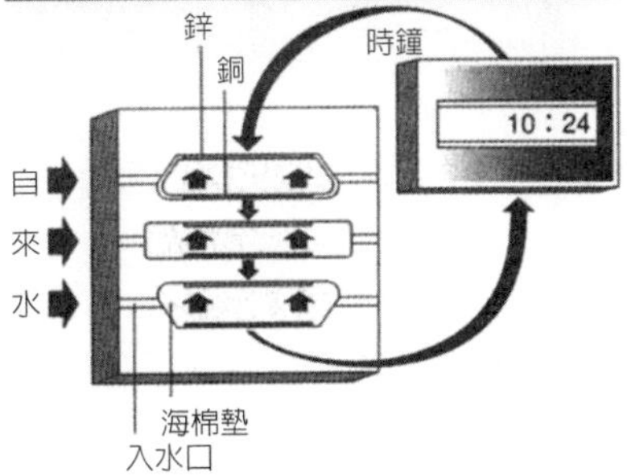

合金替代，開發出鎳氫電池，將鎘系電池以氫系電池所取代。

照相機及電腦周邊常見有鋰電池。鋰電池可作為一次、或二次電池，具有性能高、壽命長等特性，但問題在於：鋰電池一旦破損或廢棄，鋰元素接觸到空氣或水，就有燃燒的危險，應特別注意。

電池（直流電）與家庭用電源（交流電）兩者欲交互使用時，結合產品扮演十分重要角色。此外，鎳鎘電池在尚有殘餘電力的狀態下，反覆充放電則導致記憶效果，可採充分放電使用的放電器。

以銅與鋅作為電極的電池，能以一般自來水作為電解液，雖然發出的電力很微弱，但可以應用為時鐘的動力，成為現代的「水時鐘」。

2-15 錄放音機

立體聲隨身聽

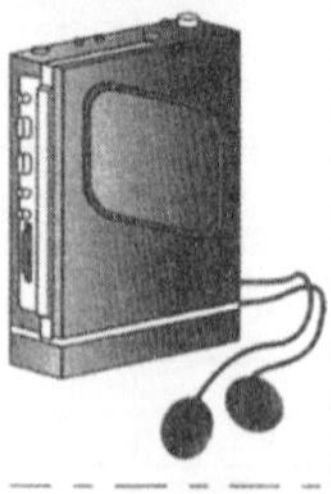

卡帶的結構

動作狀態

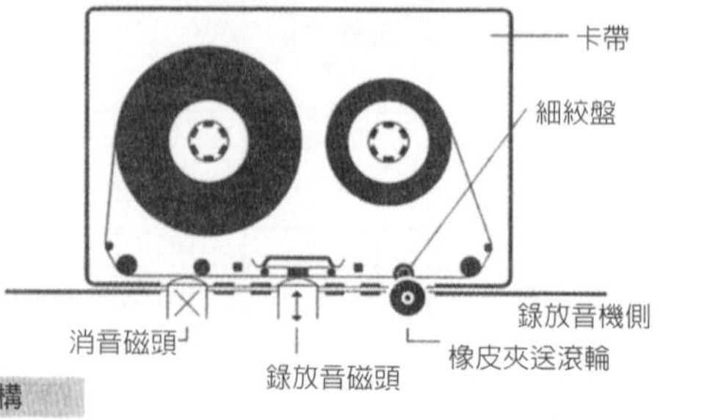

磁頭（消音磁頭與錄放音磁頭）及橡皮夾送輪伸入卡帶側面穴，與磁帶接觸。

驅動部的機械結構

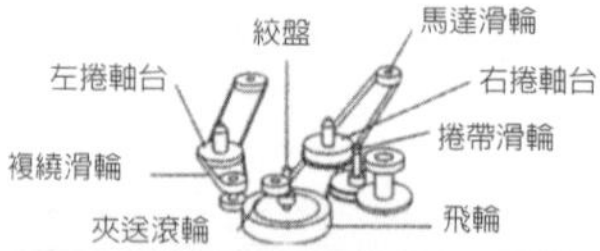

磁帶的比較

方式	應用區分	卡帶的尺寸（mm）	磁帶寬度	Bit數
類比式	一般常用	100 × 65，8	3.8mm	——
數位式	DAT 數位式・音響・錄放音機	73 × 54，10.5	3.8mm	16Bit
	DCC 數位式・小型卡帶	100 × 65，8	3.8mm	4Bit

▼錄放音機可將音聲訊號轉成磁化強度及不同方向而記錄。其中最重要的動作是：為使磁帶以一定的速度轉動，利用細紋盤及橡皮夾送滾輪，強力繞送磁帶。

立體聲隨身聽（walkman）也是這類產品之一，原本多為放音專用的機型，後來產品附加了收音機調諧器及錄音功能，發展成多功能的機種。

磁帶是在薄薄的樹脂薄膜上面塗氧化鐵或二氧化鉻的粉末，金屬磁帶則是以未氧化的純鐵為主要成分，這樣的磁性體性能極強。在形式上有開放式磁帶盤及卡帶式兩種。

近來音聲技術數位化的成績卓著，與類比式產品相比，音質明顯地提昇。過去的產品包括數位錄音的錄音帶、DAT，以及僅作放音之用，可與舊式的類比式磁帶兼用的DCC產品等等，目前都已停產。

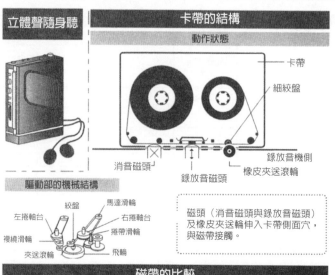

2-16 錄放影機（VTR）

構造

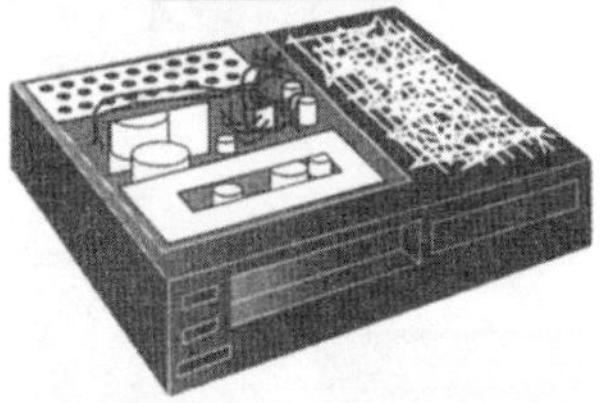

磁帶與磁頭的接觸

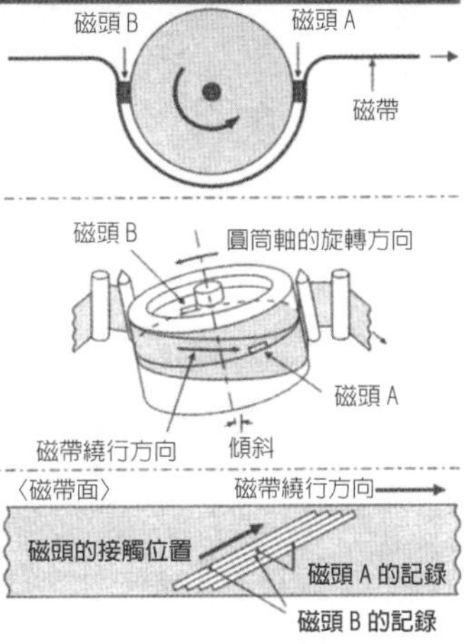
磁頭B
磁頭A
磁帶
磁頭B
圓筒軸的旋轉方向
磁頭A
磁帶繞行方向
傾斜
〈磁帶面〉
磁帶繞行方向
磁頭的接觸位置
磁頭A的記錄
磁頭B的記錄

（由磁帶底座透視的結果）

錄影帶的尺寸（mm）

（磁帶寬度 12.7mm）

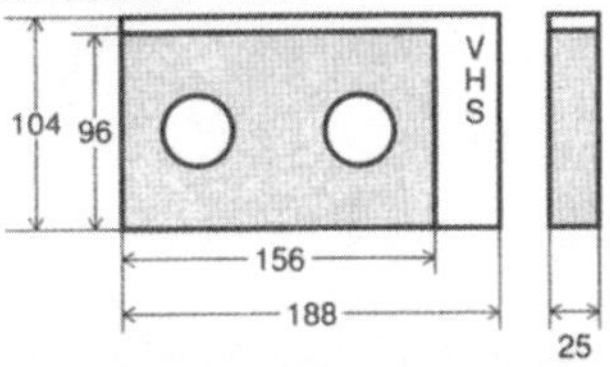
VHS
104
96
156
188
25

磁帶繞行方式的比較

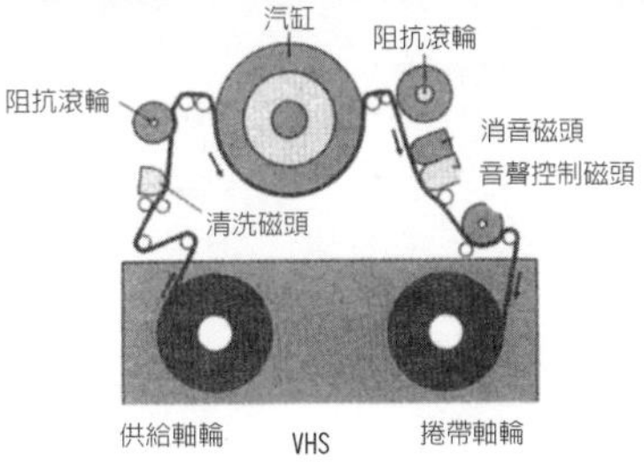
汽缸
阻抗滾輪
阻抗滾輪
消音磁頭
音聲控制磁頭
清洗磁頭
供給軸輪
VHS
捲帶軸輪

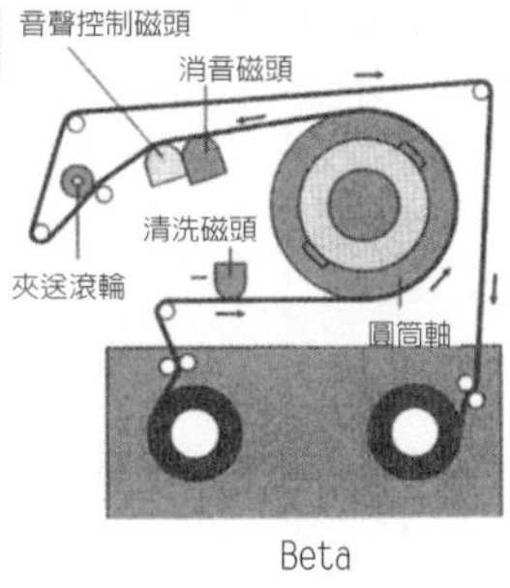
音聲控制磁頭
消音磁頭
清洗磁頭
夾送滾輪
圓筒軸
Beta

▼錄放影機（VTR）與錄放音機是基於相同的原理，將影像與音聲同時記錄在磁帶上。其特徵在於：以傾斜軸上旋轉的影音磁頭，來讀取一定速度轉動的磁帶記錄。

此種方式稱為螺旋形掃描，一個圓筒軸的內部在一八〇度分別各設置一個磁頭，將磁帶由下而上斜斜掃描而過，兩個磁頭同時作用，讀出影音記錄。

VTR分為Beta及VHS二種形式。以磁帶與磁頭的相對速度而言，Beta較VHS為快，兩者在技術上有很多差異。然而兩者在市場上的表現也有不同。VHS曾經為市場上的主流。

VTR的技術發展朝高音質、高畫質的方向延伸。例如實現像差傳送等特殊播放功能的多磁頭型技術，以及可將靜止畫面的影像加以數位化記憶等技術。這些都已提高VTR的附加價值。

2-17 光碟CD

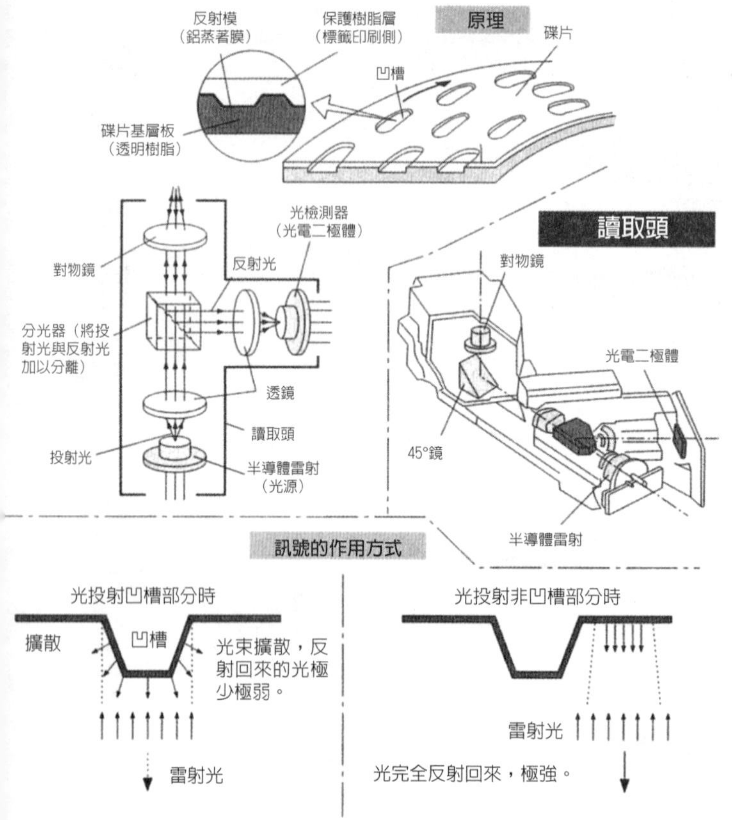
原理
反射模
（鋁蒸著膜）
保護樹脂層
（標籤印刷側）
碟片
凹槽
碟片基層板
（透明樹脂）
讀取頭
光檢測器
（光電二極體）
對物鏡
反射光
分光器（將投
射光與反射光
加以分離）
透鏡
讀取頭
投射光
半導體雷射
（光源）
對物鏡
光電二極體
45°鏡
半導體雷射
訊號的作用方式
光投射凹槽部分時
擴散
凹槽
光束擴散，反
射回來的光極
少極弱。
雷射光
光投射非凹槽部分時
雷射光
光完全反射回來，極強。

▼CD片的底面（無標籤、無印刷的一面）閃耀著眩目的光芒，這是因為在碟形的樹脂層內有一層鋁蒸著膜，此蒸著膜上有無數微細的小凹槽，光線照在凹槽內會發生光的干涉現象，故可看到彩虹般七彩的顏色。

一般的音樂是以類比方式處理，而CD則將聲音數位化，以1或0等數字訊號來處理，依凹槽的有無及長短來決定聲音的內容。呈旋渦狀排列的凹槽總數約有六十億個。

利用半導體雷射發生光拾波的雷射光朝著CD片的底面投射，照在凹槽背面的凸部折光，被反射回來，依其反射狀況來檢出訊號，過程屬非接觸性，故完全無雜音進入，PCM（脈衝符號調制）的音聲方式使得音質格外良好。

CD的唱針不同於LP黑膠唱片，而改以光拾波將碟片底面從內側到外側做掃描。

CD有許多精細的控制動作；將雷

CD 光碟機的構造

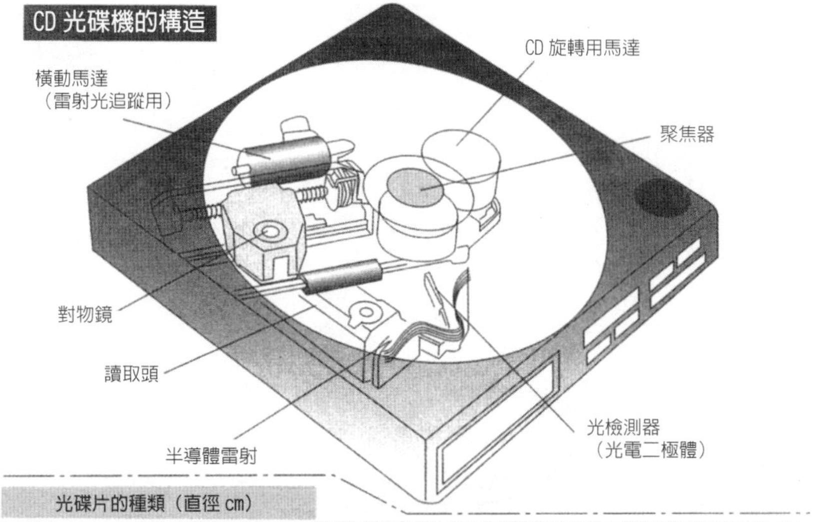
CD 旋轉用馬達
橫動馬達
（雷射光追蹤用）
聚焦器
對物鏡
讀取頭
光檢測器
（光電二極體）
半導體雷射

光碟片的種類（直徑 cm）

碟片種類	影碟片 30 LD （雙面碟片）	影碟片 20 LD （雙面・單面碟片）	7.5 影碟片 聲音 12 VCD （單面碟片）	聲音 12 CD （單面碟片）	聲音 8 CD Single （單面碟片）	聲音 6 MD （錄・放音兩用光碟片）
種類差異	影像・聲音			聲音		
機能	放　音					錄音・放音

射光的中心始終保持在凹槽列之上的「追蹤動作」，及使光的焦點集中投射在訊號面上的「聚焦動作」等，都必須對制動的馬達做精細的控制。

與CD相似的產品，還有「影像唱片」的影碟片。具有光學及靜電二種方式；光學式的雷射影碟片播放的原理與CD相同，不過因為聲音與影像二種訊號都集中在同一個凹槽中，故必須使用FM（周波數調制）。

將CD碟片加以應用，發展出唯讀記憶光碟「CD－ROM」，可供儲存佔大量記憶體的遊戲軟體或辭典。此外還有互動式CD，能從記憶內容選擇所需要的聲音及影像，讀取出來。

MD（Mini-disk）的大小只有一般CD片的一半，除了能播放還能錄音。目前光碟片發展至藍光技術，這些產品可提供高音質的視聽享受。

2-18 電話系統

按鍵式電話的按鍵聲

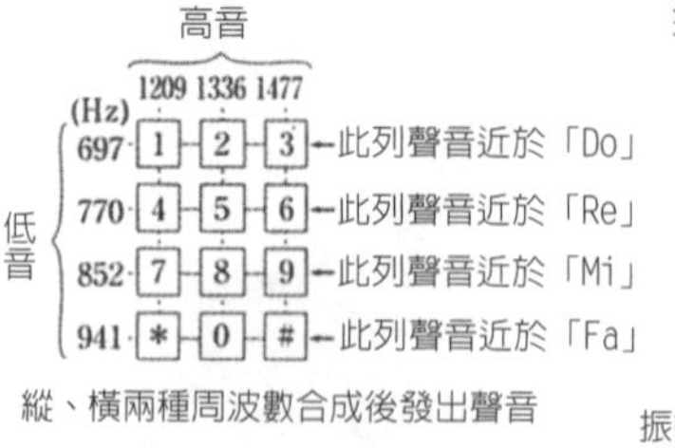
高音
1209 1336 1477
(Hz)
697 1 2 3 ←此列聲音近於「Do」
770 4 5 6 ←此列聲音近於「Re」
852 7 8 9 ←此列聲音近於「Mi」
941 * 0 # ←此列聲音近於「Fa」
低音
縱、橫兩種周波數合成後發出聲音

發話／收話的結構

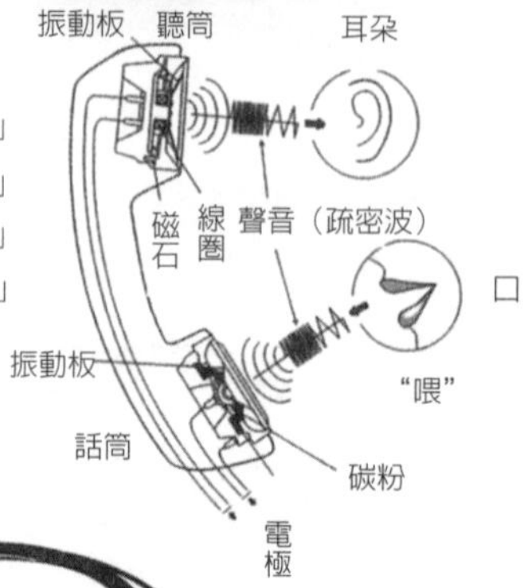
振動板
聽筒
耳朵
磁石
線圈
聲音（疏密波）
口
"喂"
振動板
話筒
碳粉
電極

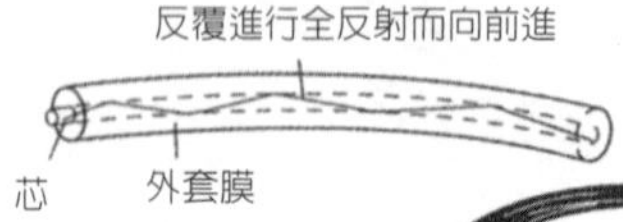
反覆進行全反射而向前進
芯
外套膜

光纖的原理

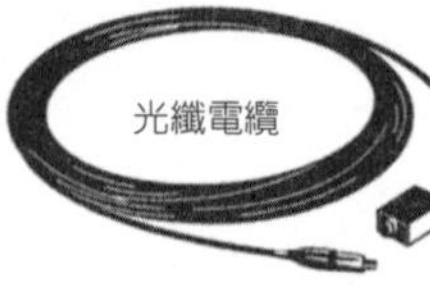
光纖電纜

接續方式

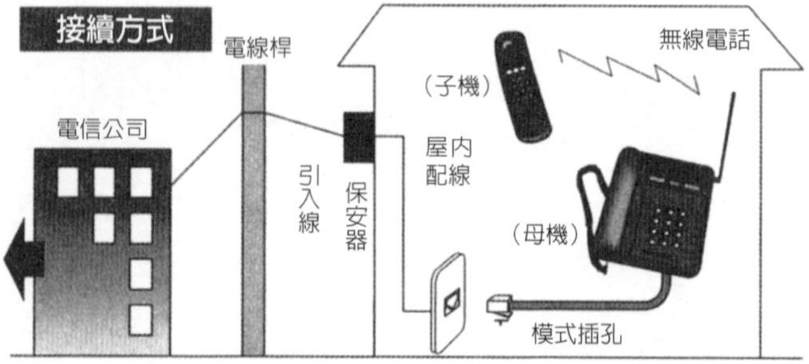
電線桿
無線電話
（子機）
電信公司
引入線
保安器
屋內配線
（母機）
模式插孔

▼電話基本上是將聲音轉為電流，以電線傳送到收話端的一種「有線」的方式，現在已有使用電波傳訊的「無線」方式問世，不僅傳送聲音，更利用電話線路傳真文件，結合電腦進行通訊。

手指按下按鍵式電話機的按鍵，會發出各種聲音，此訊號傳至電信公司的交換機，即可達到通話的對方。其撥號聲近似 Do、Re、Mi、Fa 四音，進行簡單的「撥號演奏」。

「無線電話」是由母機與子機二部分組成，母機連接自外部引入的電話線，與子機之間以「無線」的方式來溝通。子機可自由移動，通話距離較長，另有天線內藏式的機形設計。

國際間的「國際直撥電話」通話方式分為海底光纖電纜（有線）及通訊衛星（無線）兩種。

2-19 氣象預報器

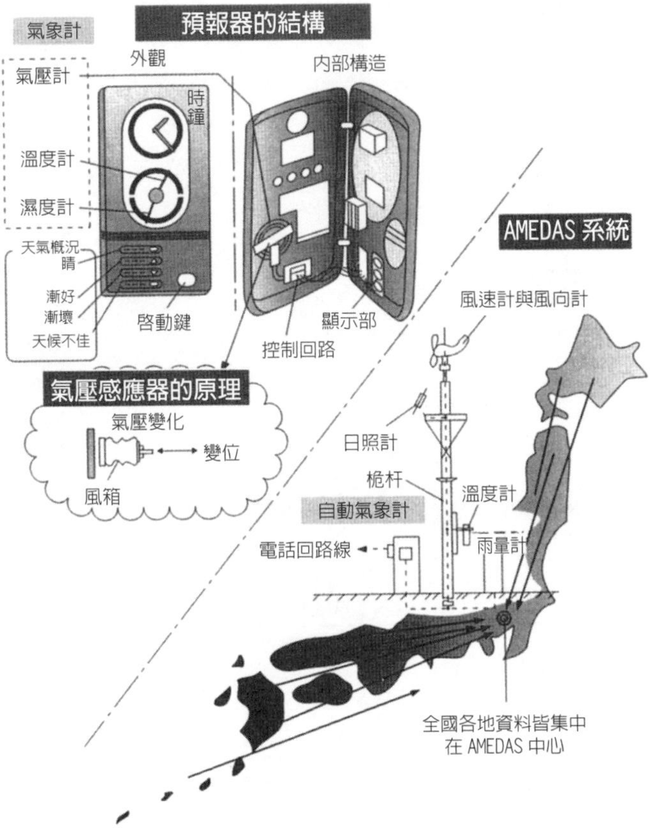
預報器的結構
氣象計
外觀
內部構造
氣壓計
時鐘
溫度計
濕度計
天氣概況
晴
漸好
漸壞
天候不佳
啓動鍵
控制回路
顯示部
氣壓感應器的原理
氣壓變化
變位
風箱
AMEDAS 系統
風速計與風向計
日照計
桅杆
溫度計
自動氣象計
電話回路線
雨量計
全國各地資料皆集中
在 AMEDAS 中心

▼在日本，正式的氣象預報須根據 AMEDAS 系統—氣象雷達及氣象衛星等獲取的資料為基礎，繪製天氣預測圖，加上經驗的判斷以歸納出氣象的預報。

簡單的氣象預報大多是以「80％降雨的都是發生在氣壓下降」的理論為基礎，以氣壓計指針的走向來預報天氣。預報器內部裝置氣壓計、控制回路及顯示部等。

AMEDAS 系統（地區氣象觀測系統）可就全日本各地的雨量，以及氣溫、風向、風速、日照等四個要素，一天進行二十四次自動觀測。並將結果立即傳回氣象中心，處理十分迅速。

天氣變化對身體健康有很大的影響，例如氣壓下降、濕度上升時易引起風溼症。此外，當氣壓下降時，魚容易吃餌上鉤，氣壓計可應用為釣魚輔助器。

2-20 空調冷氣機

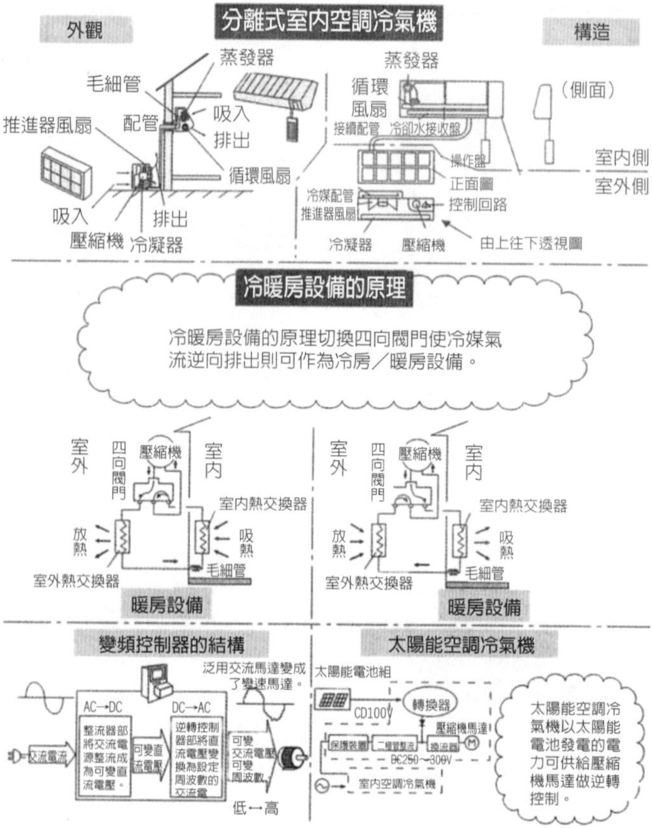
分離式室內空調冷氣機
外觀
構造
蒸發器
毛細管
推進器風扇
配管
吸入
排出
循環風扇
吸入
排出
壓縮機
冷凝器
蒸發器
循環
風扇
（側面）
接續配管
冷卻水接收盤
操作盤
正面圖
室內側
室外側
冷媒配管
推進器風扇
控制回路
冷凝器
壓縮機
由上往下透視圖
冷暖房設備的原理
冷暖房設備的原理切換四向閥門使冷媒氣流逆向排出則可作為冷房／暖房設備。
室外
四向閥門
壓縮機
室內
室內熱交換器
放熱
吸熱
毛細管
室外熱交換器
暖房設備
室外
四向閥門
壓縮機
室內
室內熱交換器
放熱
吸熱
毛細管
室外熱交換器
暖房設備
變頻控制器的結構
泛用交流馬達變成了變速馬達。
AC→DC
整流器部將交流電源整流成為可變直流電壓。
交流電流
可變直流電壓
DC→AC
逆轉控制器部將直流電壓變換為設定周波數的交流電
可變交流電壓可變周波數
低↔高
太陽能空調冷氣機
太陽能電池組
CD100V
轉換器
壓縮機馬達
保護裝置
二極管整流
換流器
DC250～300V
室內空調冷氣機
太陽能空調冷氣機以太陽能電池發電的電力可供給壓縮機馬達做逆轉控制。

▼室內空調冷氣機的原理與電冰箱類似。熱幫浦式的空調是利用閥門的切換，使具有散熱功能的冷媒氣體的流向呈可逆式，如此機器就能做冷氣設備／暖氣設備的切換。

有熱交換功能的冷凝器，與蒸發器的構造相同。電源關閉時，則壓縮機呈拘束狀態（LOCK），故於運轉停止後，保護裝置會作動，使得必須經過一段時間才能再度啟動。

另外所謂的變頻控制是以變換周波數的方法，令帶動壓縮機旋轉的交流馬達，轉數由低速變為高速，使旋轉更加順暢。空調冷氣機的能力取決於壓縮機的大小、轉速，故變頻控制的功效極大。

「太陽能空調設備」的開發是著眼於夏天強烈日照的午後，空調設備的電力消耗量增加，此時利用太陽能電池，可具有較高的發電能力，估計可節省一半的耗電。

2-21 超音波溼度調節器

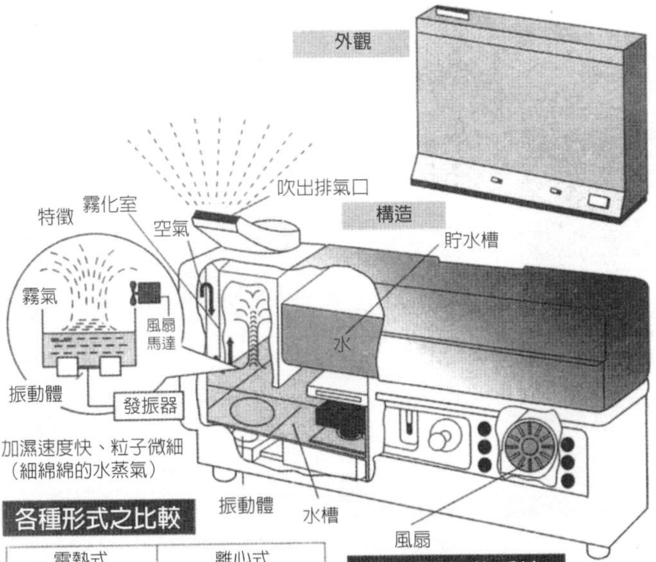
外觀
構造
吹出排氣口
霧化室
特徵
空氣
貯水槽
霧氣
風扇
馬達
水
振動體
發振器
加濕速度快、粒子微細
（細綿綿的水蒸氣）
振動體
水槽
風扇

各種形式之比較

電熱式	離心式
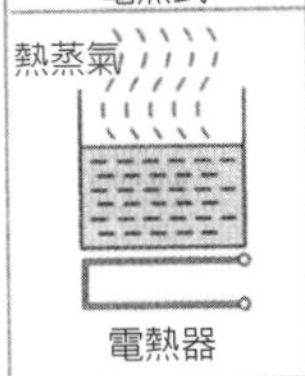 熱蒸氣 電熱器	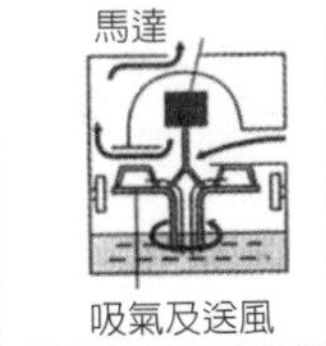 馬達 吸氣及送風
加溼於數十分鐘後開始	加溼速度很快
加熱產生蒸氣	粒子較大（溼答答的水蒸氣）

產生霧氣的系統

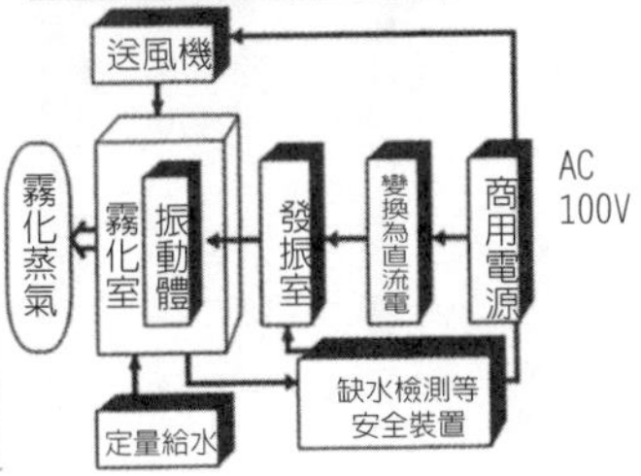
送風機
霧化蒸氣
霧化室
振動體
發振室
變換為直流電
商用電源
AC 100V
定量給水
缺水檢測等安全裝置

▼目前的日式暖爐以燃燒並將氣體排出室外的較為普遍，雖然比較不汙染室內空氣，但因為水蒸氣也一併排出去，使室內空氣變得很乾燥，因此補充溼氣的溼度調節器便應運而生。

溼度調節器有各種不同的形式，其中以產生的霧氣微粒細小、粒子很輕，加溼速度快的超音波式溼度調節器最為普遍。

這種裝置是在壓電體上施以高週波電壓，使水產生超音波，激烈的振動會發生空洞現象，產生微細的霧氣，這些具「方向性」的「超音波的風」從水面上吹起，使水氣飛散出來。

給水槽內易孳生細菌，放置一段時間，會與霧氣同時將細菌散播到空間中，尤其黴菌是導致各種疾病的元兇，故在清潔方面必須特別留意。

此外，若水質中含鈣、鎂量較多，蒸發殘留物所形成的白色粉末飛散出來，可能沾汙周圍擺放的家俱。

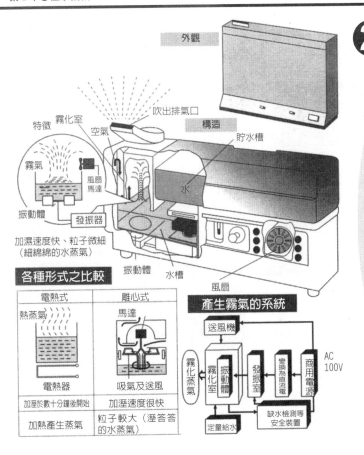

2-22 空氣清淨機

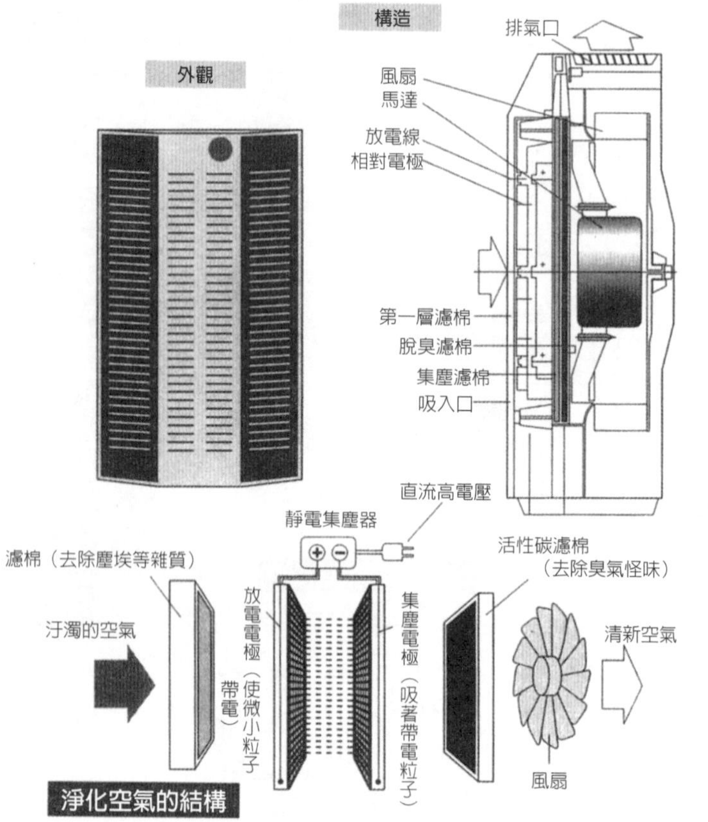
構造
外觀
排氣口
風扇
馬達
放電線
相對電極
第一層濾棉
脫臭濾棉
集塵濾棉
吸入口
直流高電壓
靜電集塵器
濾棉（去除塵埃等雜質）
汙濁的空氣
放電電極（使微小粒子帶電）
集塵電極（吸著帶電粒子）
活性碳濾棉（去除臭氣怪味）
清新空氣
風扇
淨化空氣的結構

▼空氣清淨機的功能是吸取室內污濁的空氣，經集塵、脫臭、除菌等處理，再排回室內。

較大的塵埃只要用一般的濾棉便可濾除，但臭氣分子則必須以活性炭濾棉方可濾除。

香煙或花粉等微小粒子必須用「靜電集塵法」才可去除。這是在兩片相對的放電電極與集塵電極之間施加高電壓，令汙濁的空氣通過，如此帶電的汙濁粒子會往集塵電極板移動，附著在上面。

帶電的原子稱為離子，離子放電使周圍產生負離子，有益人體健康，形成森林空氣一般的清新環境。

有一種簡易的空氣清淨機，以水過濾空氣，使空氣潔淨，利用水的氣化熱使冷風溢出，若內部加裝電熱器，則可排出溫風。

2-23 暖爐／被爐

瓦斯暖爐的結構

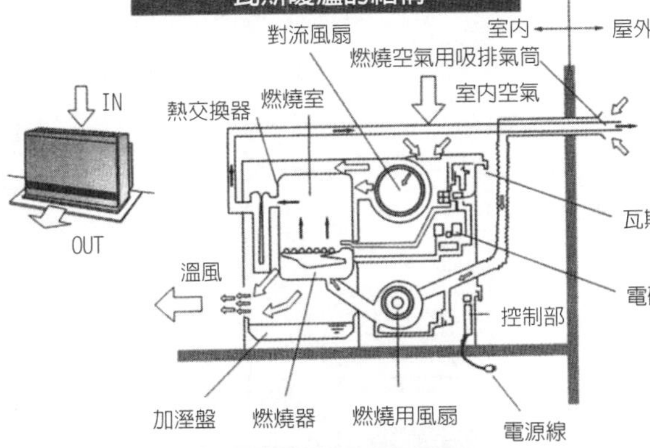
對流風扇
室內
屋外
燃燒空氣用吸排氣筒
IN
室內空氣
熱交換器
燃燒室
OUT
瓦斯橡皮管
溫風
電磁閥
控制部
加溼盤
燃燒器
燃燒用風扇
電源線

各種電氣發熱體

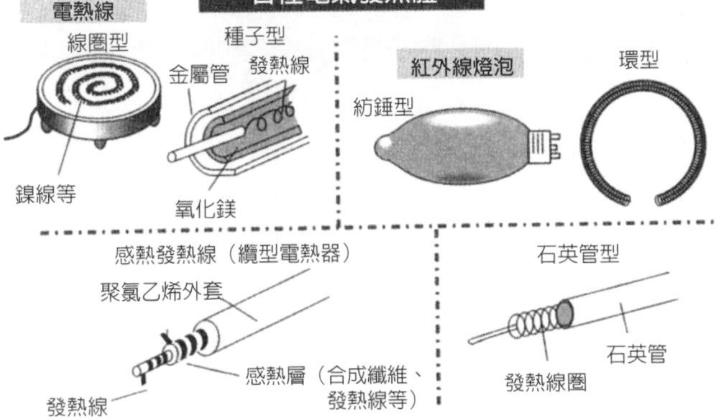
電熱線
線圈型
種子型
金屬管
發熱線
紅外線燈泡
環型
紡錘型
鎳線等
氧化鎂
感熱發熱線（纜型電熱器）
聚氯乙烯外套
感熱層（合成纖維、發熱線等）
發熱線
石英管型
石英管
發熱線圈

▼FF（強制吸排氣）式的暖爐越來越普遍。在設計上將燃燒瓦斯或柴油的室外空氣通路，與室內循環的空氣通路加以分隔，並在交界處設置熱交換器，使室內空氣能常保清新。

應用電氣加熱的設計，優點是無火焰且能迅速溫暖室內空間。有一種放射溫風型的電暖爐，是在機具內設置發熱裝置，保護網內有一紅外線電燈泡及熱風扇，可和緩地放出溫風。

電氣發熱體可分電熱線及紅外線燈泡兩種型式。紅外線是肉眼看不見的，因此在紅外線燈泡表面塗裝紅色，以給人溫暖的感覺。此外，在毛毯中置入具有溫度感應器的感熱發熱線，在使用上更加安全方便。

地震時，安全裝置能感應搖動程度，使閥門立即關閉，並灑水降溫。在設計上的關鍵，是利用一個感知地震的感應器，來測量搖動的程度。

2-24 洗衣機

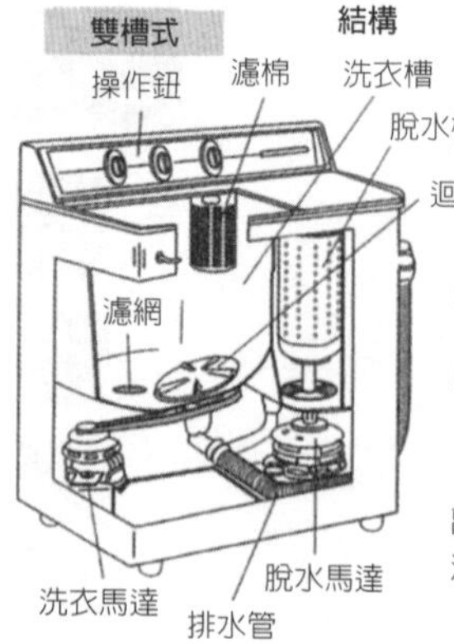
雙槽式
結構
操作鈕
濾棉
洗衣槽
脫水槽
迴轉盤
濾網
洗衣馬達
排水管
脫水馬達

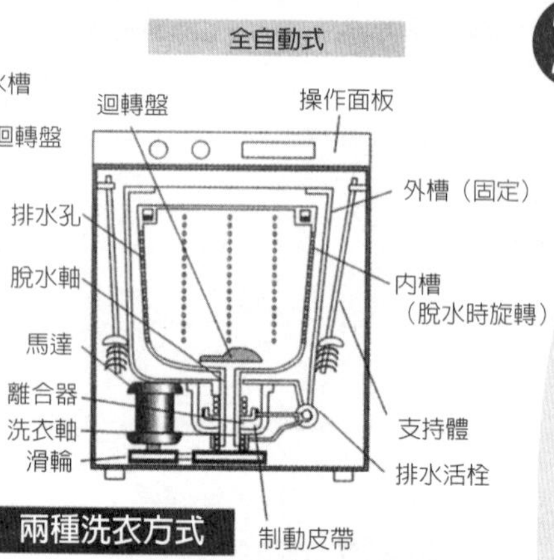
全自動式
迴轉盤
操作面板
外槽（固定）
排水孔
脫水軸
內槽
（脫水時旋轉）
馬達
離合器
洗衣軸
滑輪
支持體
排水活栓
制動皮帶

兩種洗衣方式

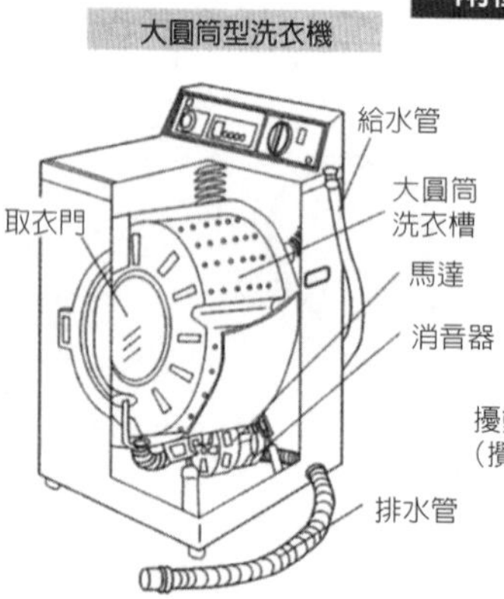
大圓筒型洗衣機
給水管
大圓筒
洗衣槽
取衣門
馬達
消音器
排水管

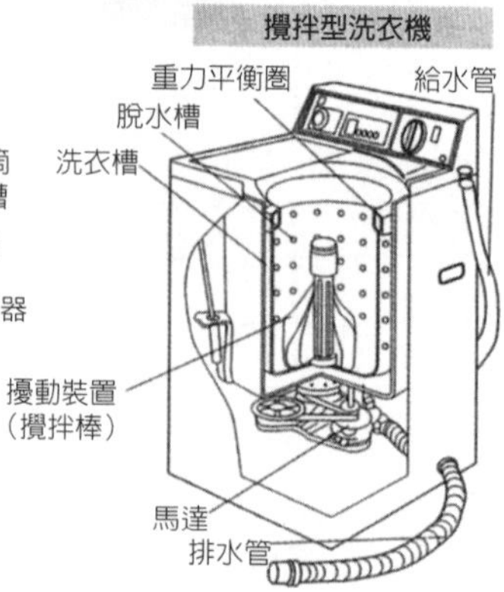
攪拌型洗衣機
重力平衡圈
給水管
脫水槽
洗衣槽
擾動裝置
（攪拌棒）
馬達
排水管

▼洗衣機是利用水、洗潔劑、及攪拌迴轉的機械力三個要素，使汙垢脫落的機械，一般家庭用者多為渦旋型或攪拌型，而專業洗衣多半使用大型圓筒（滾筒）洗衣機。

舊型雙槽式洗衣機將洗衣槽和脫水槽分離，裝置在洗衣槽底部的迴轉攪拌翼，能在設定的時間內正轉、反轉，攪拌水流進行洗淨和沖洗。脫水槽則是利用高速旋轉的離心力使水份脫去。

全自動式洗衣機將內外兩個同心槽重疊，先利用底部的迴轉攪拌翼進行洗淨和沖洗，然後利用多孔的內槽高速旋轉以脫水，依程式設定自動執行洗衣的程序。

洗衣機的新發展，著重在變頻及直接驅動（DD）馬達等方式，另外，FUZZY（神經模擬智慧型）洗衣機，能依據衣物量、汙濁度，決定每次不同的洗衣程式，製定洗衣機的運作時間。

2-25 乾衣機

排氣方式

排氣方式將溼空氣向外排出

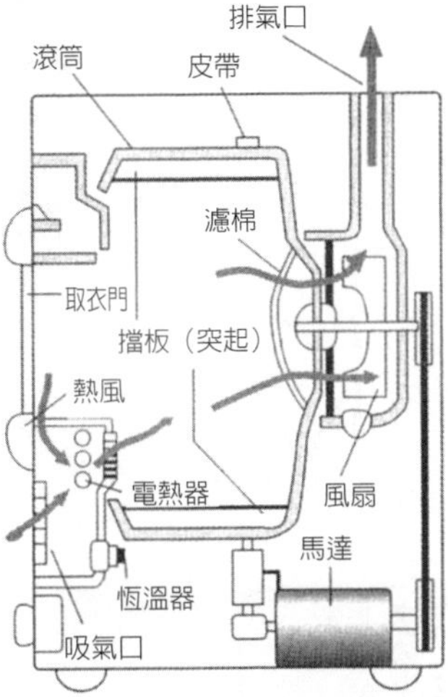
排氣口
滾筒
皮帶
濾棉
取衣門
擋板（突起）
熱風
電熱器
風扇
馬達
恆溫器
吸氣口

內部構造

內部構造旋轉的橫式滾筒為主體

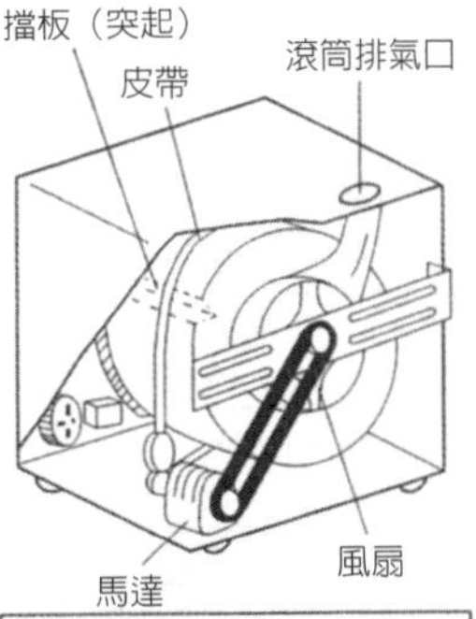
擋板（突起）
皮帶
滾筒排氣口
風扇
馬達

除溼（無導風管）式

除溼（無導風管）式從溼氣中脫出水分，留下乾空氣以循環排出。

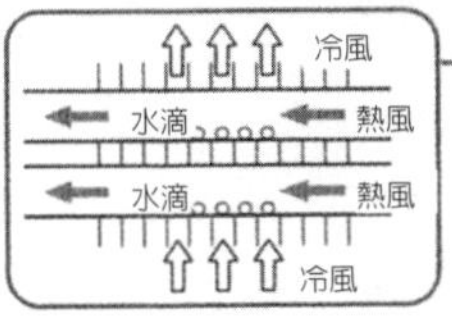
冷風
水滴
熱風
水滴
熱風
冷風

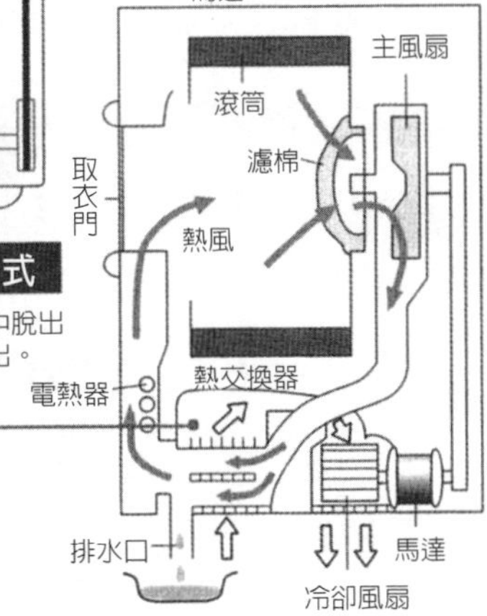
主風扇
滾筒
濾棉
取衣門
熱風
熱交換器
電熱器
排水口
馬達
冷卻風扇

▼將熱空氣接觸溼衣物，使溼氣散發，是乾衣機的基本原理。家庭用乾衣機一般使用電熱的圓筒型。而對於溼氣的處理方式則分為排氣式及除溼式（無導風管）兩種。

排氣式乾衣機是由旋轉風扇吸入空氣，經過通路內的電熱器加熱來烘乾溼衣物。置入溼衣物的圓筒不停地旋轉使衣物翻動，而帶著溼氣的氣流則被排氣的風扇排出。

除溼方式的區別，在於溼氣的處理方式不同。當溼氣通過熱交換器時，熱交換器的外側因外來空氣而冷卻，則溼氣中的水分凝結成水滴，分離出的乾空氣，向中央部分進行循環。

乾衣機亦有安全裝置的設計，恆溫箱及計時器必須在取衣門關閉後才能啟動等，有各種控制裝置使乾衣機性能得以提高。乾衣機與洗衣機可利用支架組合成上下兩部份，是現代家庭洗衣的最佳拍檔。

2-26 電熨斗

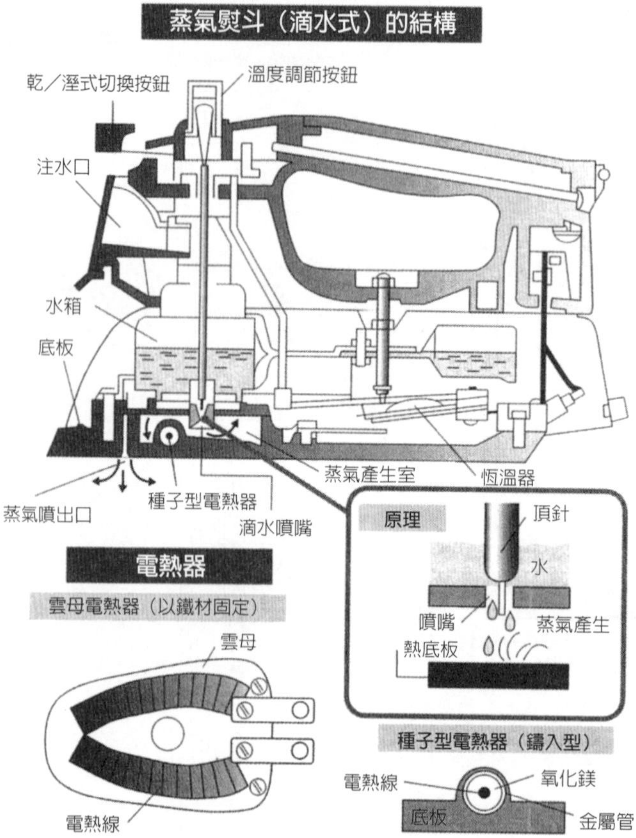
蒸氣熨斗（滴水式）的結構
乾／溼式切換按鈕
溫度調節按鈕
注水口
水箱
底板
蒸氣產生室
恆溫器
種子型電熱器
蒸氣噴出口
滴水噴嘴
原理
頂針
水
噴嘴
蒸氣產生
熱底板
電熱器
雲母電熱器（以鐵材固定）
雲母
電熱線
種子型電熱器（鑄入型）
電熱線
氧化鎂
底板
金屬管

▼電熨斗的作用要點，包括對衣物纖維的最適合溫度，下壓力量及溼氣等。故一般的電熨斗都設有溫度調節裝置，另有蒸氣噴出裝置的電熨斗，以及燙西褲專用電熨斗。

蒸氣熨斗可分為水箱式及滴水式兩種。滴水式熨斗是把水滴在熱底板上，瞬間蒸發而產生的蒸氣從底板下噴出。

電熨斗的熱源電熱器，一般使用雲母包夾的鎳鉻鐵合金線─雲母石電熱器，另外有金屬管中置入線圈狀電熱線的種子型電熱器，鑄入熨斗底板，這種設計耐用且效率極高。

近來有置於加熱台上通電加熱，在燙衣作業中無需導線的新產品，藉由熨斗的燙衣時間來推定底板的冷卻程度，以磁性感應器來確認熨斗與加熱台的接觸狀況。

2-27 吸塵器

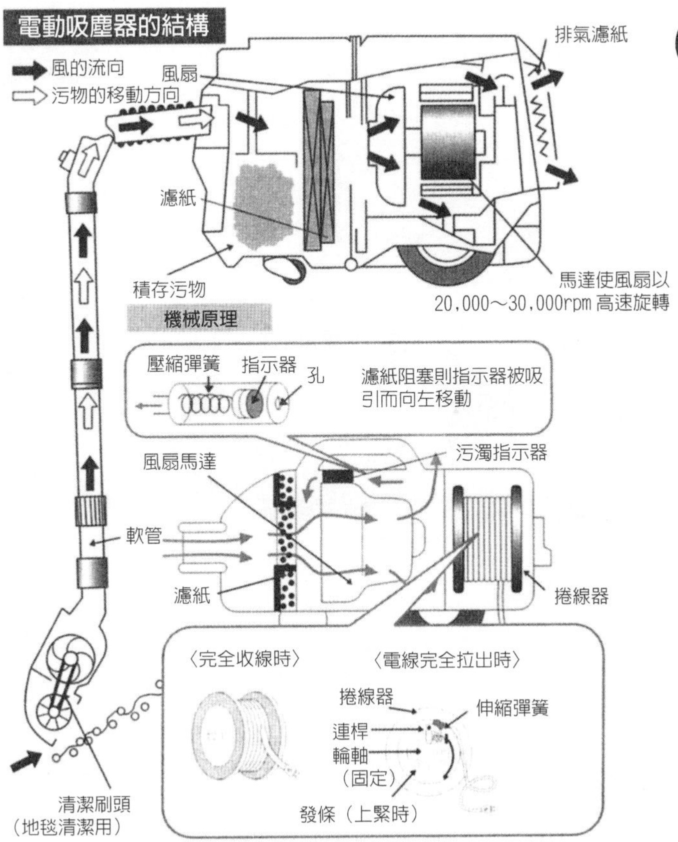
電動吸塵器的結構
風的流向
污物的移動方向
風扇
排氣濾紙
濾紙
積存污物
馬達使風扇以
20,000～30,000rpm 高速旋轉
機械原理
壓縮彈簧
指示器
孔
濾紙阻塞則指示器被吸
引而向左移動
風扇馬達
污濁指示器
軟管
濾紙
捲線器
〈完全收線時〉
〈電線完全拉出時〉
捲線器
伸縮彈簧
連桿
輪軸
(固定)
發條(上緊時)
清潔刷頭
(地毯清潔用)

▼電動吸塵器是以旋轉風扇將本體內部的氣壓抽出幾近真空，並經由軟管吸入外部空氣。空氣中所含的灰塵垃圾皆由濾紙濾除，僅乾淨的空氣通過馬達後排出。

圓筒型是一般最常見的吸塵器造型，專業的吸塵器多為大容量的內膛。吸塵軟管的吸頭有易進入狹長角落的長頭型，也有專為清潔塌塌米、地板、地毯等而設計的清潔刷頭，及旋轉式吸頭。

若濾紙被污物阻塞，吸力將減弱。故有些吸塵器具有污濁程度的指示器，利用內部的濾紙及風扇之間的氣壓，使浮球移動，當濾紙因污染阻塞時，浮球浮起，表示污濁狀況。

大部份的吸塵器都附有捲線器，能使電線自由拉出、固定，按下收線鈕即能迅速收線，這是利用發條與棘輪組成的結構。

2-28 免治馬桶座

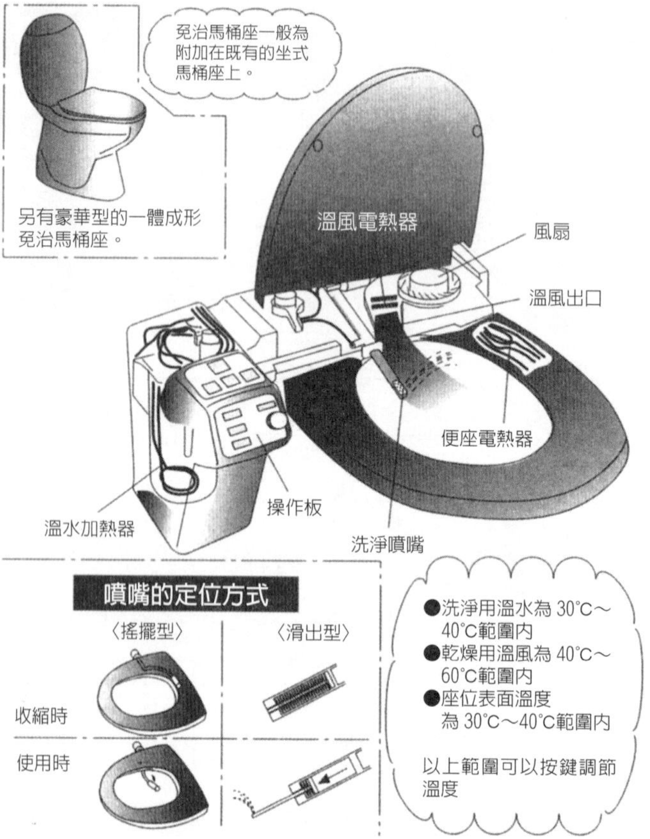
免治馬桶座一般為
附加在既有的坐式
馬桶座上。
另有豪華型的一體成形
免治馬桶座。
溫風電熱器
風扇
溫風出口
便座電熱器
操作板
溫水加熱器
洗淨噴嘴
噴嘴的定位方式
〈搖擺型〉
〈滑出型〉
收縮時
使用時
●洗淨用溫水為 30°C～40°C範圍內
●乾燥用溫風為 40°C～60°C範圍內
●座位表面溫度為 30°C～40°C範圍內
以上範圍可以按鍵調節溫度

▼免治馬桶座使洗手間的使用變成一種享受。在一般的馬桶座上增加溫水「洗淨」，溫風「乾燥」、馬桶座「暖化」的效果，還有脫臭及按摩沖洗的功能選擇，這些都使得馬桶座有了高附加價值。

噴出洗淨溫水的噴嘴，在設計上可分為以伸縮管調整噴出位置的滑出型，以及由側面支點旋轉移動至固定位置的搖擺型兩種。噴嘴的水流位置及噴出角度，會影響溫水馬桶座的使用效果。

若僅靠著溫風要完全乾燥臀部，需花費數分鐘的時間，故噴水完畢先用紙巾擦拭，而溫風乾燥實際上是使用在擦拭後的步驟。

免治馬桶座特別在照顧高齡者與病人最為實用。例如溫水按摩沖洗能使便秘患者排便時間加快，而溫水座墊對於高血壓病人具有保護作用，這些優越性是免治馬桶座在市場上快速普及的主要原因。

2-29 血壓計

基本的血壓測量

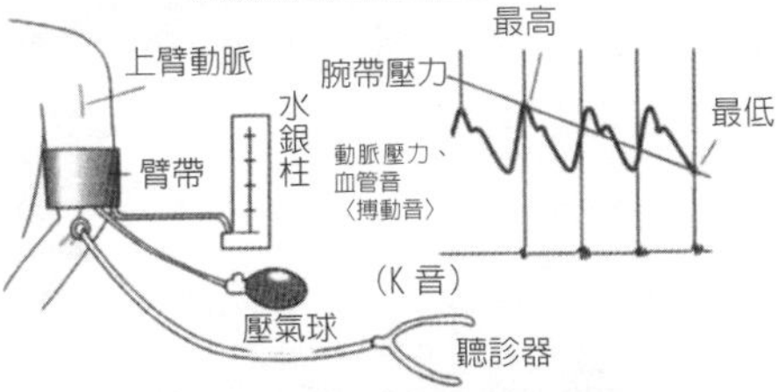
上臂動脈
臂帶
水銀柱
腕帶壓力
最高
最低
動脈壓力、血管音〈搏動音〉
（K 音）
壓氣球
聽診器

測量方法

以空氣加壓使腕帶套緊上臂，接著緩緩釋放空氣便可由聽診器收聽到最高的血管音─最高血壓、─最低血壓。

自動化電子式血壓計

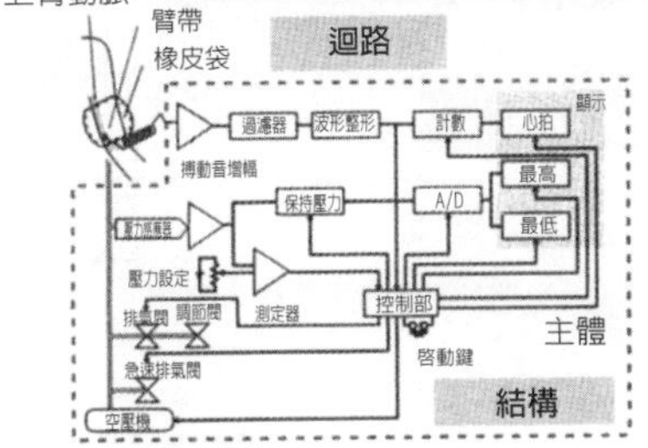
上臂動脈
臂帶
橡皮袋
迴路
過濾器
波形整形
計數
心拍
顯示
搏動音增幅
保持壓力
A/D
最高
最低
壓力感應器
壓力設定
排氣閥
調節閥
測定器
控制部
啟動鍵
急速排氣閥
空壓機
主體
結構

顯示

將收縮壓、舒張壓及每分鐘脈搏數顯示出來。

手指式血壓計

特徵：與上臂測得的血壓值略有不同，然而套在手指上即可得知血壓的變化，實用性極高。可利用在血壓變化的檢測上。

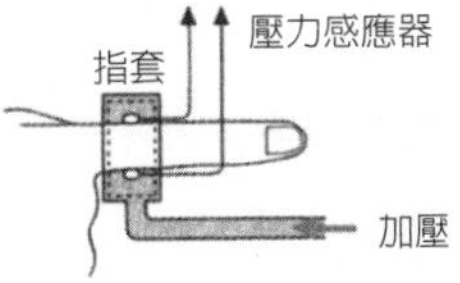
壓力感應器
指套
加壓

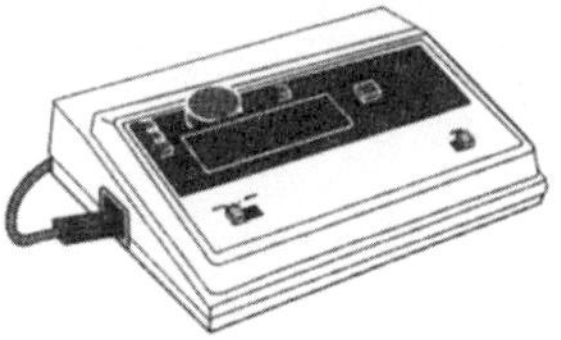

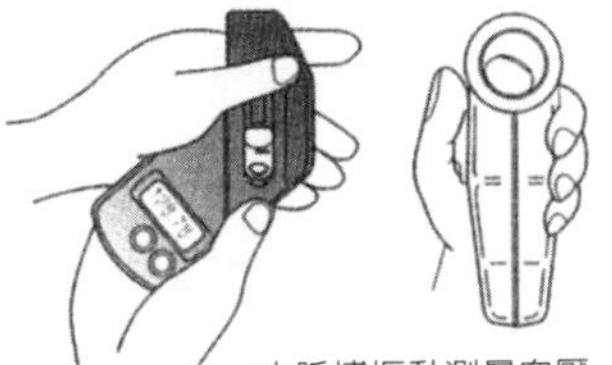

由脈搏振動測量血壓

▼心臟對於人體具有收縮擴張，使血液循環至全身的重要責任，因此收縮時的壓力（收縮壓），擴張時的壓力（舒張壓）兩者可作為了解健康狀況的重要指標。

一般的血壓計測量方法，是在手臂套上血壓腕帶，塞入聽診器監聽血管音（K音）而測得血壓。

電子式血壓計是以擴音器代替聽診器，以液晶字幕顯示取代水銀柱壓力計。若自己套上血壓腕帶，在脈搏感受最強處塞入擴音器，如此不易量得血壓，因此以手指脈搏代替手腕脈搏則相對比較輕鬆。

手指式血壓計摒棄以擴音器監聽血管音的方式，改以波形拍節法（振動法）由脈搏振動測得血壓。亦即利用血管週期性搏動所產生的微妙壓力變化，以靜電容量型的壓力感應器來測量血壓，讓我們能得知血壓健康狀況。

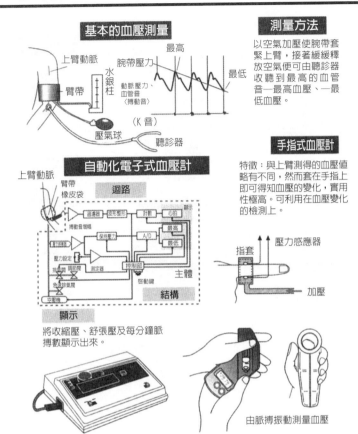

2-30 電子體溫計

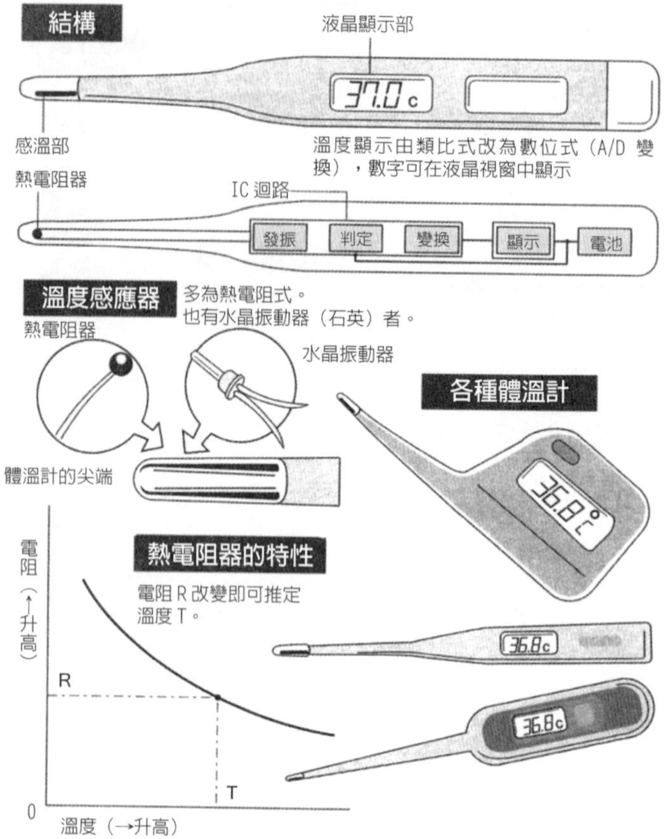
結構
液晶顯示部
37.0c
感溫部
熱電阻器
溫度顯示由類比式改為數位式（A/D 變換），數字可在液晶視窗中顯示
IC 迴路
發振
判定
變換
顯示
電池
溫度感應器
多為熱電阻式。
也有水晶振動器（石英）者。
熱電阻器
水晶振動器
體溫計的尖端
各種體溫計
36.8°c
36.8c
36.8c
熱電阻器的特性
電阻 R 改變即可推定溫度 T。
電阻（→升高）
R
T
0
溫度（→升高）

▼電子體溫計的測量速度很快，測量結果能以數字清楚地顯示。並且不使用水銀，損壞的回收處理較為簡單。

體溫計量測方式是將溫度資料轉變為電子訊號，溫度感應器的部分多為應用熱電阻器的結構。

熱電阻器是以鎳、錳、鈷等金屬粉燒製而成，利用溫度上升則電阻會變弱的特性，實體在外觀上是一個極小的圓柱狀零件。

熱電阻器裝置在發振回路中，由相對於基本電阻的發振週波數來判斷溫度，而溫度顯示也由原來的連續式類比量改為數字化液晶顯示。

除了熱電阻器，另有水晶振動式，亦即石英體溫計，利用溫度的變化，共振周波數會隨之改變的原理來測量體溫。

若長時間連續使用電子體溫計，測得的溫度會比實際體溫略為高，請注意。

2-31 低週波治療器

各式低週波治療器

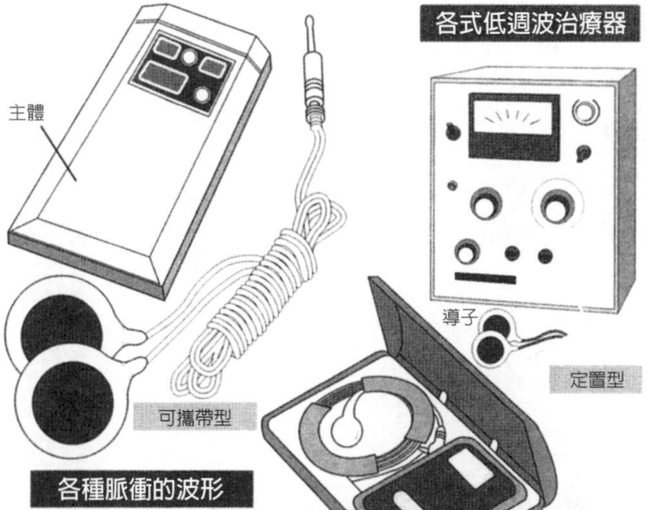
主體
導子
定置型
可攜帶型

各種脈衝的波形

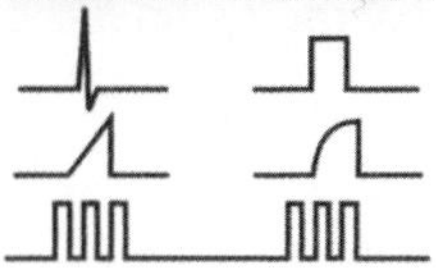

可分為方形波、鋸形波、斷續波等各種波形

- ●單位赫茲（Hz）……每秒振動一次的週波數稱為 1 赫茲。
- ●週波數＝電波的速數／波長……週波數較低，則波長較長。

結構

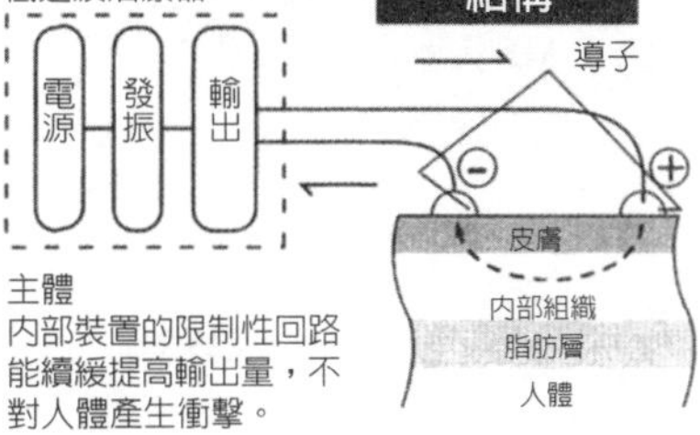
低週波治療器
電源
發振
輸出
導子
皮膚
內部組織
脂肪層
人體

主體
內部裝置的限制性回路能續緩提高輸出量，不對人體產生衝擊。

▼在身體表面通以一定頻律的微弱電流，以刺激身體產生健康效應者，即為低週波治療器。效果類似按摩，能治療肩部僵硬恢復疲勞。直接接觸人體的低週波治療器，是兩個稱為「導子」的電極，與主體連接，而主體內部是電源（交流或電池）及發振器（例如產生一～三〇赫茲的低週波）、電晶體等許多輸出回路的結構。

影響按摩效果的要件為電流（強弱、通電時間）及電流的變化（週波數、波形）。一般而言，週波數在10赫茲以下的低範圍，對於運動神經可產生輕輕拍打一般的刺激效果，但若提高周波數，則可以產生鎮定神經痛的效果。

使用時應注意以下要點：

使用時，若導子與皮膚接觸不完全，則沒有效果。若感覺神經受到刺激，會有刺痛感。此外，請勿使導子接觸受傷的皮膚表面。

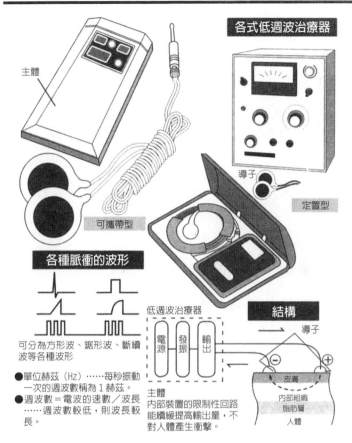

2-32 鑰匙與鎖頭

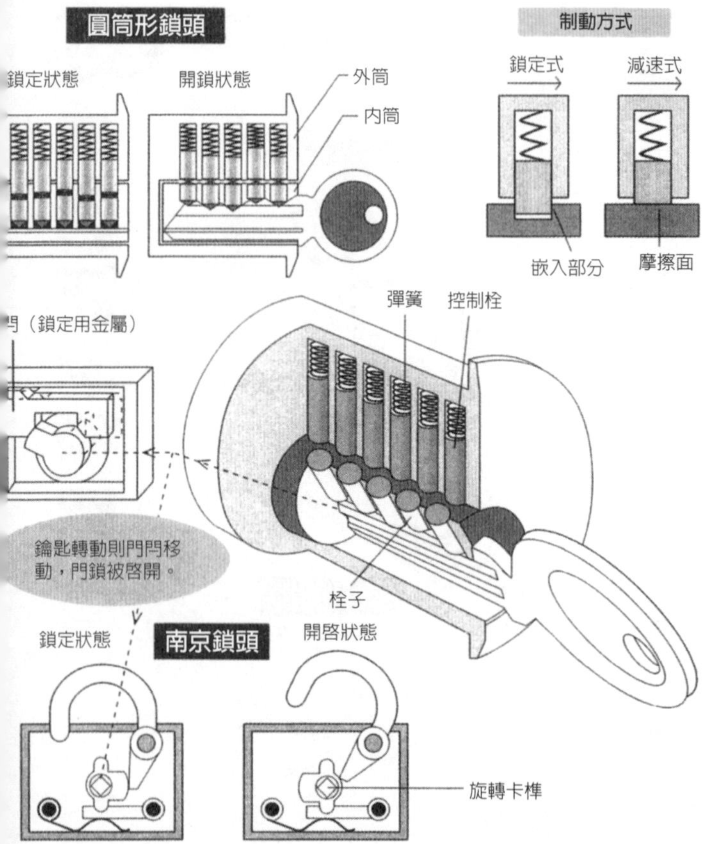
圓筒形鎖頭
鎖定狀態
開鎖狀態
外筒
內筒
制動方式
鎖定式
減速式
嵌入部分
摩擦面
彈簧
控制栓
閂（鎖定用金屬）
鑰匙轉動則閂閂移動，門鎖被啓開。
栓子
鎖定狀態
南京鎖頭
開啓狀態
旋轉卡榫

▼鑰匙與鎖頭在使用上是最佳的搭配組合，在鑰匙上有無數的凹凸面，這些凹凹凸凸代表著特定的吻合符號，因此不同的鑰匙無法開啓同一鎖頭。

制動方式，一般可分為減速式（摩擦制動）及鎖定式（阻擋制動），而鎖頭便是一種鎖定式制動的結構。若施以強力不當開啓，則內部的解鎖零件會發生自我破壞的效應，抵抗不當的外力。

大部分的鎖頭多為圓筒式鎖頭，由外筒、內筒二部分的圓筒所構成，圓筒上有數個細穴，穴中置有彈簧和控制栓兩種金屬棒，若插入形狀不符合的鑰匙，則控制栓跨在外筒、內筒的交界線上，無法將內筒轉動，開啓鎖頭。而正確的鑰匙可使控制栓依著凹凸的鑰匙紋，而產生高低不同程度的位置，造成控制栓向外筒產生壓力，內筒因此可以轉動，便能開啓鎖頭。

鑰匙的設計有各種不同的構造，除

喇叭型門鎖

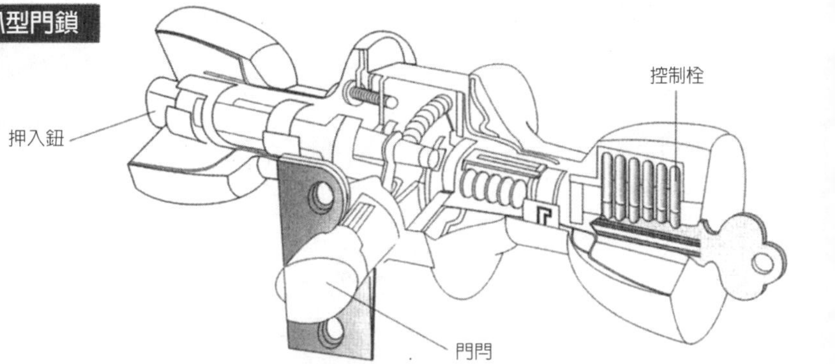
控制栓
押入鈕
門閂

各式鑰匙

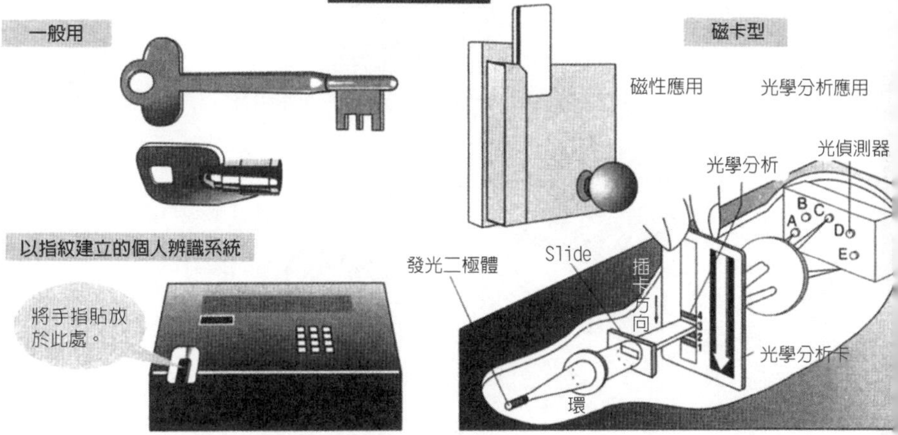
一般用
磁卡型
磁性應用
光學分析應用
光偵測器
光學分析
以指紋建立的個人辨識系統
將手指貼放於此處。
發光二極體
Slide
插卡方向
光學分析卡
環

了一般凹凸紋刻在長長的鑰匙上，也有刻在管形鑰匙前端的圓周部分等。

除了機械式，另有在鑰匙側面置入永久磁石，利用特定位置反作用力的磁石式，以及鎖定用金屬（門閂）藉電磁石或馬達才能移動的電動式等。

飯店經常使用插卡及磁卡來開門，可見電子式控制的卡片鎖匙逐漸普及，設有讀卡機等電子裝置。另外，光學式卡片比起電子式卡片造價較高，具有不易偽造的優良特性。

為使鑰匙的設計更加嚴密，目前已開發可比對指紋或聲紋等個人識別系統，這是應用人體的特徵，作為鑰匙的識別功能。

2-33 太陽能熱水器

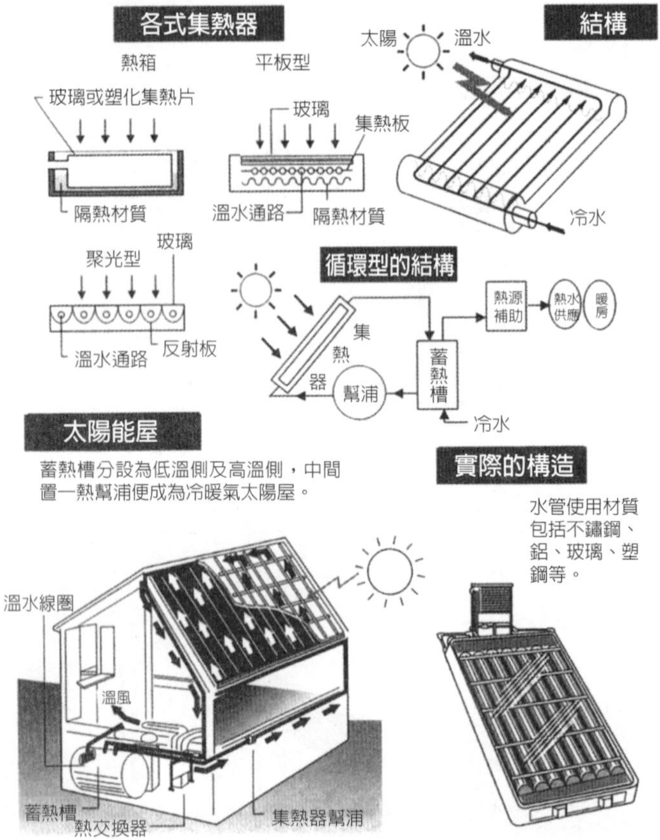
各式集熱器
熱箱
玻璃或塑化集熱片
隔熱材質
平板型
玻璃
集熱板
溫水通路
隔熱材質
聚光型
玻璃
溫水通路
反射板
結構
太陽
溫水
冷水
循環型的結構
集熱器
幫浦
蓄熱槽
熱源補助
熱水供應
暖房
冷水
太陽能屋
蓄熱槽分設為低溫側及高溫側，中間置一熱幫浦便成為冷暖氣太陽屋。
溫水線圈
溫風
蓄熱槽
熱交換器
集熱器幫浦
實際的構造
水管使用材質包括不鏽鋼、鋁、玻璃、塑鋼等。

▼應用古早「曬太陽產生溫水」的方式和原理，開發出來的裝置，便是太陽能熱水器。水溫可藉集熱裝置提高三〇度～五〇度左右，可節省相當的能源，效率可觀。集熱器是一個能將水流加熱的構造，住家常見的形式是將水槽下方汲取上來的水加熱，再由上方向下輸送供應的貯水型熱水器。大型的太陽能熱水器多為利用對流或幫浦原理的循環型，結構設計大都附有蓄熱槽。

太陽能熱水器最好是將集熱板裝設於可正面接受日光直射之處。隨季節變化而改變向陽位置的追隨式設計，能提高集熱效果；固定式者則必須取角度平均值，使集熱板朝向日照。

有一種利用太陽能的「太陽能屋」在設計上做了多方面的嘗試。首先集熱器與屋頂成為一體化的設計，在建築物的外牆及圍牆上設有集熱、保溫結構。再加上熱幫浦的設計產生暖氣室、冷氣室兩種不同的效果。

第 3 章

辦公與醫療機械

3-1 個人電腦

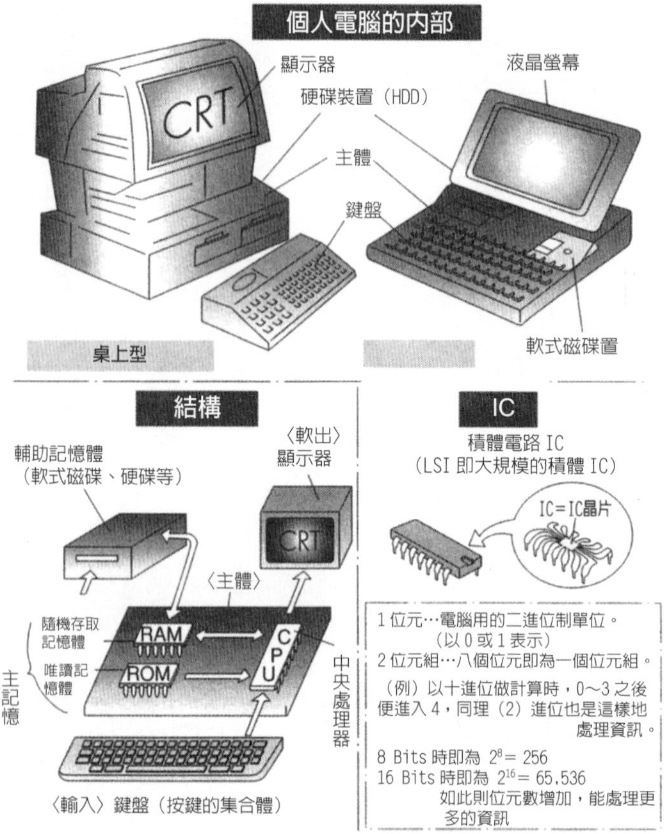
個人電腦的內部
顯示器
CRT
硬碟裝置（HDD）
主體
鍵盤
液晶螢幕
軟式磁碟置
桌上型
結構
輔助記憶體
（軟式磁碟、硬碟等）
〈軟出〉
顯示器
CRT
〈主體〉
隨機存取
記憶體
RAM
唯讀記
憶體
ROM
主記憶
CPU
中央處理器
〈輸入〉鍵盤（按鍵的集合體）
IC
積體電路 IC
（LSI 即大規模的積體 IC）
IC=IC晶片
1位元…電腦用的二進位制單位。
（以0或1表示）
2位元組…八個位元即為一個位元組。
（例）以十進位做計算時，0～3之後
便進入4，同理（2）進位也是這樣地
處理資訊。
8 Bits 時即為 2⁸= 256
16 Bits 時即為 2¹⁶= 65,536
如此則位元數增加，能處理更
多的資訊

▼個人電腦外型雖然嬌小，卻可做文字處理、計算、資料處理、電腦遊戲、繪圖、通訊等多樣化的處理能力，時至今日它仍是辦公室所不可或缺的要角。

個人電腦的主體包括CPU（中央處理器）及記憶裝置，透過鍵盤處理輸入的資料，結果由顯示器或液晶螢幕顯示，並以印表機印刷輸出。

個人電腦雖然外型方正，內部卻盡是精密的設計。在主體內部的主機板上有許多黑色的IC，看起來是有點呆板，但其應用效率越來越高。

個人電腦的處理能力決定於CPU中使用的微處理機。它是在小巧的晶片上，聚集許多的電晶體，高速處理大量的資訊，從八位元開始發展，目前的六十四位元產品甚至具有30億顆電晶體的能力。

3-2 文字處理機

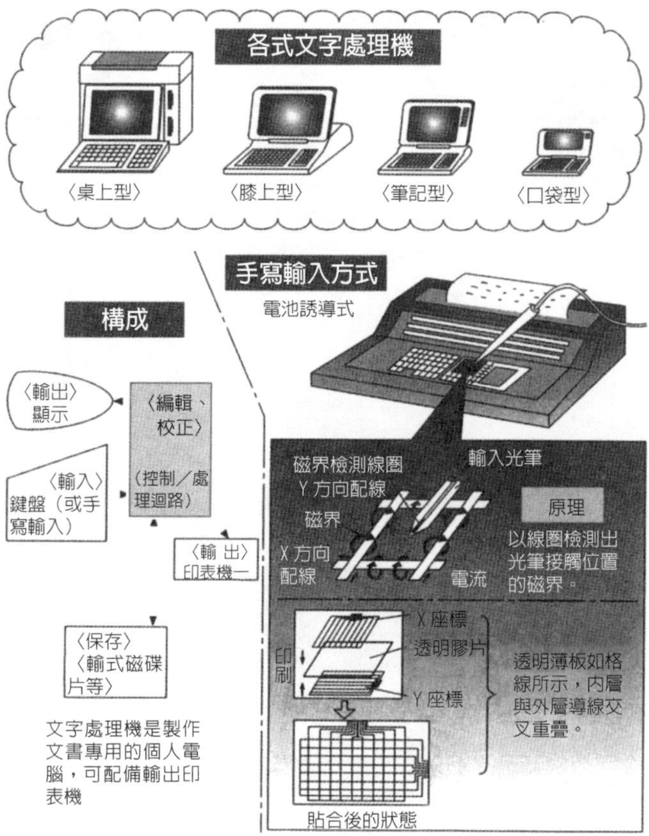
各式文字處理機
〈桌上型〉
〈膝上型〉
〈筆記型〉
〈口袋型〉
手寫輸入方式
電池誘導式
構成
〈輸出〉
顯示
〈編輯、
校正〉
〈輸入〉
鍵盤（或手
寫輸入）
（控制／處
理迴路）
〈輸 出〉
印表機一
〈保存〉
〈輸式磁碟
片等〉
磁界檢測線圈
Y 方向配線
輸入光筆
磁界
X 方向
配線
電流
原理
以線圈檢測出
光筆接觸位置
的磁界。
X 座標
透明膠片
Y 座標
印
刷
透明薄板如格
線所示，內層
與外層導線交
叉重疊。
貼合後的狀態

文字處理機是製作文書專用的個人電腦，可配備輸出印表機

▼文字處理機是日本文書製作專用的個人電腦。日文文字處理機現已配備有32位元的CPU，可執行文字輸入、編輯、記憶、印刷等功能。

歐美的文字是由26個字母組成文章，但日文文字交雜了漢字及假名，佔用兩個文字格的全形文字種類相當多。因此針對這個問題，文字處理機應用附有的電子辭典，提高處理能力，使假名／漢字的轉換更加實用。

在輸入方面，一般使用羅馬字、假名來做鍵盤輸入，也有不經過鍵盤，直接輸入手稿，或以光筆寫入等不同的方式，可不必記憶鍵盤位置，但手寫的速度卻不及鍵盤輸入來的快。

依照文字處理機的大小，可分為桌上型、膝上型及筆記型等，可依環境的不同做多樣化的運用。

目前的發展趨勢不僅能做文字處理，更開發出製表、繪圖的特殊功能。

3-3 軟式磁碟片

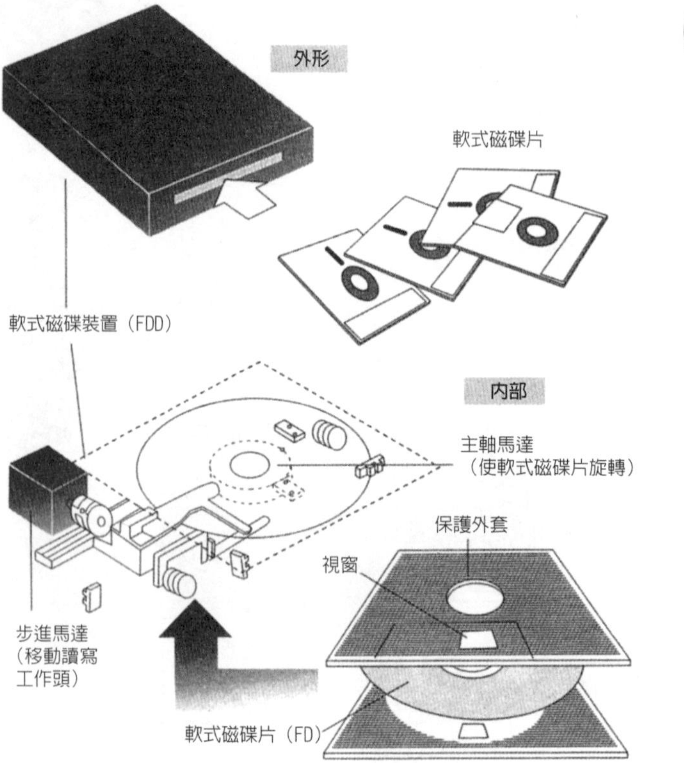
外形
軟式磁碟片
軟式磁碟裝置（FDD）
內部
主軸馬達
（使軟式磁碟片旋轉）
保護外套
視窗
步進馬達
（移動讀寫
工作頭）
軟式磁碟片（FD）

▼以前，個人電腦的外部記憶裝置有軟式磁碟裝置（FDD）、硬式磁碟裝置（HDD）等。在小型化大容量的快速發展之下，目前使用的是光碟片、記憶卡等新產品。

軟式磁碟片是一張柔軟的樹脂圓盤，在上面塗磁性物質，再置入方型的外套。將它推入驅動裝置，則中央的圓盤旋轉，從側面伸出的讀寫工作頭可將資料讀出、寫入。

硬式磁碟機則是在堅硬的鋁製圓盤上塗佈磁性物質，數枚圓盤形成一組，在密閉的盒子內高速旋轉。相較於軟式磁碟機，記憶容量遙遙領先，能克服高速度、繁複的資訊處理工作。

軟式磁碟片的優點是更換容易、攜帶方便；相較之下，硬式磁碟機則可以說是固定式的產品，從本體分離出來便無法運轉。此外，軟式磁碟片的磁性較弱，須避免接觸磁鐵。現已經不再使用於個人電腦中。

3-4 滑鼠

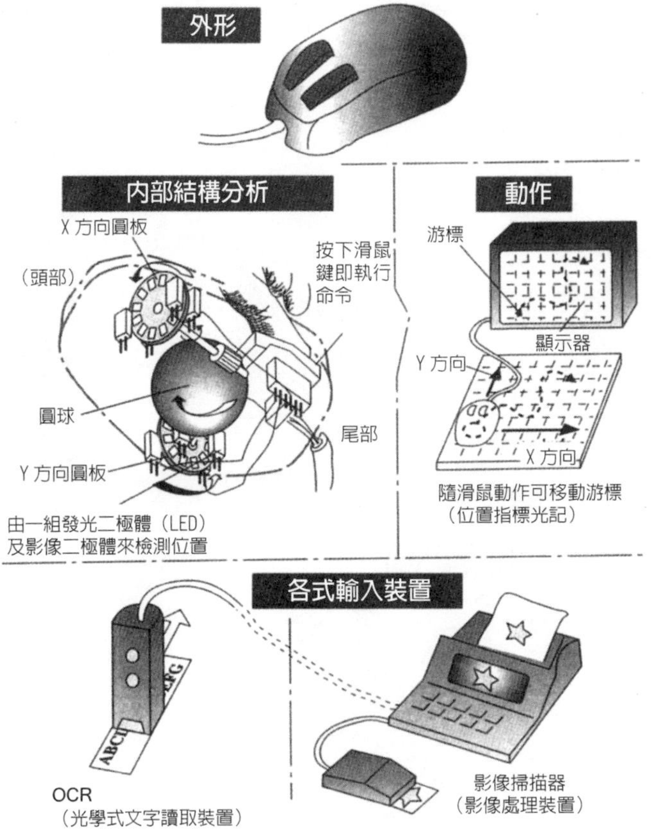
外形
內部結構分析
X 方向圓板
（頭部）
按下滑鼠鍵即執行命令
圓球
尾部
Y 方向圓板
由一組發光二極體（LED）及影像二極體來檢測位置
動作
游標
顯示器
Y 方向
X 方向
隨滑鼠動作可移動游標（位置指標光記）
各式輸入裝置
OCR（光學式文字讀取裝置）
影像掃描器（影像處理裝置）

▼滑鼠是個人電腦附屬的輸入裝置。大小正好適宜握在手中，形狀及使用的感覺都很像一隻小老鼠，因此取名滑鼠。滑鼠位置移動，則螢幕上的游標（位置指標）隨之移位。

舊式滑鼠內有一顆圓球，稱為「軌跡球」，滾動圓球則兩個互為直角方向的圓盤跟著轉動。兩個圓盤的轉數經過光學檢測，可轉換成直角座標上的移動距離。這就是滑鼠的基本原理。現已用光學來取代。

實際操作時，以滑鼠移動畫面上的游標，到達特定圖案或文字的位置，按下滑鼠前面的按鍵即可執行命令。

此外還有讀取影像或圖形的影像掃描器，可使影像與文字結合，也能在地圖上加註說明文字。掃描紙本文件，建立文字辨識資料，並完成輸入者，稱為OCR（光學式文字讀取裝置）。

3-5 電子記事本

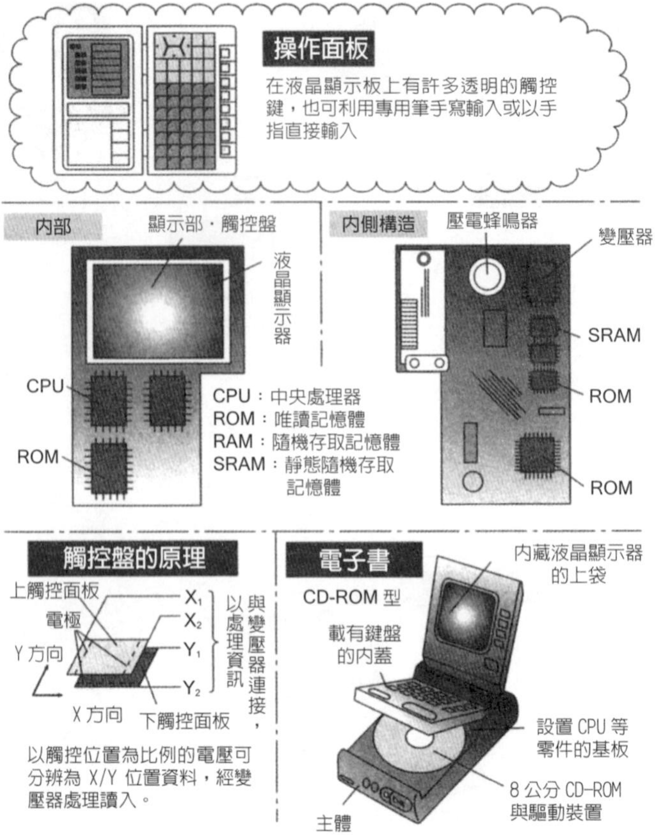

操作面板
在液晶顯示板上有許多透明的觸控鍵，也可利用專用筆手寫輸入或以手指直接輸入
內部
顯示部・觸控盤
液晶顯示器
CPU
ROM
CPU：中央處理器
ROM：唯讀記憶體
RAM：隨機存取記憶體
SRAM：靜態隨機存取記憶體
內側構造
壓電蜂鳴器
變壓器
SRAM
ROM
ROM
觸控盤的原理
上觸控面板
電極
Y 方向
X 方向
下觸控面板
X1
X2
Y1
Y2
與變壓器連接，以處理資訊
以觸控位置為比例的電壓可分辨為 X/Y 位置資料，經變壓器處理讀入。
電子書
CD-ROM 型
內藏液晶顯示器的上袋
載有鍵盤的內蓋
設置 CPU 等零件的基板
8 公分 CD-ROM 與驅動裝置
主體

▼在平板電腦的發展過程中，有一種電子記事本，是一種迷你文字處理機。以觸控鍵盤、液晶顯示器、IC卡為主要零件，除了電話號碼薄、記事本、字典等功能之外，還有其他使用方法。

觸控盤分為上下兩片，各控制盤的兩端附有電極，電極被均勻的電阻膜所分隔。以筆觸控，則此部份的電阻值會發生變化，可檢測X方向、Y方向的位置。

電子記事本的姐妹產品還有「電子書」，電子書的容量較大，例如與8公分的CD-ROM結合，則可以處理六冊字典。此外音樂CD的播放也可利用此系統簡單完成。

比較電子記事本與電子書，處理資訊量方面以電子書較佔優勢，而電子記事本則可處理較多類型的資料。

3-6 太陽能電子計算機

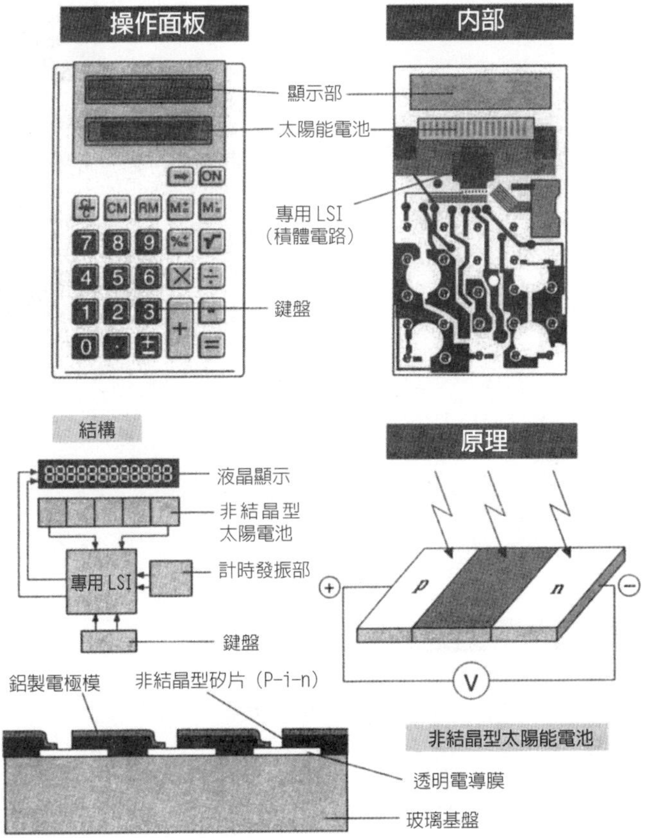
操作面板
內部
顯示部
太陽能電池
專用LSI
（積體電路）
鍵盤
結構
888888888888
液晶顯示
非結晶型
太陽電池
專用LSI
計時發振部
鍵盤
原理
p
n
V
鋁製電極模
非結晶型矽片（P-i-n）
透明電導膜
玻璃基盤
非結晶型太陽能電池

▼在電子文具的領域中，電子計算機可謂開山祖師，最早的機型比算盤還要大，接著快速的小型化、輕型化、低價格化。

特別是省電型專用的LSI、液晶顯示幕、電路板印刷的量產技術等等，都是研究開發的趨勢。

除了按鍵式輸入，也有觸控盤輸入，構造輕薄，另外有附加記憶體及時鐘等組合式多功能產品。

LSI及液晶的啟動，花費的能量極少，利用太陽能電池就足夠供給電源。光線會啟動自動電源開關。太陽能計算機僅需五〇燭光以上的光源，因此沒有太陽光時，日光燈、燈泡都能供給電源。

太陽能電池將光線轉成電源的部分，是一層P型或N型的矽所構成，而電子計算機內部常用的則是非結晶型太陽能電池（非晶質），與單結晶型者相較，效率較低，但外型輕薄、造價便宜是其優點所在。

3-7 印表機

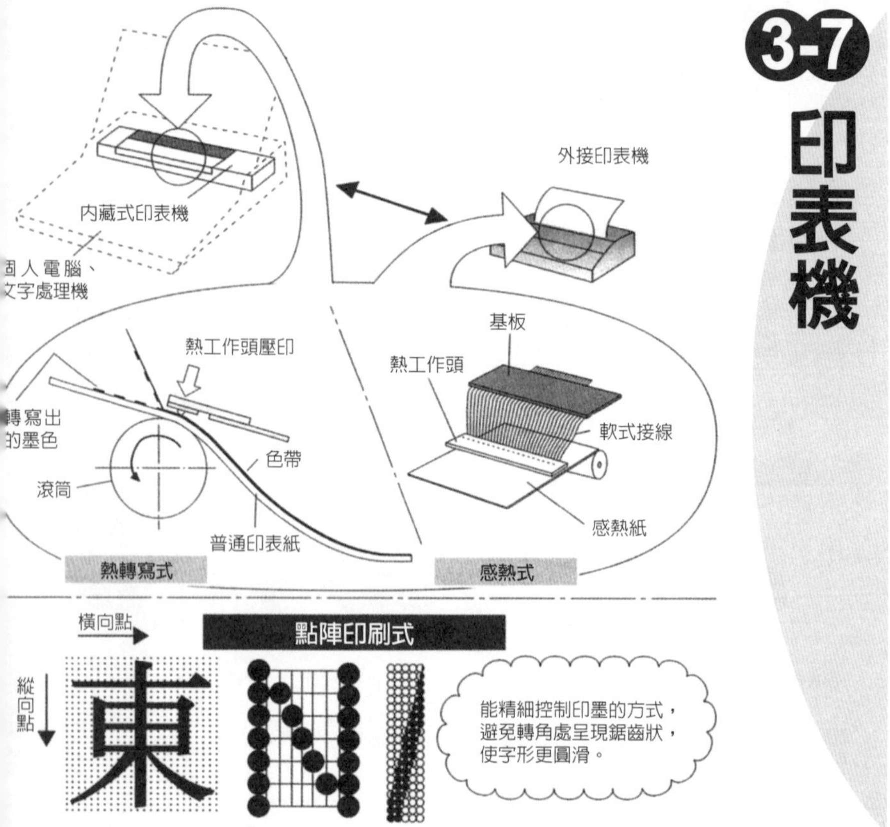
外接印表機
內藏式印表機
個人電腦、
文字處理機
熱工作頭壓印
轉寫出
的墨色
色帶
滾筒
普通印表紙
熱轉寫式
基板
熱工作頭
軟式接線
感熱紙
感熱式
橫向點
縱向點
點陣印刷式
東
能精細控制印墨的方式，
避免轉角處呈現鋸齒狀，
使字形更圓滑。

▼印表機與個人電腦組合使用，可分點陣印刷、噴墨印刷、雷射印刷等。

點陣印刷方式，是以類似電傳News的方式，如棋盤一般打出橫向、縱向的點；依其原理可分為兩種，即以電線連接控制前端打印的機械衝擊式，和利用電熱、光、墨水微粒等印出細點的非衝擊式。

其微細的點能充份描繪出圖形或文字，一般文字處理機的印字是48×48點構成的。也有在1公釐當中可容納16個點的精細結構者。

在工作頭（head）方面多使用熱電阻器，以熱印出圖文者稱為 thermal head，包括兩種形式：一為在受熱部份能顯色的感熱紙上壓印出圖文的感熱式工作頭。另外還有在色帶上壓印，以熱熔解墨色印於紙上，形成圖文的熱轉寫式工作頭。

熱轉寫式工作頭有印字精美的優點，故文字處理機多應用此一方式。

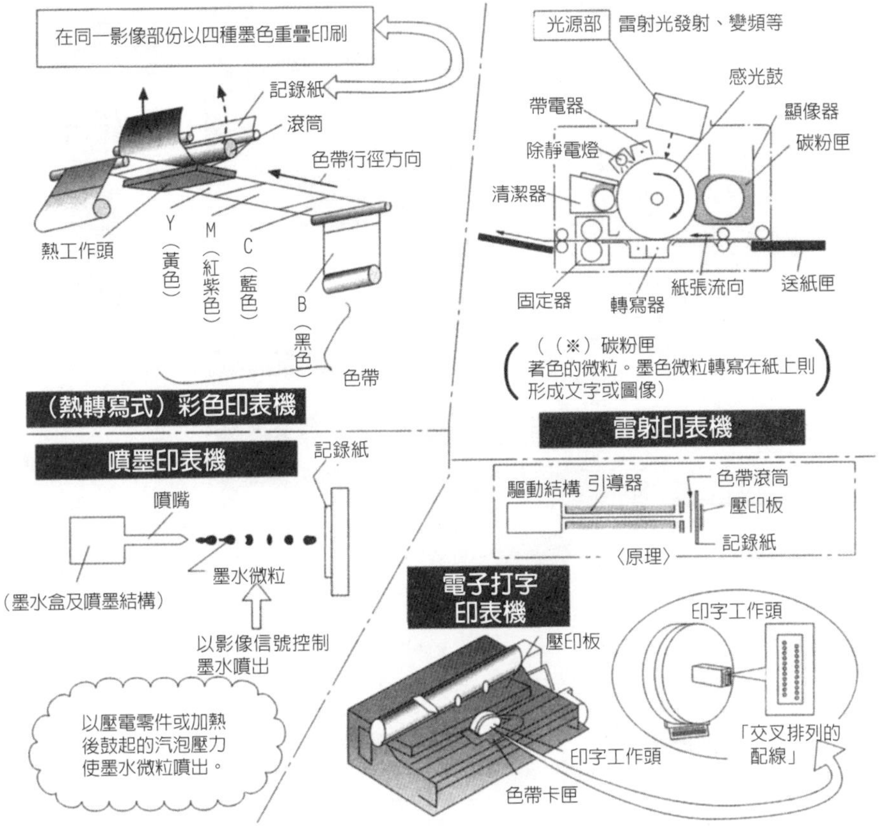
在同一影像部份以四種墨色重疊印刷
記錄紙
滾筒
色帶行徑方向
熱工作頭
Y（黃色）
M（紅紫色）
C（藍色）
B（黑色）
色帶
（熱轉寫式）彩色印表機
光源部 雷射光發射、變頻等
感光鼓
帶電器
顯像器
碳粉匣
除靜電燈
清潔器
固定器
轉寫器
紙張流向
送紙匣
（（※）碳粉匣
著色的微粒。墨色微粒轉寫在紙上則形成文字或圖像）
雷射印表機
噴墨印表機
記錄紙
噴嘴
墨水微粒
（墨水盒及噴墨結構）
以影像信號控制墨水噴出
以壓電零件或加熱後鼓起的汽泡壓力使墨水微粒噴出。
驅動結構
引導器
色帶滾筒
壓印板
記錄紙
〈原理〉
電子打字印表機
印字工作頭
壓印板
「交叉排列的配線」
印字工作頭
色帶卡匣

若使用彩色色帶便可做彩色印刷。

目前個人電腦與雷射印表機的組合越來越普遍，它是類似影印機的電子顯像原理，以雷射光構成細點。在光學應用方面另外還有發光二極體（LED）、日光燈、液晶閃光燈等。

噴墨印表機是在印表紙上噴墨水微粒，有靜音及快速的優點，且適於在瓶底或彎曲表面上印字，也可利用多彩墨水做彩色印刷。

電子打字印表機則是由直排的細鋼線打在色帶上，在印表紙上強力地壓出文字。因為有強力印字的優點，故在傳票等辦公用的印刷方面常被使用。但因機械動作引起的噪音為其缺點。

3-8 傳真機

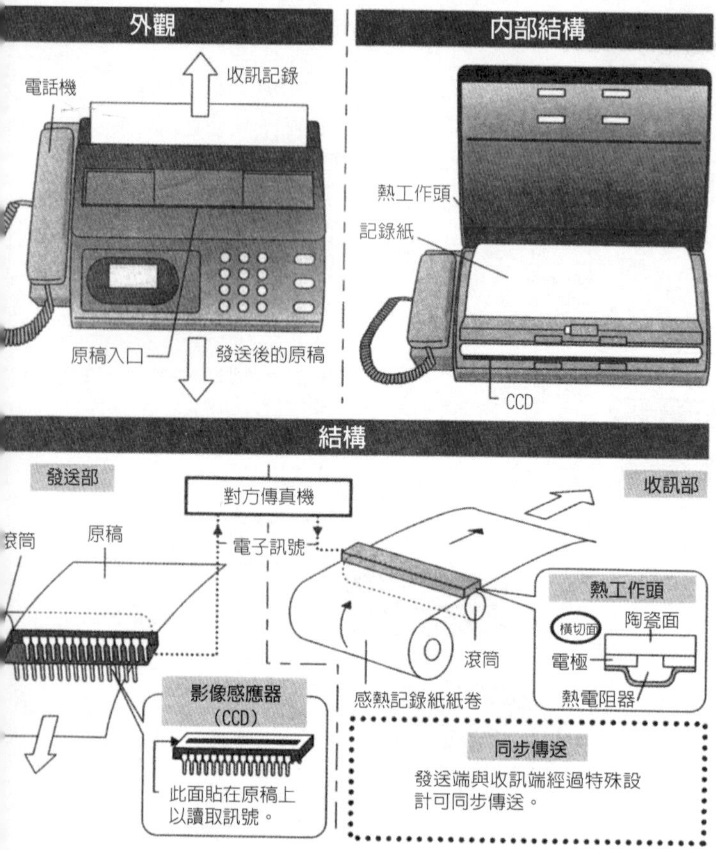
外觀
電話機
收訊記錄
原稿入口
發送後的原稿
內部結構
熱工作頭
記錄紙
CCD
結構
發送部
對方傳真機
收訊部
滾筒
原稿
電子訊號
熱工作頭
橫切面
陶瓷面
電極
滾筒
熱電阻器
影像感應器
（CCD）
此面貼在原稿上
以讀取訊號。
感熱記錄紙紙卷
同步傳送
發送端與收訊端經過特殊設
計可同步傳送。

▼電話只能傳送聲音，而傳真機能傳送文字或圖形。目前使用的傳真機多為透過一條電話線路，可做電話／傳真機自動切換，並兼具影印機功能。

在歐美地區因英文字母容易組合，故電報發送機這類的機械早已十分發達，然而中文字的字彙極多，要開發出同樣的機械裝置並不容易。因此文字與圖像可同時傳送的傳真機，在亞洲很快地普及。

傳真機的結構可分為：讀取原稿並轉換成電子訊號的發送部，以及將收到的電子訊號轉回原來的文字或圖像的收訊部。發送訊號時，使用一般的電話線或專用的傳真通訊網皆可。

發送訊號時首先將圖文分解為黑色或白色的點位，一大張原稿捲入感光滾筒，以光線投射，旋轉掃描原稿的明暗點。辦公室多使用CCD（電荷結合式設計）的平面掃描方式。

CCD為可將光轉為電子訊號的影像感應器，也經常被使用在攝影機之

掃描

掃描 直線狀的掃描線依序掃過原稿，分析出微細的圖像明暗度，並傳送顯現出來。

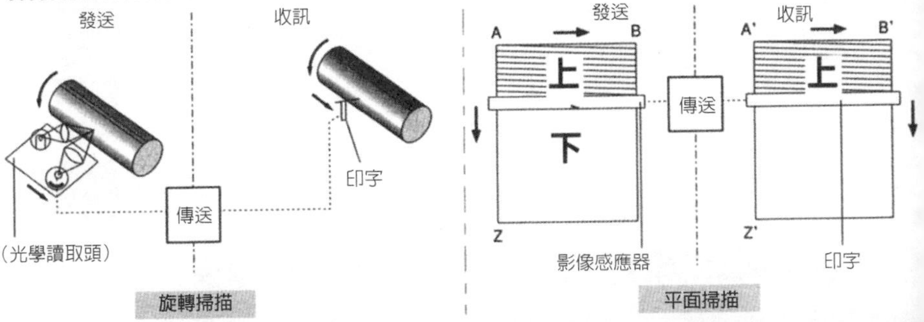
發送
收訊
印字
傳送
（光學讀取頭）
旋轉掃描
發送
收訊
A
B
A'
B'
上
下
傳送
Z
Z'
影像感應器
印字
平面掃描

氣象傳真機

傳送內容

a 地面天氣圖
b 雷達天氣圖
c 預測天氣圖
d 海況圖
e 海水圖
f 波浪圖
g 其他

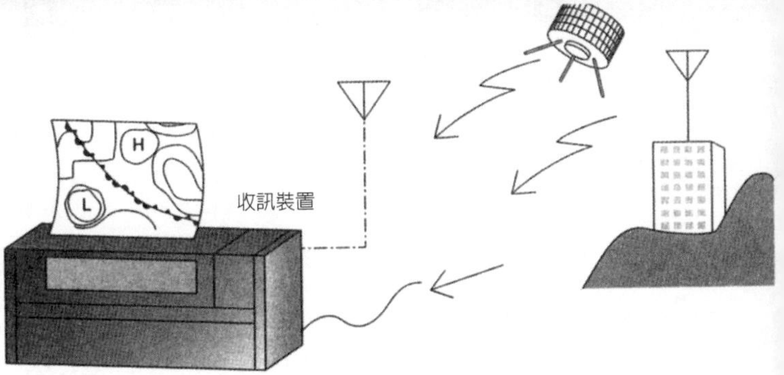
H
L
收訊裝置

中。而傳真機則是將原稿對著長形的CCD向前移動，依圖文的光線明暗改變電流的強弱。

收訊部將電子訊號轉寫為成形的圖文時，多採用熱工作頭顯色的方式。若以普通紙張為記錄紙時，則採用熱轉寫式或光感應式（雷射、發光二極體〈LED〉、液晶應用的電子影像式等）。

傳真機應用在氣象傳真方面更是備受矚目，能接收氣象資料，描繪氣象圖，特別是對於航行中的船隻取得氣象資訊更是不可或缺，通常以短波無線的方式收訊，不過從氣象衛星所發出的訊號也能接收。

彩色傳真機的原理類似彩色電視機，是將原圖像分解為紅綠藍三原色，以電子訊號來傳送。而收到訊號時，彩色傳真機以及發送／收訊之間所做的色彩補正，則相當複雜。

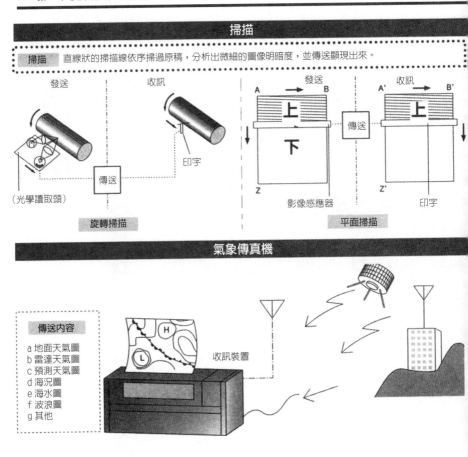

3-9 影印機

構造（轉寫型電子影像式影印機）

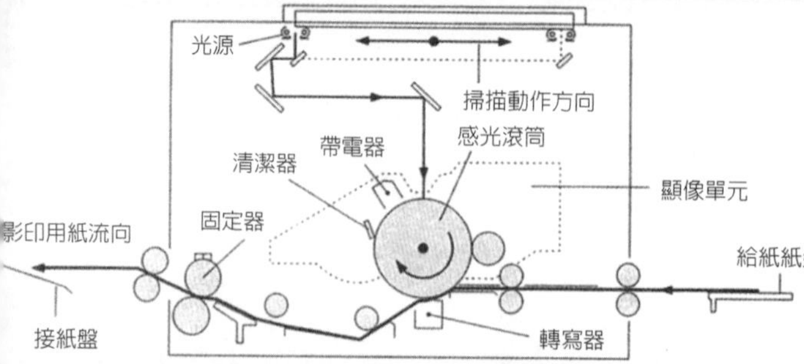
光源
掃描動作方向
感光滾筒
帶電器
清潔器
顯像單元
固定器
影印用紙流向
給紙紙盤
接紙盤
轉寫器

電子複寫的原理

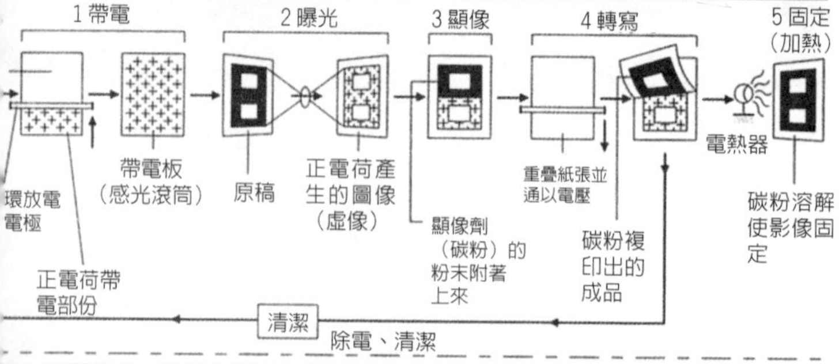
1 帶電
2 曝光
3 顯像
4 轉寫
5 固定（加熱）
電熱器
帶電板（感光滾筒）
原稿
正電荷產生的圖像（虛像）
重疊紙張並通以電壓
環放電電極
顯像劑（碳粉）的粉末附著上來
碳粉複印出的成品
碳粉溶解使影像固定
正電荷帶電部份
清潔
除電、清潔

名詞

1) 重氮複寫…影印紙上塗以重氮化合物並燒附上去。「濕式影印」等用
2) 轉寫………以「複印」的手法做處理。
3) 光導電體…光線照在其上則其電阻改變之材料
4) 碳粉………帶著顏色的細粉。黑白電子影印時使用黑色碳粉。
5) CCD………「電荷結合式設計」。照相機等器材上使用的「電子眼」。
6) 熱工作頭…利用熱點熱源使紙張顯色印出圖像的熱電阻器。

▼影印機（複寫機）在技術上最困難的，在於影印成品會立即與原稿做效果上的比較，因此在其功能上最被嚴格要求的應屬其「完成效果」。依其原理可分為電子影像式、熱應用式、重氮印像式三種。

一般最常使用者是稱為Xerox的轉寫型電子影像式影印機。這種被稱為「電子複寫」的技術是一九三七年卡爾松（美國）的發明，無需墨水，以乾燥方式在普通紙張上複寫。

其主要部份在於一個附有硒（Se）的光導電體（圓筒形感光鼓）。首先使感光鼓帶電，在感光滾筒上接受原稿反射回來的光線，只有文字部份帶電、其他部份的帶電消失，而附著在帶電部的碳粉，則轉寫到影印紙上。

影印機的結構是由照相機與印刷機兩者結合而成，換言之是「讀取部份」加上「印刷部份」所構成，也可說是在同一個機械上發送資料、接收資料的「傳真機」。

攜帶型影印機的使用

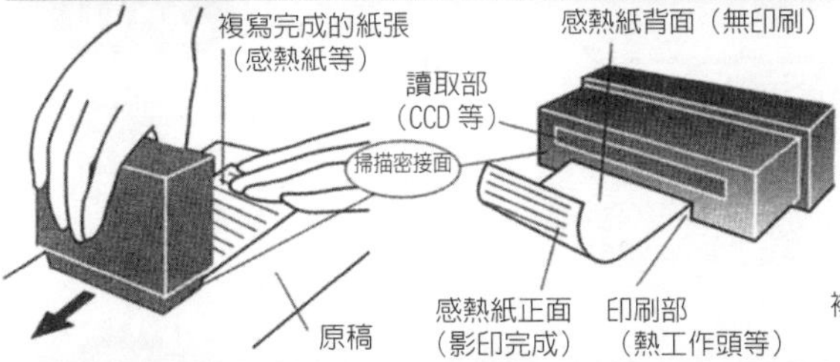
複寫完成的紙張
（感熱紙等）
感熱紙背面（無印刷）
讀取部
（CCD 等）
掃描密接面
感熱紙正面
（影印完成）
印刷部
（熱工作頭等）
原稿

外觀

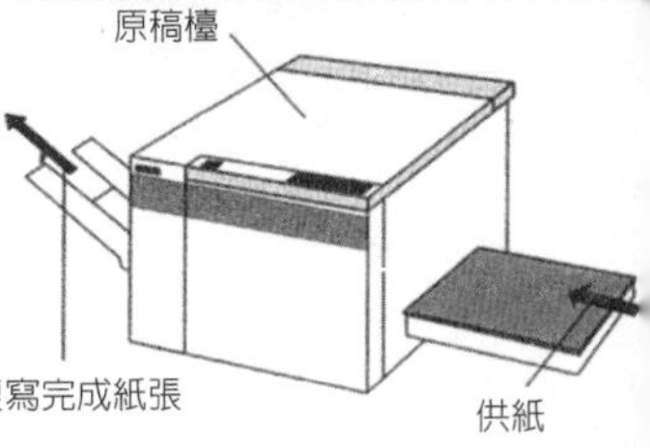
原稿檯
複寫完成紙張
供紙

彩色影印機（轉寫型電子影像式，使用感光滾筒）

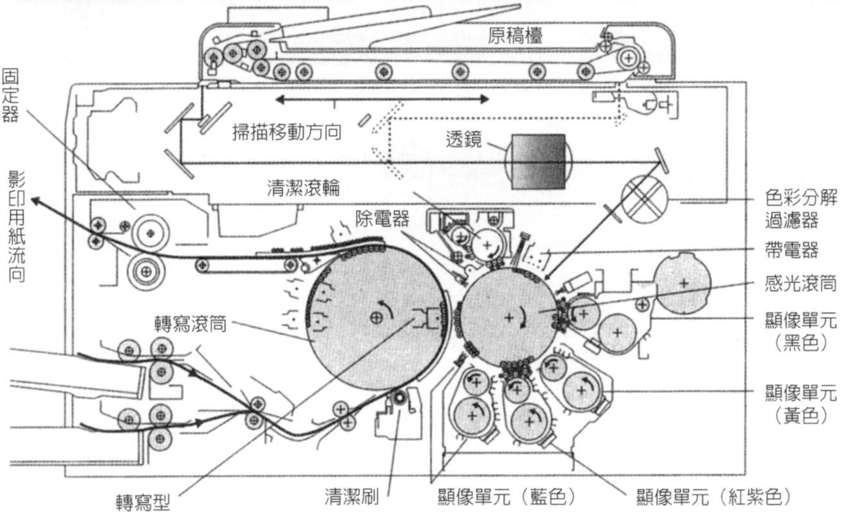
原稿檯
固定器
影印用紙流向
掃描移動方向
透鏡
清潔滾輪
除電器
色彩分解過濾器
帶電器
感光滾筒
顯像單元（黑色）
轉寫滾筒
顯像單元（黃色）
轉寫型
清潔刷
顯像單元（藍色）
顯像單元（紅紫色）

市面上有一種以CCD讀取資料、以熱工作頭印出資料的各式攜帶型影印機。這是以掃描器在文件上掃過，複寫記錄紙便順利地輕輕送出複寫文件。

彩色影印機以光讀取文字或圖像時，光線通過色彩過濾器，將色彩加以分解，並使用彩色碳粉做轉寫。另外也有使用多色的噴墨方式做影印處理的小型彩色影印機。

全彩表現是以黃色、紅紫色、藍色三種碳粉重疊而成。因此轉寫型的影印機基本上先掃描過原稿，經過曝光、顯像、轉寫等三個反覆的動作才完成一次影印。換句話說其處理原則是不使成品呈現黑白的顏色。

此外，彩色影印機兼具黑白影印的功能，因為有時需表現黑、灰色，故除了三色碳粉之外，常備有黑色碳粉以供選擇使用。

3-10 電子白板

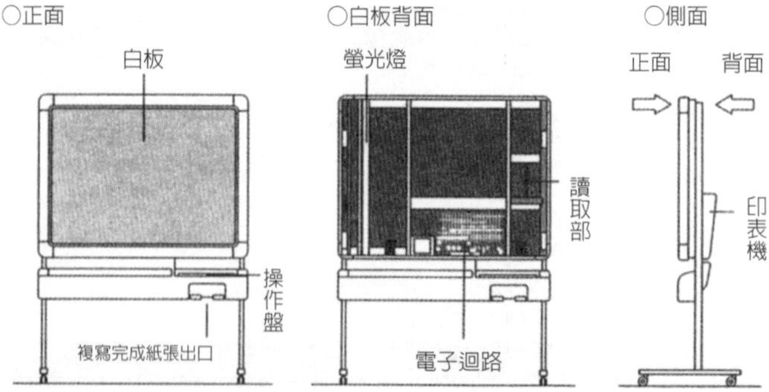
○正面
白板
操作盤
複寫完成紙張出口
○白板背面
螢光燈
讀取部
電子迴路
○側面
正面
背面
印表機

影印結構

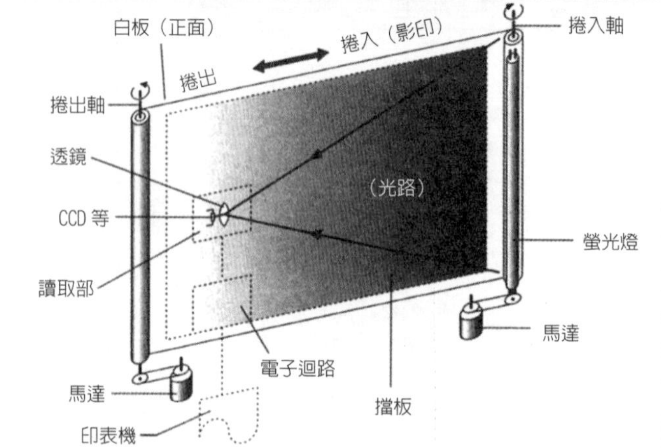
白板（正面）
捲入（影印）
捲出
捲入軸
捲出軸
透鏡
（光路）
CCD 等
讀取部
螢光燈
馬達
電子迴路
擋板
馬達
印表機

▼可將在白板上書寫的文字，當場立即列印和儲存下來的機器，稱為電子白板。有了它，無需大費周章地寫筆記，有省時且正確的效果。

有影印和儲存功能的電子白板，正面是電子白板，背面則是影像讀取部、電子回路、及印表機等所構成。換句話說，它能將相當於普通影印機原稿的白板板面內容影印下來，是一部專用的縮小影印機。

白板上的寬帶狀板面，在影印時可捲入背面。捲入時靠近捲軸的螢光燈投射白板板面，而其反射光經過讀取部感應器（檢測物理量並轉換成訊號的結構），可將掃描到的內容轉換成電子訊號。

印表機大多使用熱工作頭的感熱式印表機，另外也有可在普通紙張上列印的轉寫型電子影像式印表機。此外，將影像記憶在電子回路中，可連續多張列印。

3-11 名片整理機

名片讀取機

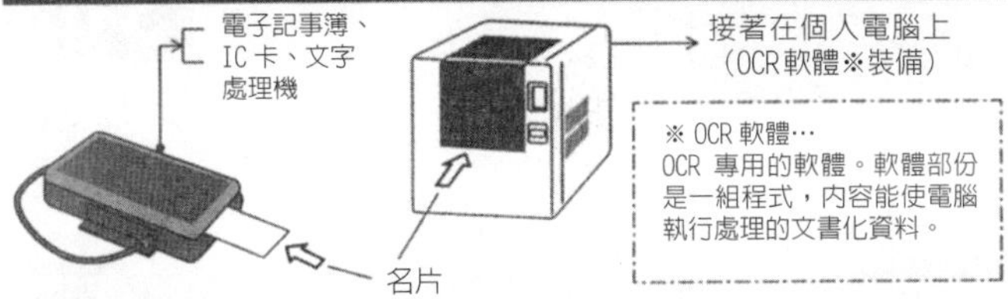
電子記事簿、
IC 卡、文字
處理機
接著在個人電腦上
（OCR 軟體※裝備）
※ OCR 軟體…
OCR 專用的軟體。軟體部份是一組程式，內容能使電腦執行處理的文書化資料。
名片

OCR（光學式文字讀取裝置）的工作

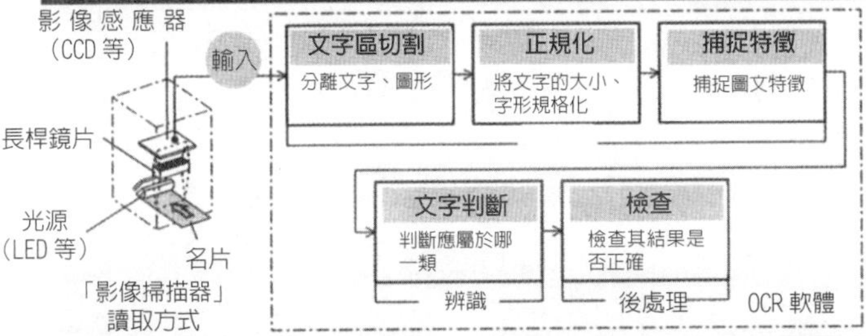
影像感應器
（CCD 等）
輸入
文字區切割
分離文字、圖形
正規化
將文字的大小、字形規格化
捕捉特徵
捕捉圖文特徵
長桿鏡片
光源
（LED 等）
名片
「影像掃描器」
讀取方式
文字判斷
判斷應屬於哪一類
檢查
檢查其結果是否正確
辨識
後處理
OCR 軟體

圖文矩陣化

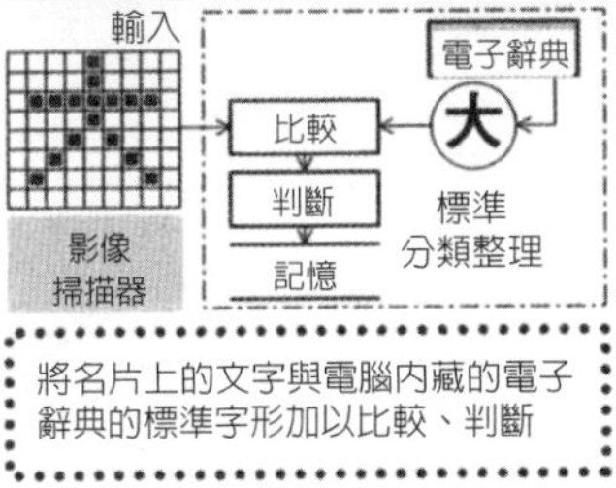
輸入
電子辭典
大
比較
判斷
記憶
標準
分類整理
影像
掃描器
將名片上的文字與電腦內藏的電子辭典的標準字形加以比較、判斷

條碼名片

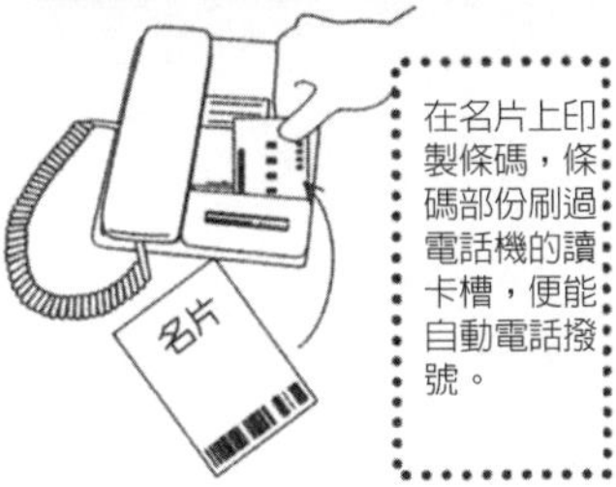
名片
在名片上印製條碼，條碼部份刷過電話機的讀卡槽，便能自動電話撥號。

▼名片是商場上不可或缺的利器，收到名片若不立即歸檔整理，很快就會塞滿抽屜，備感困擾。所以一部能讀取文字並分類歸檔的名片專用OCR（光學文字讀取裝置）便應運而生。

名片的大小大致固定的。內容不外包括姓名、所屬單位、住址、電話號碼等，而且一般使用標準印刷文字，容易讀取，基於這些特徵，於是開發了名片整理裝置。

一張一張送入讀取機中的名片，其文字以影像掃描器（影像處理裝置）掃入，並將反射光轉換成電子訊號。

這些訊號與電子辭典中的標準文字訊號比較之後，即可正確判斷為何字，以此為分類依據完成做整理。

此外也有不做文字辨識，僅依文字的影像做關鍵字編排的簡單名片處理機。有些印有條碼的名片還有自動電話撥號的功能，這些利用名片特徵所創造的機械都已成為市售商品。

3-12 磁卡、IC卡

磁卡的結構

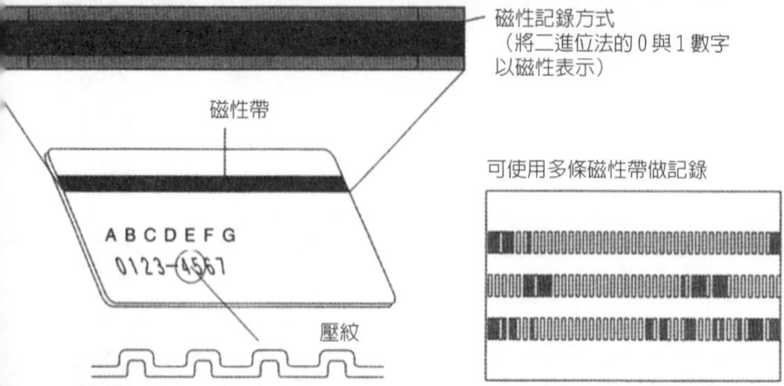
磁性記錄方式
（將二進位法的0與1數字以磁性表示）
磁性帶
ABCDEFG
0123-4567
壓紋
可使用多條磁性帶做記錄

讀取／寫入的構造

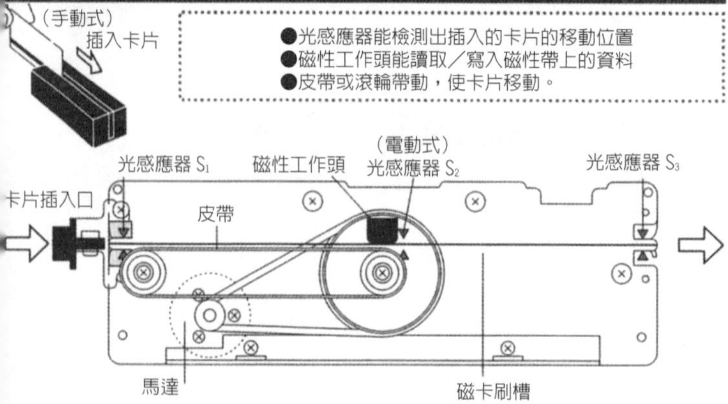
（手動式）
插入卡片
●光感應器能檢測出插入的卡片的移動位置
●磁性工作頭能讀取／寫入磁性帶上的資料
●皮帶或滾輪帶動，使卡片移動。
（電動式）
光感應器 S1
磁性工作頭
光感應器 S2
光感應器 S3
卡片插入口
皮帶
馬達
磁卡刷槽

▼信用卡或金融卡，通常是以塑膠卡片上的黑色帶狀的「磁性帶」，或者是浮起的文字「壓紋」兩種方式記憶資料。這兩種方式都很最普遍。

「壓紋」儲有會員編號等個人識別的數字或文字資料。將此壓紋靠在感應器上便可讀寫內容。這與使用印章的功能相仿。卡片使用後，稍待一會兒可送出使用卡片記錄，以確認使用。

「磁性帶」是在卡片上塗一條強力磁性體薄膜，以磁性記錄資料。在應用原理上與電腦用的記錄磁帶相同，不過，不同處在於磁性帶是利用N極、S極磁場方向，以「0與1」做數位記錄。

電話卡等預付式磁卡大多是在整個磁卡背面塗上強磁性體，上面覆蓋一層銀色塗料。磁卡的材料多使用PET（聚乙稀對苯二甲樹脂），因此雖然薄卻很耐用。

讀取磁帶記錄內容是使用「讀卡

IC 卡

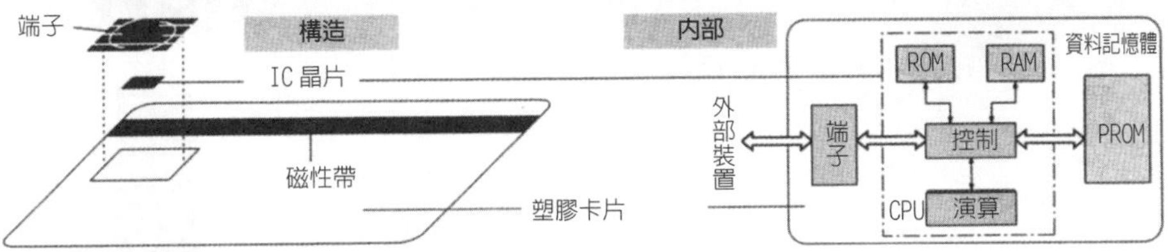
端子
構造
IC 晶片
磁性帶
塑膠卡片
內部
資料記憶體
ROM
RAM
外部裝置
端子
控制
PROM
CPU
演算

無線式讀寫磁卡

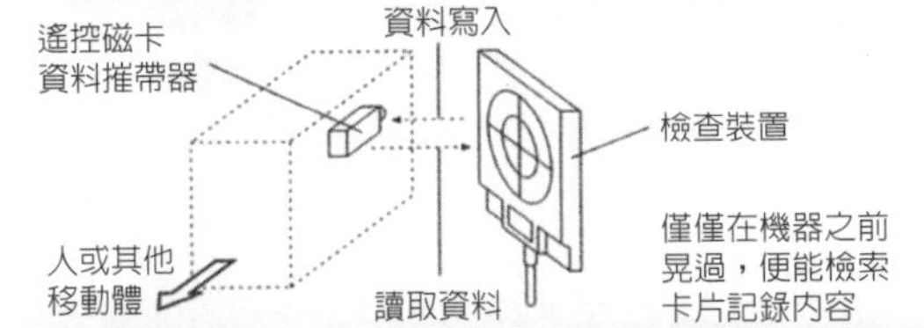
遙控磁卡
資料攜帶器
資料寫入
檢查裝置
僅僅在機器之前晃過，便能檢索卡片記錄內容
人或其他移動體
讀取資料

用語

1) 感押紙⋯⋯⋯寫字時能以筆押做複寫的紙張。
2) 強磁性⋯⋯⋯具有強磁性的材。
3) N　S⋯⋯⋯磁鐵的 N 極與 S 極。
4) 磁性工作頭⋯以電磁鐵之類的構造，做記錄或播放的部份。
5) 凹穴⋯⋯⋯⋯細凹紋

光學卡片

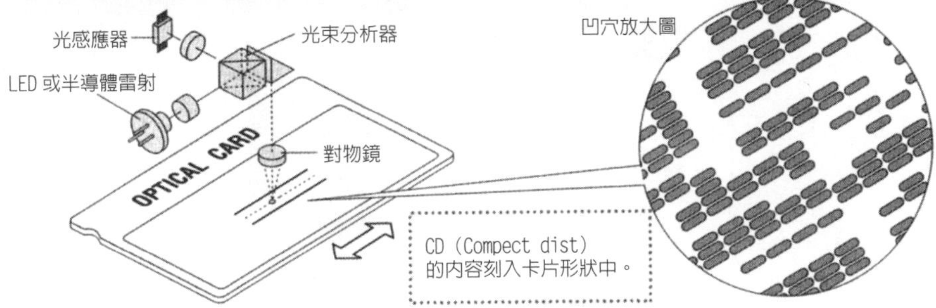
光感應器
光束分析器
LED 或半導體雷射
OPTICAL CARD
對物鏡
凹穴放大圖
CD (Compect dist)
的內容刻入卡片形狀中。

機」。作用是當磁卡通過中央部份的磁性工作頭時，就能讀取／寫入磁性記錄，與錄音機的讀寫方式類似。

ＩＣ卡是在磁性帶之外，還在卡片內部設置了ＩＣ（積體電路）型的ＣＰＵ（中央處理器）、以及記憶體。其構造基本上是一個小型電腦，因此記憶能力較高。

ＩＣ卡與無線電技術結合之下，新型產品無需插入讀卡機，僅僅在機器之前晃過，便能辨識資料，稱為無線式讀寫磁卡。另外還有光學式的磁卡，可應用在鐵路車票等方面。

因處理能力大而備受矚目的光學卡片是利用類似ＣＤ一般的原理，在卡面上有許多排列的凹穴，從這些凹穴中可以讀到數位化的資料。已進一步應用到醫療病歷表及光學辭典等方面。

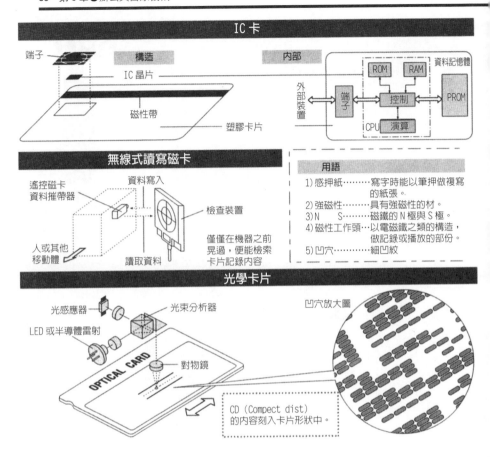

3-13 自動提款機

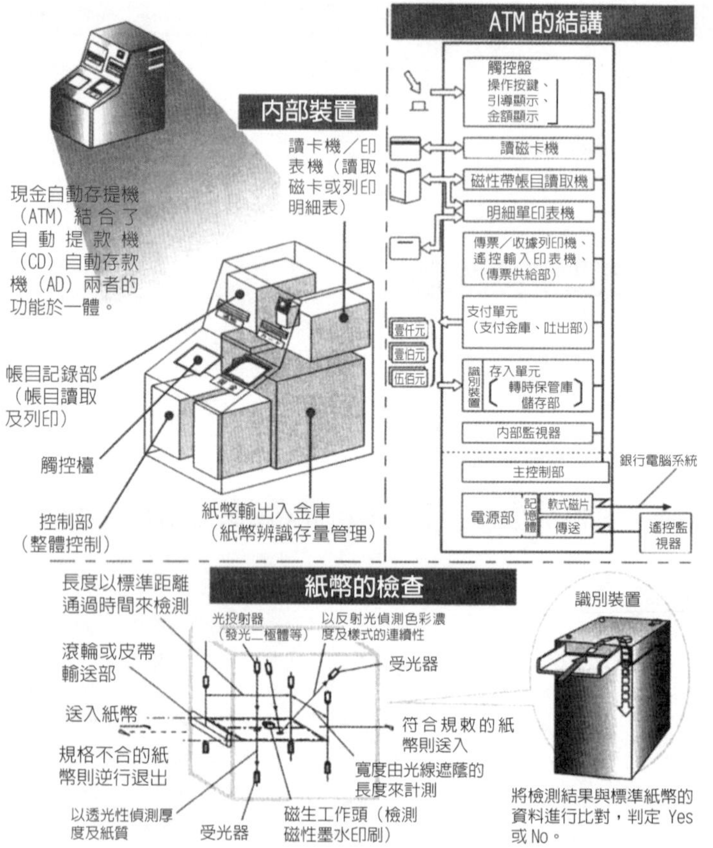

▼從前銀行櫃檯的職員，要負責處理現金的進出，現在可以完全由機器取代。「自動提款機（ＡＴＭ）」可在銀行營業時間之外，提供現金服務。

ＡＴＭ有支付、存款、餘額查詢、記帳等能力，首先需在面前的操作抬上選出您需要的服務項目。最近的新產品更將透明的導電膜鑲在映像管上，手指輕輕一觸就能輸入的電阻膜觸控螢幕愈來愈普遍。

ＡＴＭ的心臟重要部份，是辨識外部投入紙幣真偽的識別裝置。利用光或磁性，偵測紙幣的大小、厚薄、紙質、透明度、樣式、色澤等條件是否符合標準。

辨識紙幣難度最高的地方，在紙幣的良莠不一，污損或皺摺都會影響判斷。嶄新亮麗的鈔票與陳舊的鈔票混在一起的時候，要分辨偽鈔，需要依賴特殊的識別技術設計。

3-14 掃地機器人

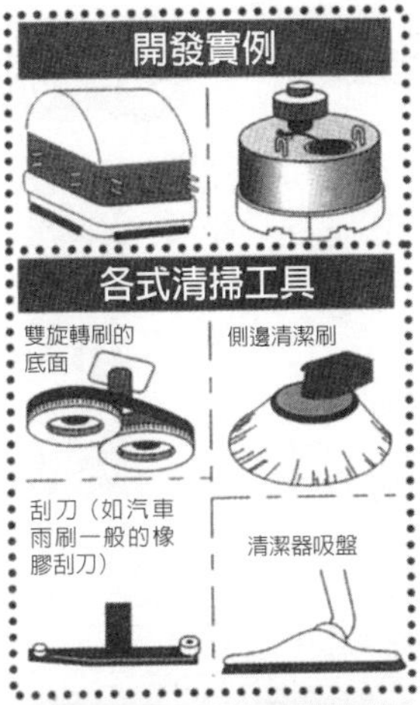
開發實例
各式清掃工具
雙旋轉刷的底面
側邊清潔刷
刮刀（如汽車雨刷一般的橡膠刮刀）
清潔器吸盤

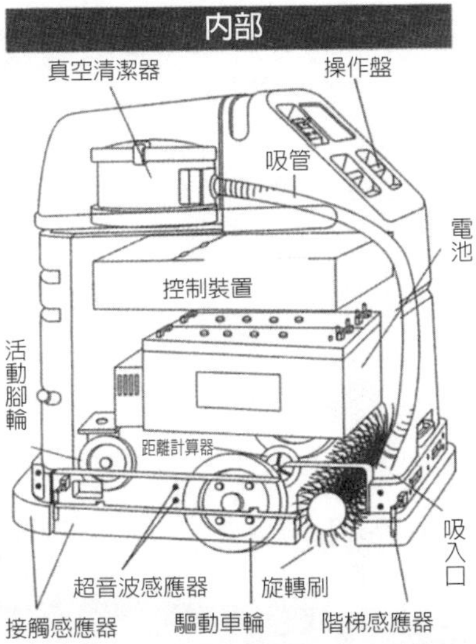
內部
真空清潔器
操作盤
吸管
電池
控制裝置
活動腳輪
距離計算器
吸入口
超音波感應器
旋轉刷
接觸感應器
驅動車輪
階梯感應器

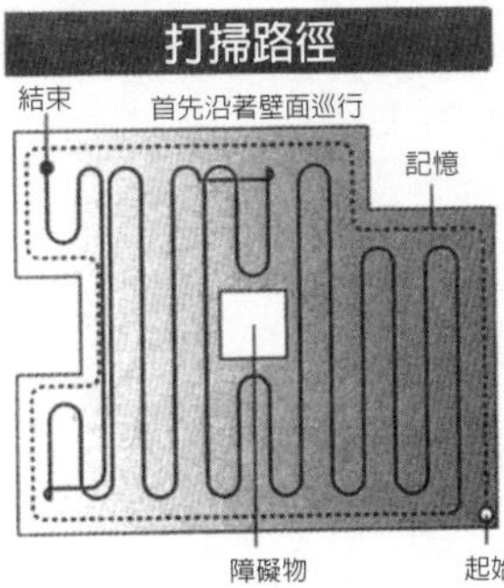
打掃路徑
結束
首先沿著壁面巡行
記憶
障礙物
起始

繞行空間一圈，捕捉空間的形式後，便開始清掃工作。

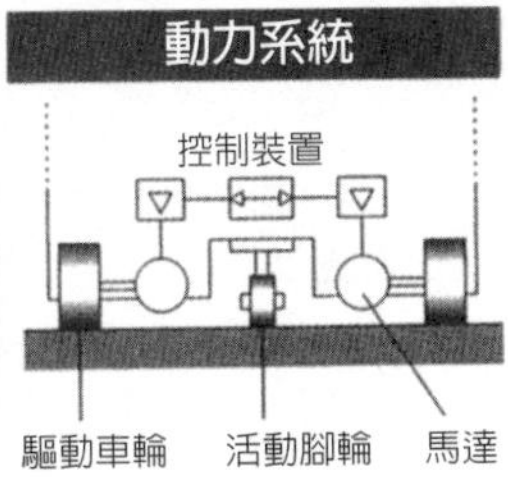
動力系統
控制裝置
驅動車輪
活動腳輪
馬達

左右輪反向轉動機器便可在原地打轉。

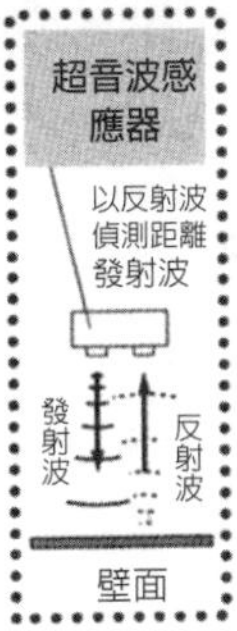
超音波感應器
以反射波偵測距離
發射波
發射波
反射波
壁面

▼掃地機器人是工廠無人搬運車和電子吸塵器的結合成的一部機器。為了建立可自行分辨空間形式、避開障礙物的能力，必須加裝許多感應器及高性能的控制裝置。細微的動作旋轉是靠著左右獨立的驅動車輪，具有可自由改變方向的活動腳輪來支撐全體的結構。此外為了能感應在地板上移動的位置和方向，也裝置陀螺儀或距離計算器等。

為感測與壁面的距離，常使用超音波感應器。不同於光學感應器，即使對象物體是透明的或傾斜的，也不會影響結果，而且偵測結果具有方向性（某一方向顯示放射或吸收的性質）。

機械初次運轉時，首先會沿著壁面走一圈，記憶空間的形式，然後開始前前後後移動清掃。碰到障礙物時，會清掃完前面部份，再繞到障礙物背面繼續清掃，然後再回到原路線，繼續清潔工作，直到任務完全完成。

3-15 顯微鏡

一般生物顯微鏡

光學顯微鏡的構造（穿透式）

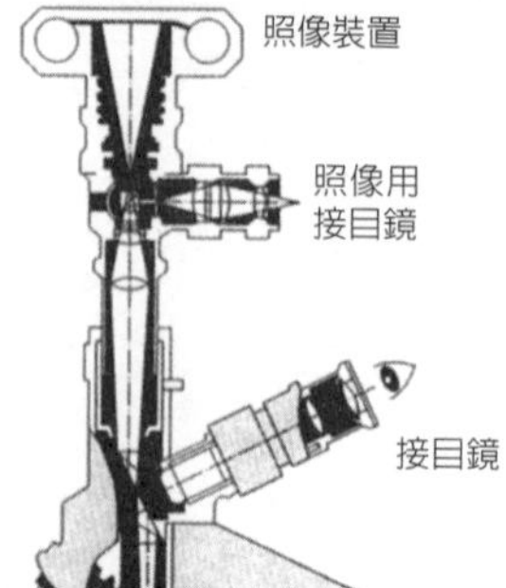
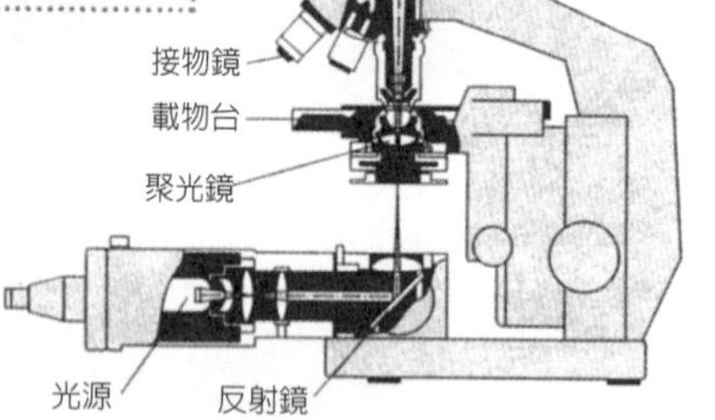
照像裝置
照像用
接目鏡
接目鏡
接物鏡
載物台
聚光鏡
光源
反射鏡

放大的原理

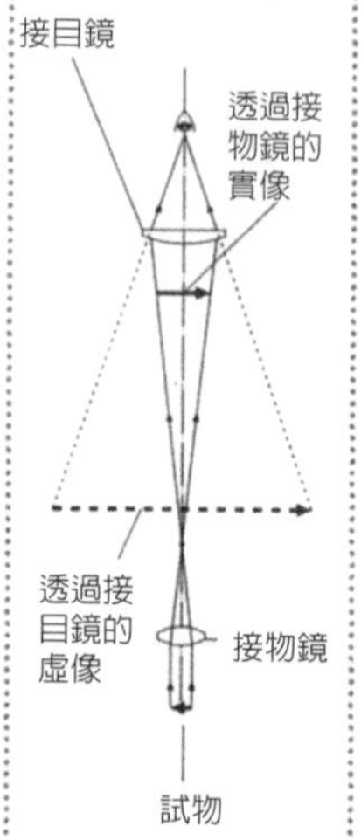
接目鏡
透過接
物鏡的
實像
透過接
目鏡的
虛像
接物鏡
試物

金屬顯微鏡（反射式）

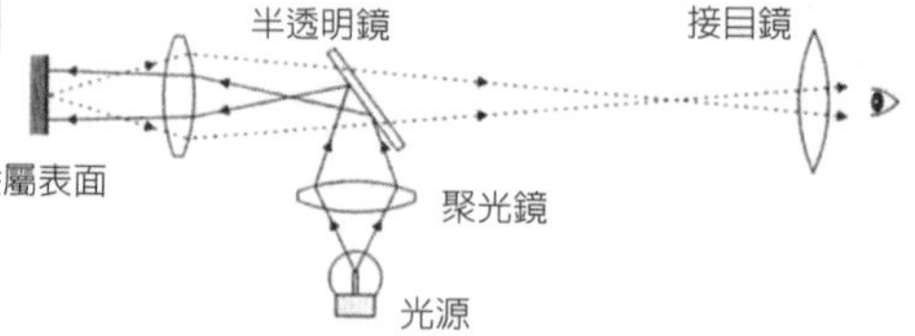
半透明鏡
接目鏡
金屬表面
聚光鏡
光源

▼想要看清楚微小的物體，將眼睛靠近物體，就會感覺東西變大、變清楚了。換句話說，將視角加大就能看清微小的物體。使用顯微鏡能拉大視角，使物體的影像變大。

加上多重鏡片，能使放大倍數增高，但影像會變得模糊、範圍變小。要看得清晰，又能分辨個別物體的最小距離，稱為解析能力。在實際應用上，解析能力較放大倍率來得更加重要。

人的眼睛僅能分辨最小○．一公釐的物體，若利用光學顯微鏡則能看清一萬分之一公釐的物體，而電子顯微鏡能使微小的物體放大數百倍。電子射線的波長，較光的波長更短，分解能力也比較高。

光學顯微鏡的基本構造包括接物鏡及接目鏡二種鏡片，首先確保觀察物的鏡片有足夠的照明度，然後，以接物鏡放大倍數，再以接目鏡放大物像。

一般使用的普通顯微鏡是生物顯微

電子顯微鏡透視圖（磁界型、穿透式）

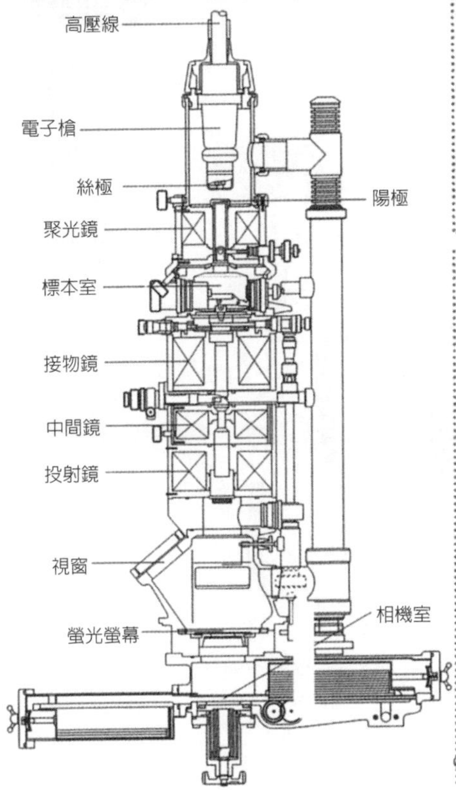
高壓線
電子槍
絲極
陽極
聚光鏡
標本室
接物鏡
中間鏡
投射鏡
視窗
相機室
螢光螢幕

掃描式顯微鏡

磁場型電子顯微鏡

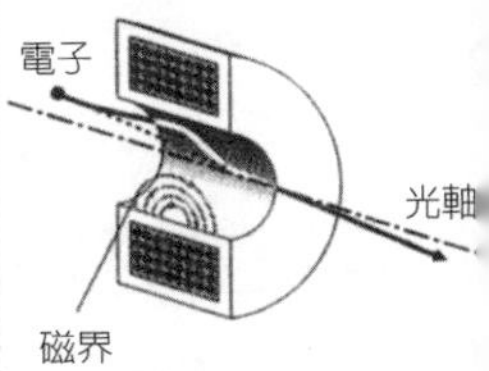
電子
光軸
磁界

光學顯微鏡與電子顯微鏡之比較

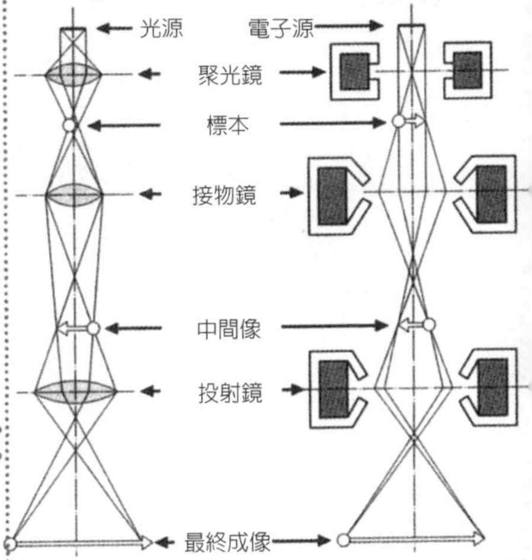
光源
電子源
聚光鏡
標本
接物鏡
中間像
投射鏡
最終成像

鏡，另外，觀察生物體或透明物體時則使用相位差顯微鏡。利用反射光觀察金屬物質等不透明體的金屬顯微鏡也常被使用。

電子顯微鏡以高速電子流取代光線，其基本原理是在陰、陽極之間施以高電壓，使電子在真空中加速運動。由於電子具有粒子和波動二種特性，加速運動時，波長變得較光波為短，因此性能較光學顯微鏡為高。

一般的電子顯微鏡是以電磁鐵製作成透鏡，以電子射線照射試物，稱為磁界型、穿透式的電子顯微鏡。另外也有觀察試物表面發出反射光的反射式電子顯微鏡，以及觀察試物發出的電子射線圖的陰影式電子顯微鏡。

有一種高科技的顯微鏡，以肉眼看不到的微探針接觸試物的表面，描繪觀察表面影像，稱為掃描式顯微鏡。此類顯微鏡能放大至極高倍，甚至原子的觀察也輕而易舉，故應用在微小物的研究上可謂一大功臣。

3-16 內視鏡

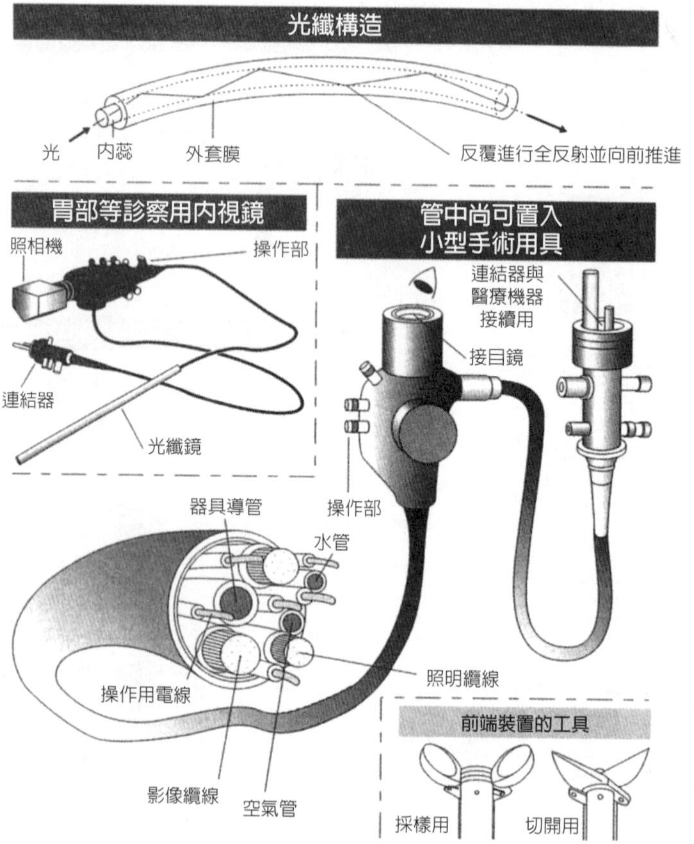
光纖構造
光
內蕊
外套膜
反覆進行全反射並向前推進
胃部等診察用內視鏡
照相機
操作部
連結器
光纖鏡
管中尚可置入
小型手術用具
連結器與
醫療機器
接續用
接目鏡
操作部
器具導管
水管
照明纜線
操作用電線
影像纜線
空氣管
前端裝置的工具
採樣用
切開用

▼內視鏡可將細管伸入體內，診察人體狀況，並進行治療。雖然內視鏡不具有顯微鏡一般的高倍率，但在拍攝體內深處影像的功能卓越，其構造設計十分巧妙。

內視鏡的內視部分主要是由光纖所構成，是數萬條的石英玻璃纖維細成的纖維束，光在纖維中不斷地進行全反射，並向前推進。光線在光纖傳導下，不會溢散消失，無論管線如何彎曲都不會有影響。

內視鏡管除了光纖，依其功能所需還有許多必要的裝置，可一面監視患部情況，一面取樣病變部的組織，或割除息肉（黏膜部位的小肉瘤）。

在鏡管前端裝設有照相機，可將影像傳到電腦，進行電子內視鏡分析，附有超音波診斷裝置的超音波內視鏡常被使用。另外血管用的一～二公釐左右的超微內視鏡，已在實用改進階段。

3-17 超音波診斷裝置

「心臟超音波診斷裝置
（心音）」的機械主體

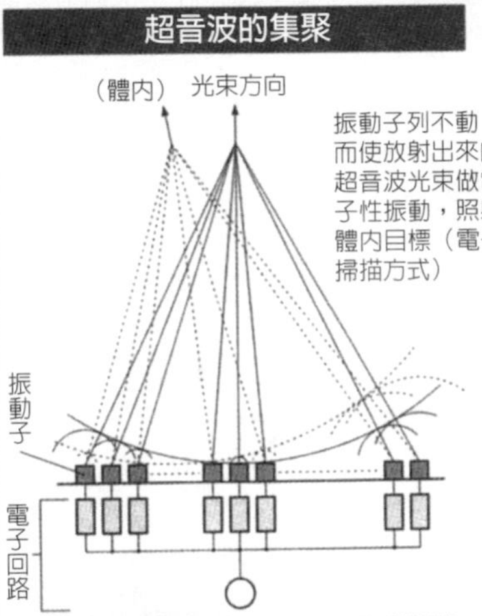
超音波的集聚
（體內）
光束方向
振動子列不動，而使放射出來的超音波光束做電子性振動，照射體內目標（電子掃描方式）
振動子
電子回路

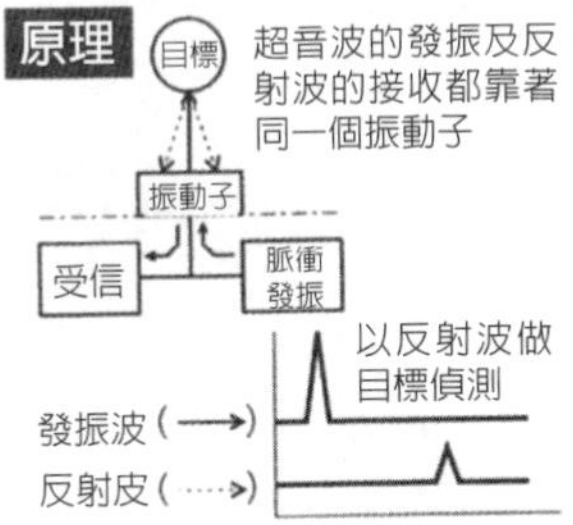
原理
目標
超音波的發振及反射波的接收都靠著同一個振動子
振動子
受信
脈衝發振
以反射波做目標偵測
發振波（⟶）
反射皮（⋯⋯>）

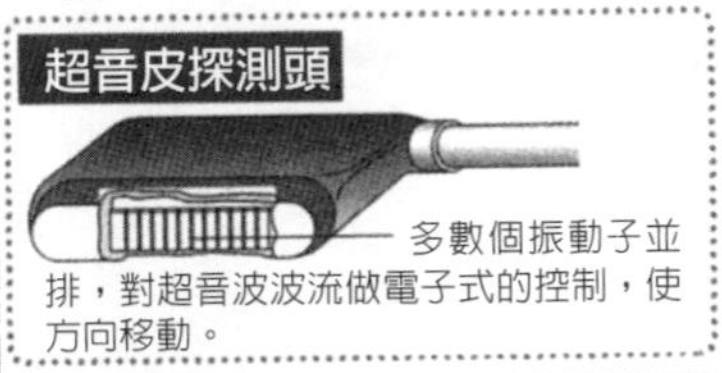
超音皮探測頭
多數個振動子並排，對超音波波流做電子式的控制，使方向移動。

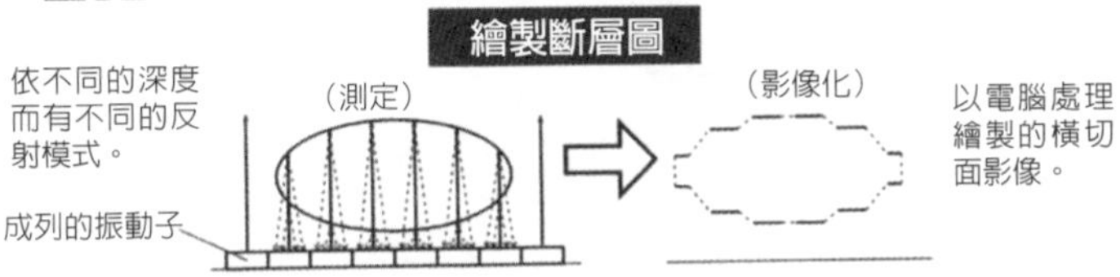
繪製斷層圖
依不同的深度而有不同的反射模式。
（測定）
（影像化）
以電腦處理繪製的橫切面影像。
成列的振動子

▼音波可以在人體內傳導，在體內柔軟部位前進的音波，碰到堅硬的部分則產生反射波（回音）。反射的模式依體內組織的不同而異，依此原理發明設計了超音波診斷裝置。

以「探測頭」接觸檢查部位，發出超音波以探測體內。從不同的深度反射回來的反射波經分析而呈現影像，音波長度愈短，愈能精細地呈現人體的狀態，因此超音波得到應用。

此外，超音波能以光束的形式照射目標物，傳回來的反射波振幅越大，則表示目標越大；而反射回來的耗時愈久，則表示位置愈深。這些反射波會形成目標物的形象或斷層影像。

超音波診斷裝置並非使用X光等放射線，因此安全性較高，成長中的胎兒也能以超音波裝置，可在母體外部做診察。此外跳動的心臟可用超音波做心音的診斷。

3-18 電腦斷層掃描

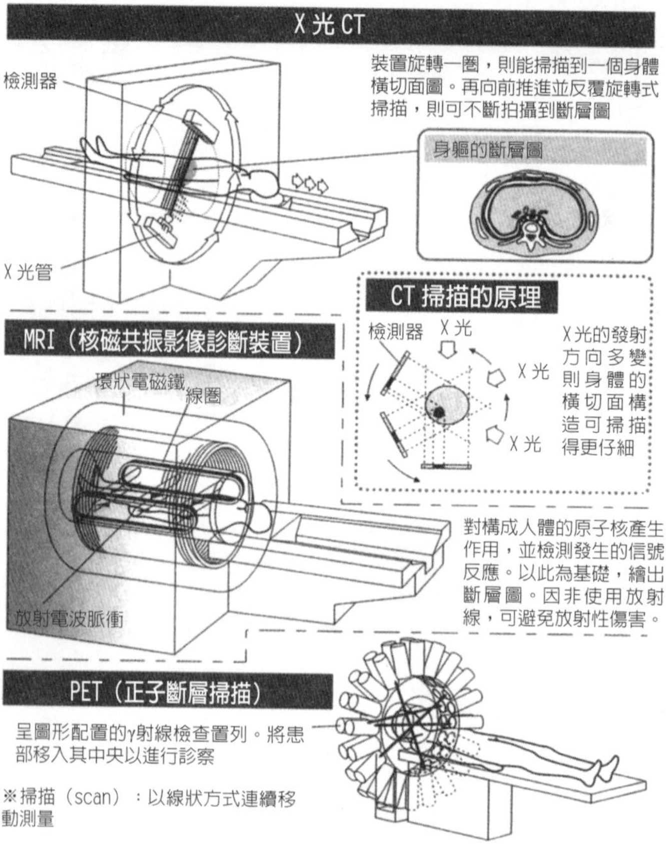
X光CT
裝置旋轉一圈，則能掃描到一個身體橫切面圖。再向前推進並反覆旋轉式掃描，則可不斷拍攝到斷層圖
檢測器
X光管
身軀的斷層圖
CT掃描的原理
檢測器
X光
X光
X光
X光的發射方向多變則身體的橫切面構造可掃描得更仔細
MRI（核磁共振影像診斷裝置）
環狀電磁鐵
線圈
放射電波脈衝
對構成人體的原子核產生作用，並檢測發生的信號反應。以此為基礎，繪出斷層圖。因非使用放射線，可避免放射性傷害。
PET（正子斷層掃描）
呈圖形配置的γ射線檢查置列。將患部移入其中央以進行診察

※掃描（scan）：以線狀方式連續移動測量

▼電腦斷層掃描（CT）是利用電腦做控制分析的斷層攝影裝置，以無痛方式，將身體做環狀掃描，分析體內狀況，通過身體的電磁波或超音波不斷地改變照射角度，將橫切面的影像描繪出來。

一般使用的X光CT掃描器是在組合的X光管與檢測器之間，使身體移動，此時周圍機械開始運轉，檢測各方向X光的資料，經過處理後形成橫切面的影像，依橫切面圖大致可診察發現體內深處的細微病變。

X光CT掃描雖然便利，但放射線的使用次數有限。基於此項考量，利用磁場與電波的核磁共振（NMR）原理製成的影像裝置MRI不但安全性高，特別是診斷腦部或腹部，更是重要的工具。

另外，應用陽離子產生的伽瑪射線放射原理的PET，與利用近紅外線雷射的穿透光診視內部的光CT掃描，都是新式的體內掃描裝置。而螺旋型CT是以繞著身體的形式，做螺旋狀的斷層攝影

第4章 戶外常見機械

4-1 飲料販賣機

飲料飯賣機的內部

—冰熱兩用杯泡式—

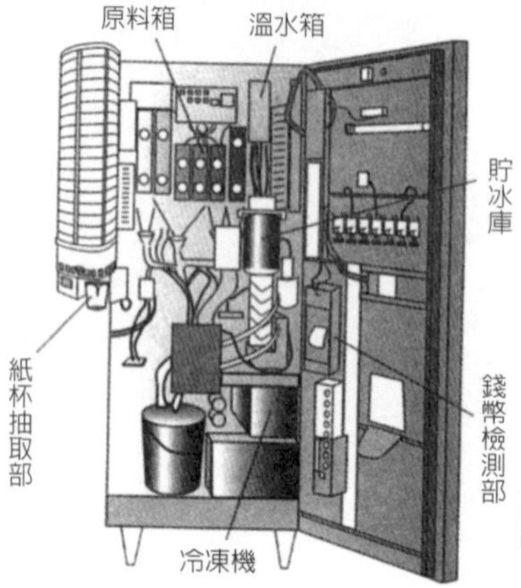
原料箱
溫水箱
貯冰庫
紙杯抽取部
錢幣檢測部
冷凍機

罐裝飲料貯藏及輸送

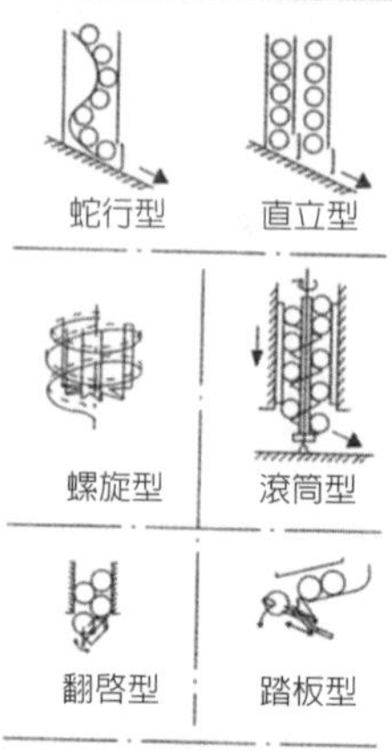
蛇行型
直立型
螺旋型
滾筒型
翻啓型
踏板型

紙杯抽取部的機能

—逐一分離紙杯，使其落下—

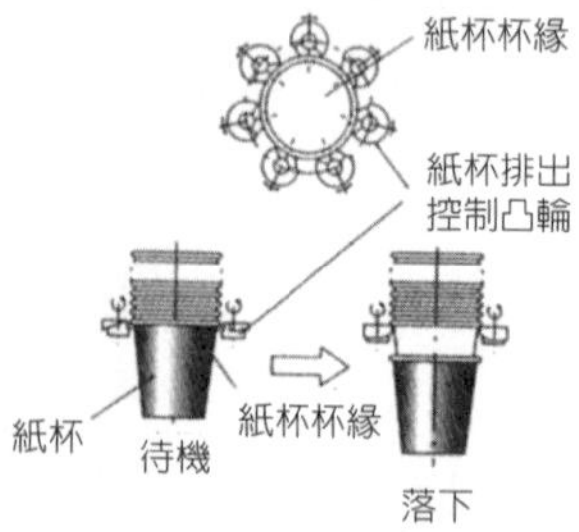
紙杯杯緣
紙杯排出控制凸輪
紙杯
待機
紙杯杯緣
落下

咖啡抽出及調合的方法

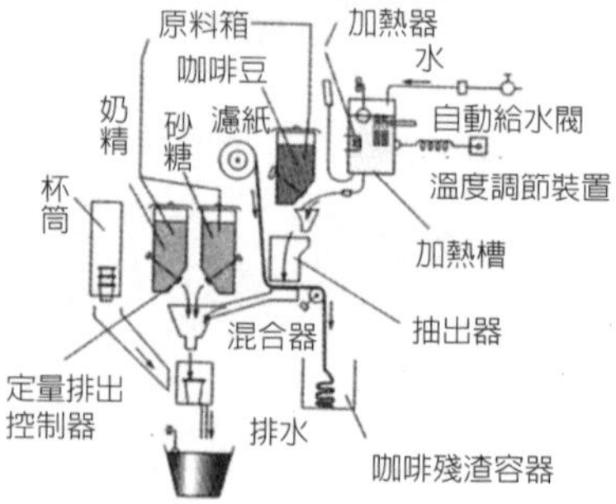
原料箱
加熱器
水
咖啡豆
自動給水閥
奶精
砂糖
濾紙
溫度調節裝置
杯筒
加熱槽
抽出器
混合器
定量排出控制器
排水
咖啡殘渣容器

▼自動販賣機在日常生活中越來越普及，其中大多數是飲料販賣機，香煙或零食、車票的自動販賣機次之。在自動販賣機內部，確認錢幣數額的檢測部份，是各式販賣機共通的設計，其他則依不同的販賣商品而異。

處理瓶瓶罐罐的飲料販賣機，可在有限的空間內置入大量的銷售庫存商品，依次送出是其巧妙之處。

立即沖泡式咖啡販賣機，經過精密的構造設計，以適當的水量自動滴入杯中，設有咖啡的過濾器，砂糖、奶精的混合器，可逐一抽出捲筒狀的濾紙，並將用過的咖啡殘渣拋棄。

飲料販賣機不只是能賣東西，在販賣過程還有錄音指示，有的甚至提供遊戲功能。另外有可使用刷卡取代投硬幣的自動販賣機。

4-2 綿花糖機

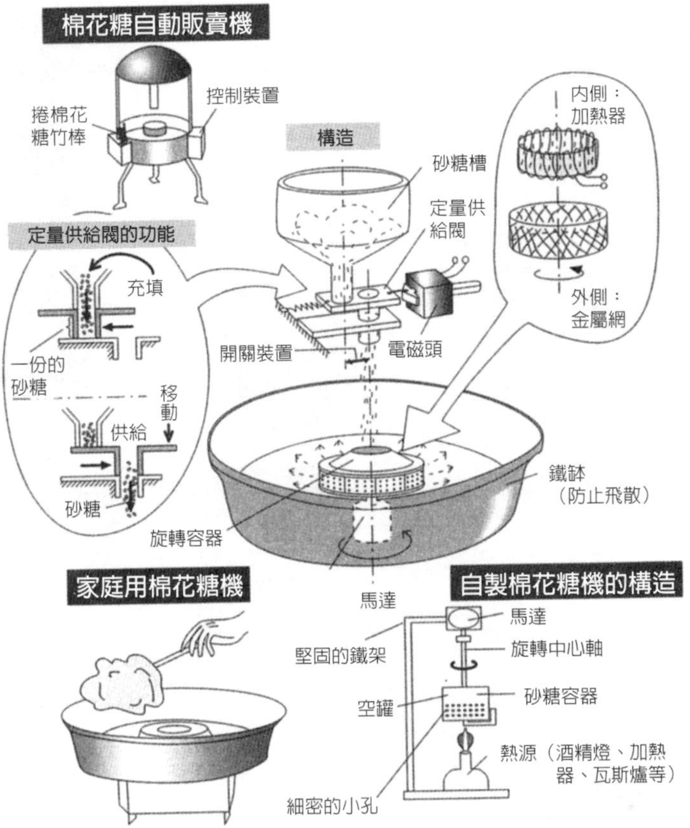

棉花糖自動販賣機
捲棉花糖竹棒
控制裝置
構造
砂糖槽
定量供給閥
內側：加熱器
外側：金屬網
定量供給閥的功能
充填
一份的砂糖
移動
供給
砂糖
開關裝置
電磁頭
鐵缽（防止飛散）
旋轉容器
馬達
家庭用棉花糖機
自製棉花糖機的構造
馬達
堅固的鐵架
旋轉中心軸
砂糖容器
空罐
熱源（酒精燈、加熱器、瓦斯爐等）
細密的小孔

▼棉花糖是如棉花一般，輕飄飄的一種甜食。在節慶或市集的場合中，逛街的人潮總是人手一支棉花糖，這是很多人共同的美好回憶。

在日本的園遊會場，通常會放置自助式棉花糖製造機，它的中央有一個可從上部放入原料砂糖的金屬槽，而下部設有一個加熱器周圍包覆金屬網的旋轉容器，旋轉容器的周圍則是一個大缽。

打開開關，使旋轉容器開始旋轉，從上面倒入一枝棉花糖份量的砂糖。加熱器的熱度使砂糖溶解，並利用離心力從金屬網的小孔向外釋出，遇風冷卻後形成細絲狀的砂糖棉花。棉花糖機有設計成投幣自動販賣式，也有家庭用的玩具式設計。利用空罐也可以自己動手設計，非常有趣。

4-3 遊戲機台

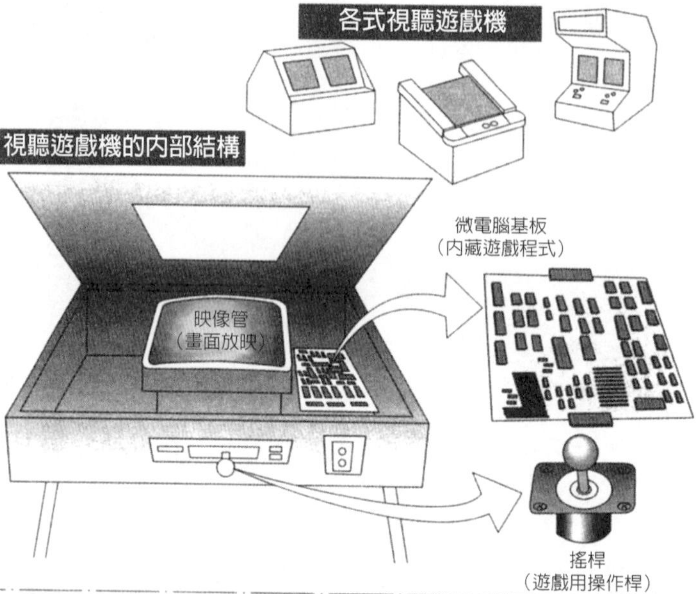
各式視聽遊戲機
視聽遊戲機的內部結構
映像管
（畫面放映）
微電腦基板
（內藏遊戲程式）
搖桿
（遊戲用操作桿）

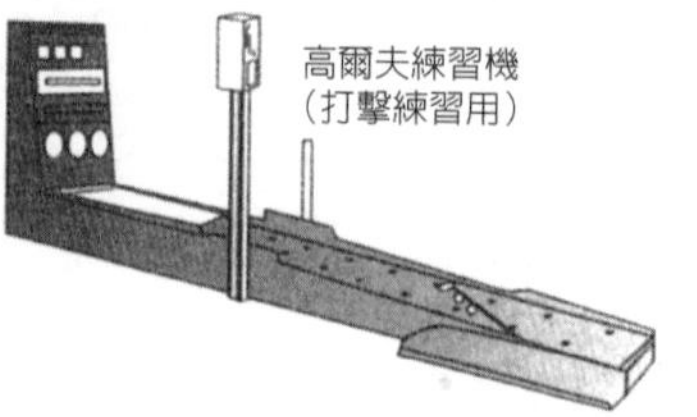
高爾夫練習機
（打擊練習用）

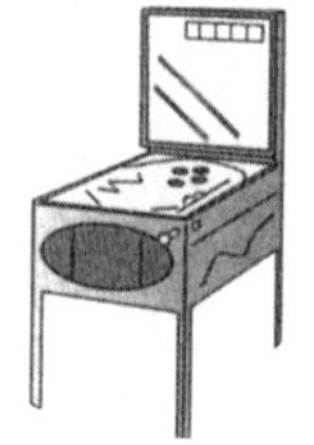
彈珠檯
（打回鋼珠則有
得分機會）

▼在遊戲機台投入錢幣，就能啓動遊樂場中各式各樣的遊戲機。遊戲機台的重點在於放映遊戲畫面的螢幕，不過以起重裝置釣起可愛的或實用的贈品遊戲機，更是讓人躍躍欲試。

相信大多數的玩家對賽車遊戲機都很熟悉。視聽遊戲機的內部設有遊戲用的小型電腦，將視覺影像及音聲效果都經過精細的設計，提供最高的臨場感受。

將遊戲機台的上蓋打開，首先引人注目的是影像用的映像管和ＬＳＩ（大型積體電路）密密麻麻的排列在電子主機板上。許多的ＲＯＭ（讀取專用記憶體）內部儲存遊戲程式。主機板的設計因遊戲的不同而有所差異。

起重型遊戲機又稱抓娃娃機，首先需以操作按鍵移動起重爪的位置，然後起重爪自動放下，抓取物品。抓到的物品是否能在高超的技巧之下，順

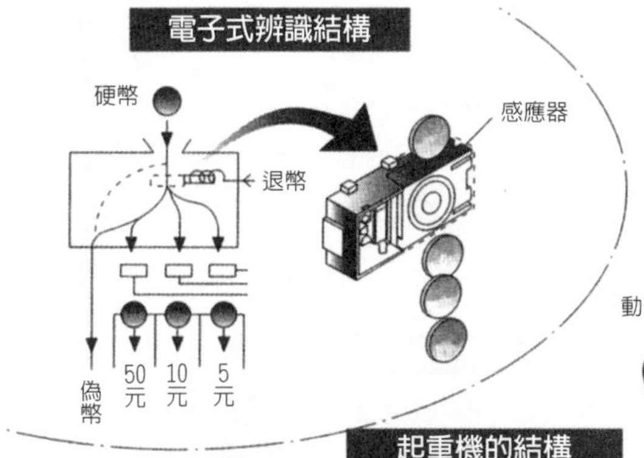
電子式辨識結構
硬幣
感應器
退幣
偽幣
50元
10元
5元

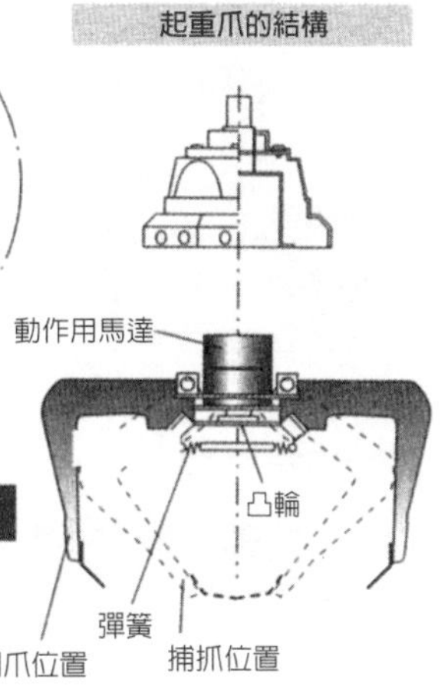
起重爪的結構
動作用馬達
凸輪
彈簧
開爪位置
捕抓位置

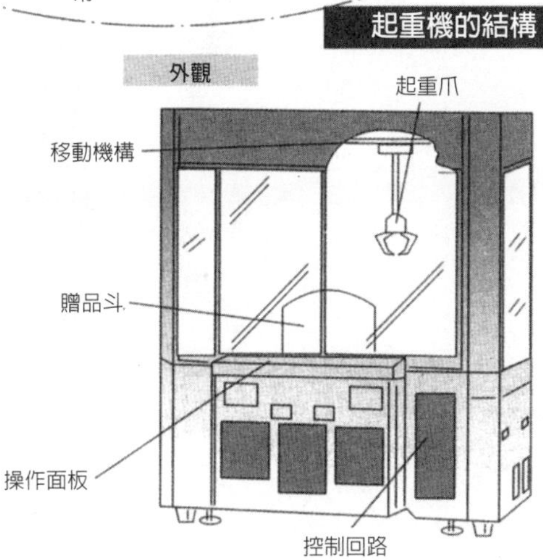
起重機的結構
外觀
起重爪
移動機構
贈品斗
操作面板
控制回路

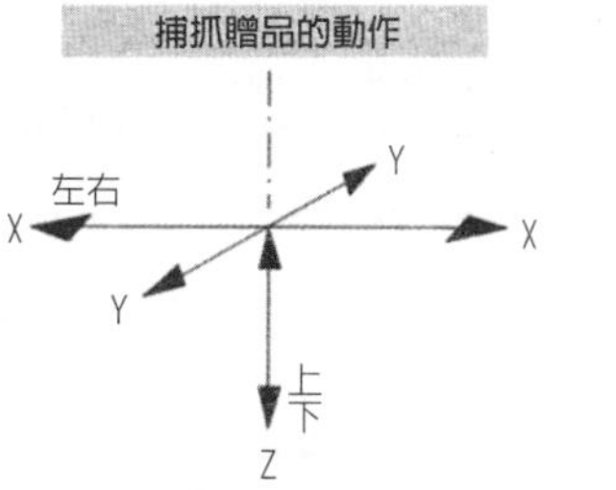
捕抓贈品的動作
左右
X
X
Y
Y
上下
Z

起重爪可做 X、Y、Z 3方向移動。

利引導起重爪到終點，則全憑個人的技巧。

運動型遊戲機在練習場經常可見，高爾夫、網球、棒球等遊戲機或練習機相當受歡迎。

為了更接近真實的臨場感，遊戲機將動作投影在大型的螢幕上，或是利用雷射光做投影。

彈珠檯被稱為遊戲機之王，一直為大衆所喜愛，從斜面滾下來的鋼珠可利用旁邊的推桿推回，得分顯示配合閃光及聲音效果，非常具有娛樂效果。

無論何種遊戲機，都有分辨錢幣真偽或錢幣種類的設計。在硬幣的辨識裝置方面，近來已增加電子式的辨識系統。這是以通路及感應器構成，以硬幣的形狀及材質的訊號，與標準硬幣做比較判斷。

不斷開發新型遊戲機，是遊戲業界的使命，抱著這樣的使命感，遊戲業界仍在積極開發新產品。

4-4 卡拉OK伴唱機

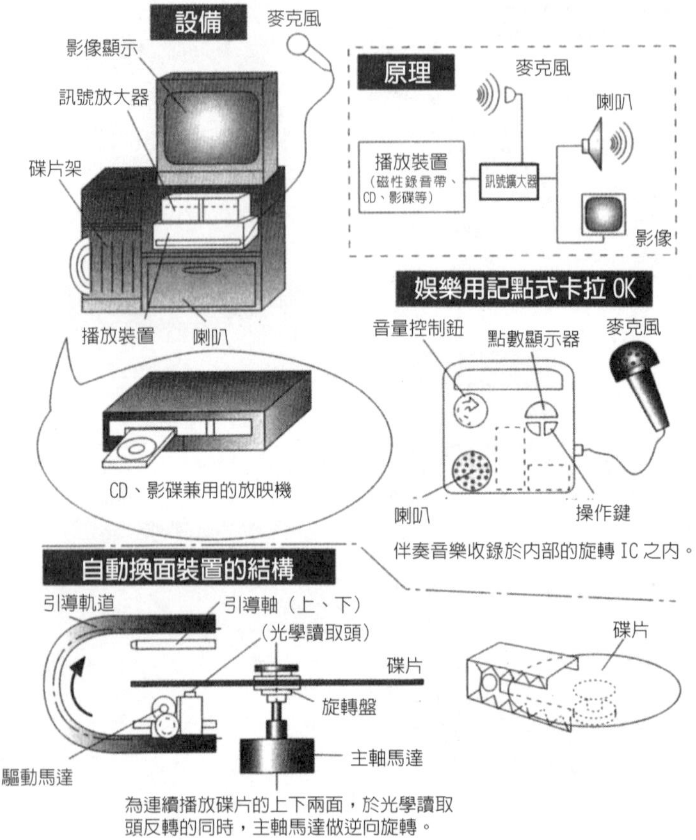
設備
麥克風
影像顯示
訊號放大器
碟片架
播放裝置
喇叭
CD、影碟兼用的放映機
原理
麥克風
喇叭
播放裝置
（磁性錄音帶、CD、影碟等）
訊號擴大器
影像
娛樂用記點式卡拉 OK
音量控制鈕
點數顯示器
麥克風
喇叭
操作鍵
伴奏音樂收錄於內部的旋轉 IC 之內。
自動換面裝置的結構
引導軌道
引導軸（上、下）
（光學讀取頭）
碟片
旋轉盤
主軸馬達
驅動馬達
碟片
為連續播放碟片的上下兩面，於光學讀取頭反轉的同時，主軸馬達做逆向旋轉。

▼卡拉OK是指無歌聲的伴奏音樂，簡單的樂團伴奏。剛開始是供專業歌手練習演唱用的卡帶播音裝置，現在已發展為錄製聲音、影像兼具的裝置。由麥克風傳入的歌聲經過訊號放大器，與伴奏音樂混音之後，從喇叭播放出來。具有從許多的曲子中選出特定歌曲的自動選曲裝置，及連續播放的功能。

記點評分的卡拉OK裝置，內部儲存專業標準的演唱方式記憶，將實際的歌聲訊號與標準訊號做比較，藉著兩者的差距來評分，差距較小則分數較高。

以卡拉OK來伴唱，並立即收錄歌聲，則可聽到自己的原聲唱片，這樣的自動販賣機已出現在市面上。此外攜帶型、二重唱型、以及娛樂型的卡拉OK伴唱裝置等，都提供了各種場合的需要。

4-5 3分鐘快速照相站

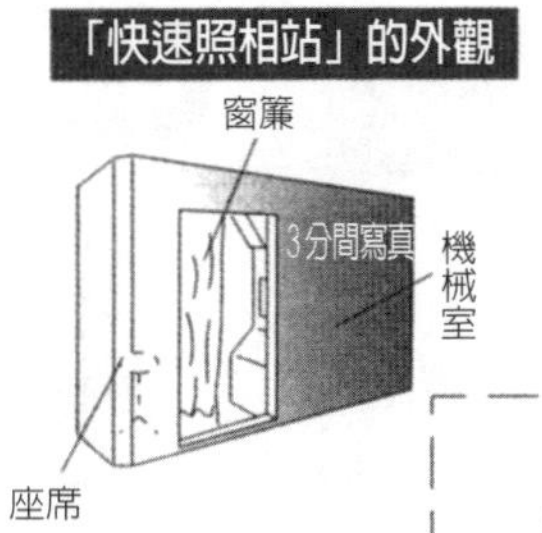
「快速照相站」的外觀
窗簾
3分間寫真
機械室
座席

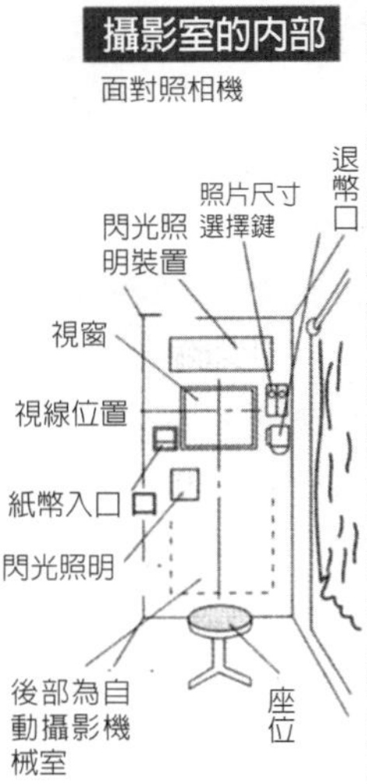
攝影室的內部
面對照相機
退幣口
照片尺寸選擇鍵
閃光照明裝置
視窗
視線位置
紙幣入口
閃光照明
後部為自動攝影機械室
座位

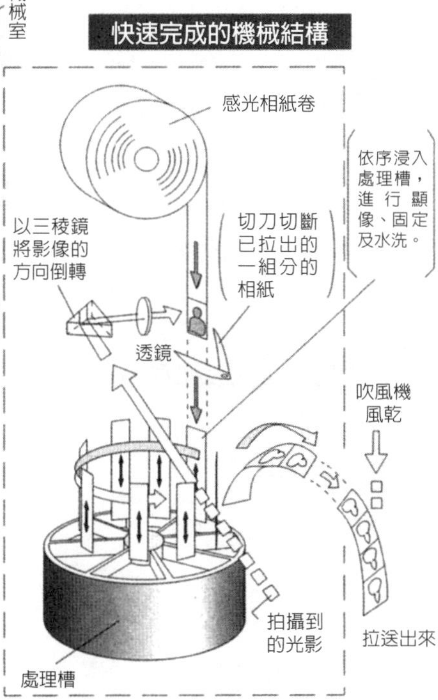
快速完成的機械結構
感光相紙卷
依序浸入處理槽，進行顯像、固定及水洗。
切刀切斷已拉出的一組分的相紙
以三稜鏡將影像的方向倒轉
透鏡
吹風機風乾
拍攝到的光影
拉送出來
處理槽

▼在街道旁常可以看到一種稱為「3分鐘快速照相」的攝影設備，只要投入錢幣，機器便自動為您拍下玉照。只需三分鐘顯像和乾燥，即可取件，對忙碌的現代人而言，十分便利。

如此高效率的秘訣，在於直接印於感光像紙上的技術，換句話說，它是直接做正像顯影，而一般相機必須先在底片上做反像顯影，然後才呈現在感光像紙上，因此較為費時費力。

閃光照明拍攝到的人像，在成像的過程中，經過一次正負反轉，將焦點集中在感光相像紙上。感光後的像紙，浸在裝著藥水的處理槽中，進行正像顯像，經過固定、水洗，最後用吹風機加以乾燥。

因為全部過程皆以自動化機械完成拍攝，故在照片的效果上會受到一些限制。例如拍攝對象的背景若為白色板，則白色服裝或白髮的部分會有輪廓不清楚的問題，可在拍照之前加以留意。

4-6 噴水裝置

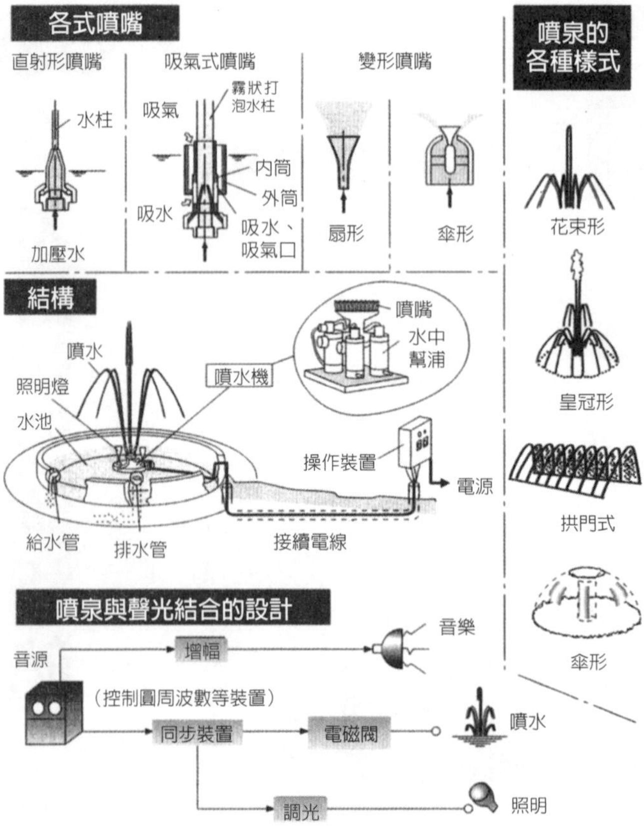
各式噴嘴
直射形噴嘴
水柱
加壓水
吸氣式噴嘴
霧狀打泡水柱
吸氣
內筒
外筒
吸水
吸水、吸氣口
變形噴嘴
扇形
傘形
噴泉的各種樣式
花束形
皇冠形
拱門式
傘形
結構
噴嘴
水中幫浦
噴水
照明燈
水池
噴水機
操作裝置
電源
給水管
排水管
接續電線
噴泉與聲光結合的設計
音源
增幅
音樂
(控制圓周波數等裝置)
同步裝置
電磁閥
噴水
調光
照明

▼我們經常在公園或廣場看到噴泉，有花束形、傘形、拱門式等各種造型設計，有的可以在旋轉的同時噴灑水花，有的可以伴著多彩的光線與音樂，舞動水流，讓人百看不厭。

噴水裝置的結構主體，包括吸水、加壓後送出的水中幫浦，使水流暢通或阻斷的電磁閥，噴出水花的噴嘴等等，都設置於池水底部，大多以池水來循環噴水。

特別是在噴嘴的中心部份的設計，有可使水流成強力柱狀噴起的直射型噴嘴，也有可依指定造形調整水流形狀的變形噴嘴。使用吸氣式噴嘴則水流中可混入更多空氣，形狀更為寬闊，且照明效果更佳。

將音樂與噴泉結合的技術，首先可使音樂通過濾波器，分析周波數，然後利用周波數的變化來控制水流。如此則隨著樂音的起伏，噴泉可做靈活的演出，給人音符與水流一起躍動的感受。

4-7 機械鐘

▼機械鐘不僅具有報時的功能，到了特定的時間，還會從內部走出報時娃娃，隨著音樂或唱或舞，為生活增添另一種趣味。近來出現了不少應用高科技的機械結構時鐘，是古時候就有的機械技術。

構造是由一般時鐘的機械，以及使人偶動作的系統所構成，而內部則為數個感應器、電磁鐵、馬達、細部控制用的ＩＣ等組合而成，近似於機器人的內部結構。

時鐘部分是一般的電子原理的時鐘，使用普通的交流電源者，可利用同步馬達來驅動；而使用電池等直流電源者，則有利用水晶（石英）振動子的手錶等。

以小型機械組成的家庭用機械鐘逐漸普及。報時的聲音設計，以及結合天氣預報的各種設計，都使平凡的時鐘變得更加有趣。這些都是機械結構的姐妹商品。

各式機械鐘的表現方式

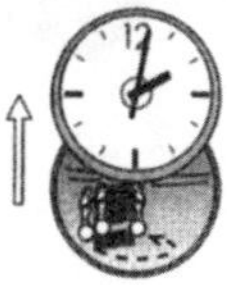

文字面板向上移則內藏的人偶跳出，敲擊著銅管，演奏音樂。

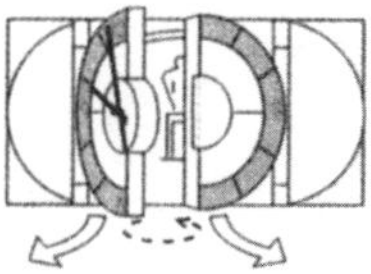

文字面板分別向左右打開，人偶一邊表演一邊走出來。

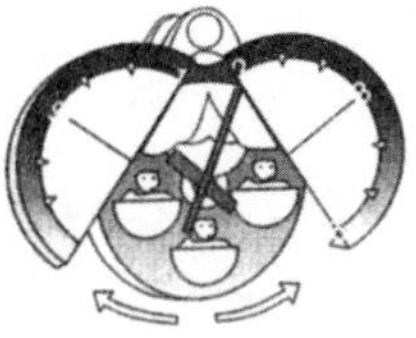

文字面板分開來，依序出現不同的童話王國人物。

家庭用

門扇打開，伸出台階，人偶排列著敲打鐘聲演奏出曲調。

時鐘的形式

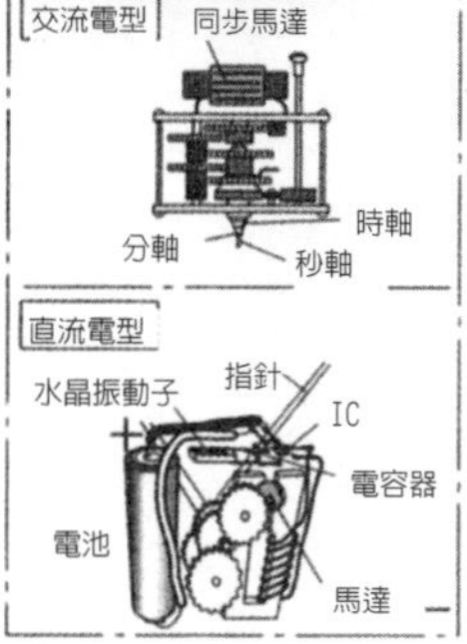
交流電型
同步馬達
時軸
分軸
秒軸
直流電型
水晶振動子
指針
IC
電容器
電池
馬達

十四世紀歐洲的機械鐘「報時公雞」的結構

設置於教會鐘塔上的報時公雞，一到正午便張開嘴巴，伸展翅膀，啼叫三次。

連結器與凸輪的結構使公雞動作，啼聲是以風琴來發聲。

4-8 POS收銀機

POS 的結構

POS… (Point of Sales)
銷售時點系統

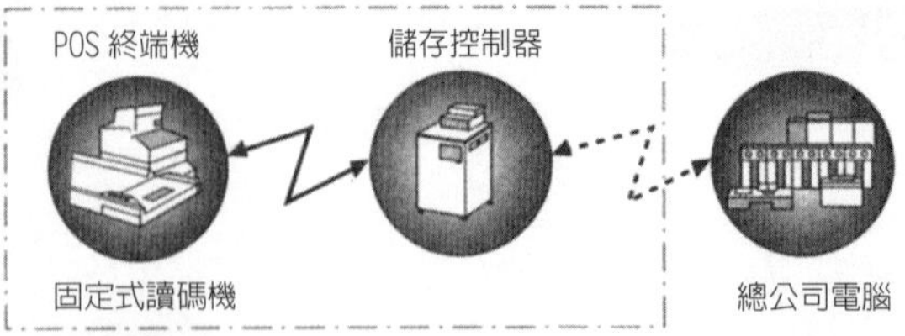
POS 終端機
儲存控制器
固定式讀碼機
總公司電腦

條碼讀取原理
（雷射影像碟片方式）

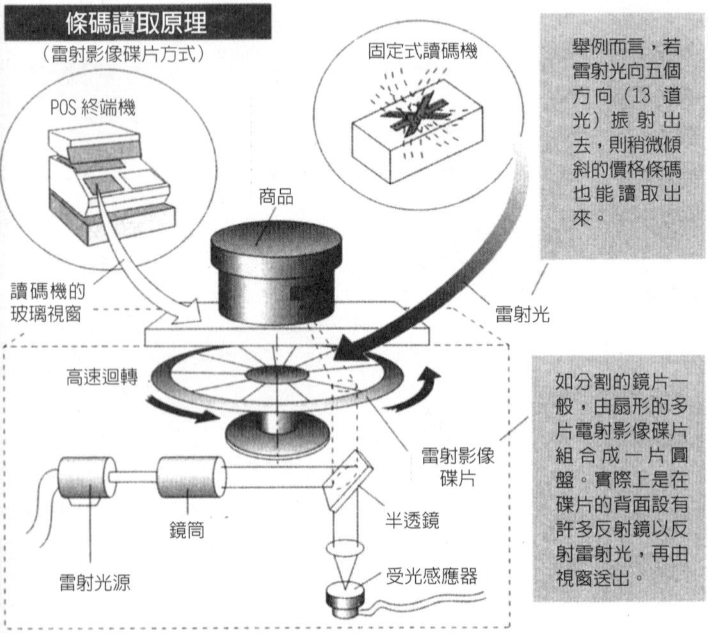
POS 終端機
固定式讀碼機
商品
讀碼機的玻璃視窗
雷射光
高速迴轉
雷射影像碟片
鏡筒
半透鏡
雷射光源
受光感應器
舉例而言，若雷射光向五個方向（13 道光）振射出去，則稍微傾斜的價格條碼也能讀取出來。
如分割的鏡片一般，由扇形的多片電射影像碟片組合成一片圓盤。實際上是在碟片的背面設有許多反射鏡以反射雷射光，再由視窗送出。

▼到超商買東西，從前是服務人員在收銀機輸入並計算價格，現在只要將商品的價格標籤對準特定位置，機器便能自動的讀取標籤內容，逐一累計。

這種稱為POS（銷售時點系統）的方式，內部有兩個主要結構，一為相當於舊式收銀機的POS終端機，另一為內部的倉管控制（與總公司的電腦連線）。

一般食品雜貨的價格標籤上都印有商品條碼，商品條碼是由代表0到9數字的黑白條狀記號所構成，標準的條碼（EAN碼）總共有十三個條碼，如木梳齒一般整齊排列。

國際商品條碼的左端前兩位代表國家（日本49，台灣47），接著的五位是製造商名稱，再次的五位是商品品名，最後一位則為防止錯誤讀取的檢碼。

商品條碼上並沒有直接的價格表

國際商品條碼（EAN 碼）

EAN 碼…依國際標準制定的台灣商品條碼表示。

（例）4712435678997（13 位）的標準碼

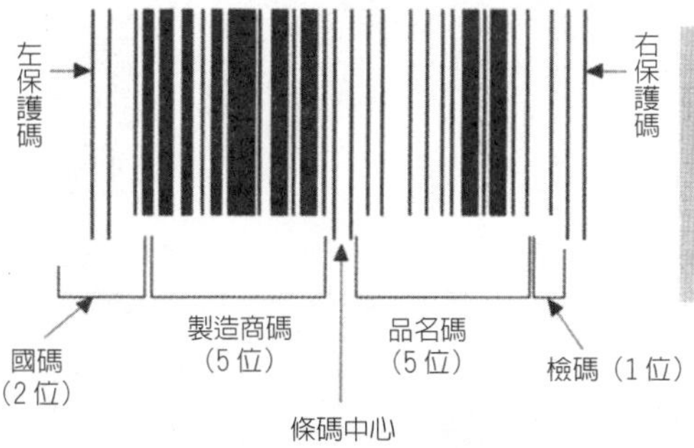
左保護碼
右保護碼
國碼
（2 位）
製造商碼
（5 位）
品名碼
（5 位）
檢碼（1 位）
條碼中心

食品雜貨等使用。商品條碼結構單純而清楚，很容易以機械正確讀取，可使處理速度更快更省力。

QR code

OCR 與讀碼機

OCR 文字是「光學文字裝置」上應用的文字，可分 A、B 規格字形，使用在布料、鞋類、家電類等方面。（美國的布料是用 OCR-A 規格字形來表示）

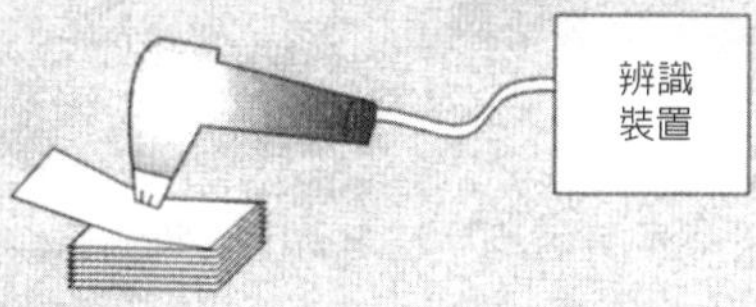
辨識
裝置

數字	0	1	2	3	4	5	6	7	8	9
英文	A	C	E	N	P	S	V	X		
記號	¥	<	>	−	，	.				

OCR-B 規格字形

示，由機器讀取的商品品名，向倉管檢索商品價格，顯示在收銀機上。因此在價格變動或折扣期間，無需另外更換價格標籤。

讀取商品條碼的裝置，除了超市中常見的固定式讀碼機之外，也有攜帶用的筆型讀碼機，以及觸控式讀碼機。

固定式讀碼機目前是POS終端機的主力，以雷射光掃描商品條碼（直線狀來回的掃描線順序移動，以讀取資料）。雷射光能多方向振動式發射，因此即使標籤變形，雷射光都能正確讀取。

除了商品條碼以外，還有在價格標籤上使用與阿拉伯數字相似的OCR光學文字辨識，其讀取方式大多利用握在手上的手動式裝置，如目前常見的QR code就是一例。

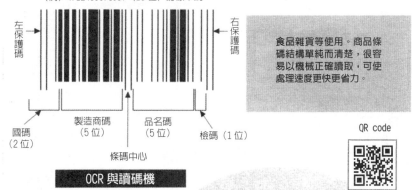

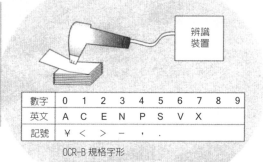

4-9 壽司製作機

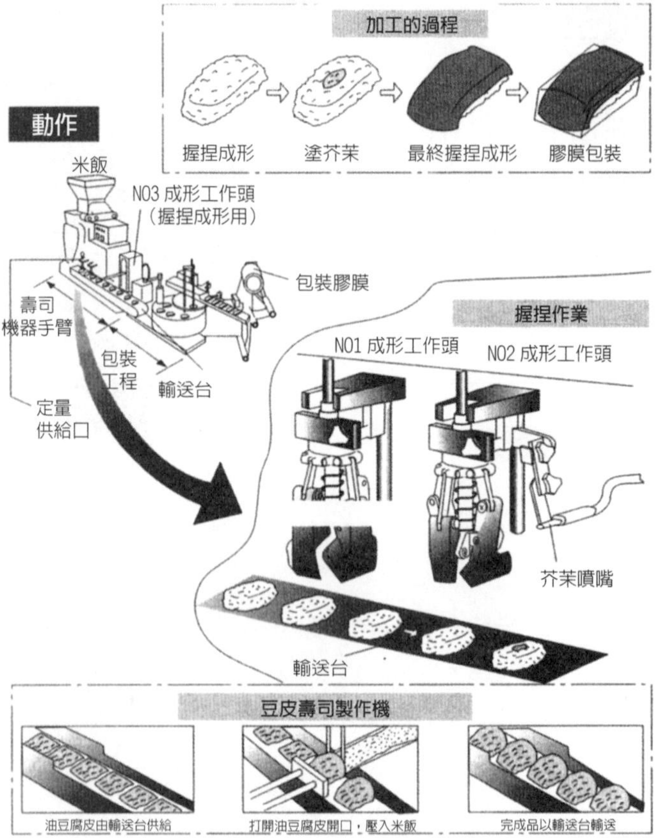
加工的過程
握捏成形
塗芥茉
最終握捏成形
膠膜包裝
動作
米飯
N03 成形工作頭
（握捏成形用）
包裝膠膜
壽司
機器手臂
包裝
工程
輸送台
定量
供給口
握捏作業
N01 成形工作頭
N02 成形工作頭
芥茉噴嘴
輸送台
豆皮壽司製作機
油豆腐皮由輸送台供給
打開油豆腐皮開口，壓入米飯
完成品以輸送台輸送

▼機器手臂也能像專職的壽司師傅，靈巧地捏出美觀可口的壽司。製作規格整齊劃一的壽司，而且有自動包裝的設計，這樣的機器手臂已成為店家的好幫手。

壽司製作機的主要動作在於捏製壽司。首先要從容器中取出米飯，分為一定份量，置於輸送台上。

米飯經過兩次機械的握捏，形成「握壽司」的外形，此部分成形之後，再塗上芥末於表層。

鮪魚肉片等壽司材料，須另外經過解凍，覆在成形的飯團上，再次輕壓做最終固定。

以上握捏的作業之後，排列整齊的壽司要包覆膠膜，做最後包裝動作。

壽司製作機器，除了握捏的工作之外，依照壽司種類不同，豆皮壽司、海苔壽司等的製作過程都有不同的食品製作機器手臂來支援生產。

4-10 警鈴／警報設備

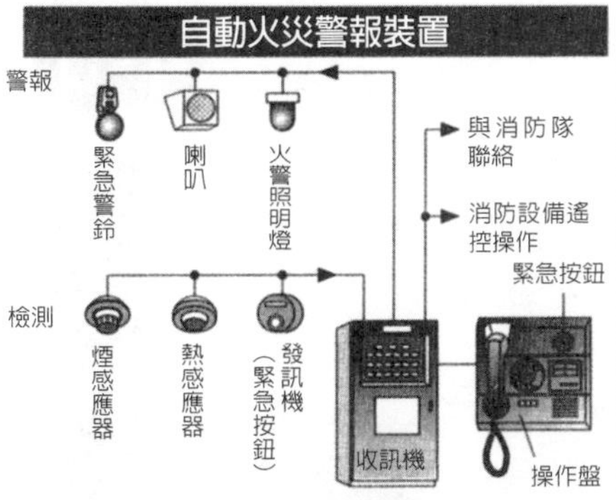
自動火災警報裝置
警報
緊急警鈴
喇叭
火警照明燈
與消防隊聯絡
消防設備遙控操作
緊急按鈕
檢測
煙感應器
熱感應器
發訊機（緊急按鈕）
收訊機
操作盤

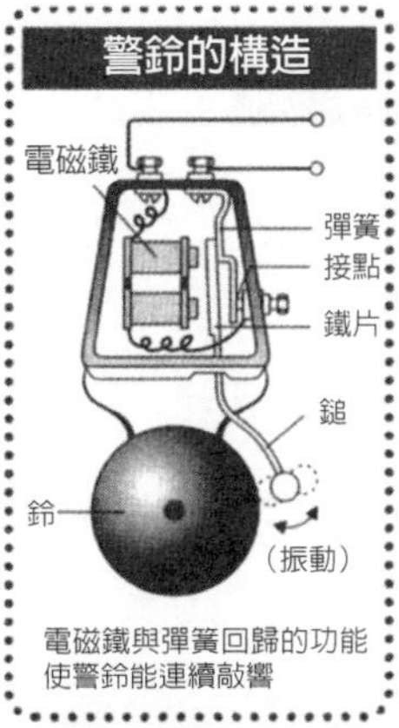
警鈴的構造
電磁鐵
彈簧
接點
鐵片
鎚
鈴
（振動）
電磁鐵與彈簧回歸的功能使警鈴能連續敲響

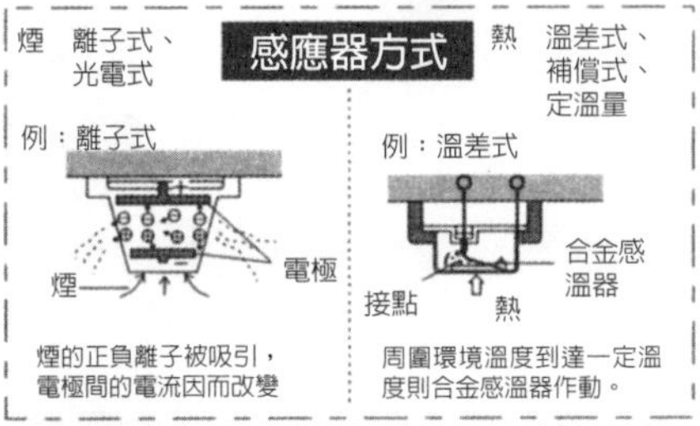
感應器方式
煙 離子式、光電式
熱 溫差式、補償式、定溫量
例：離子式
煙
電極
煙的正負離子被吸引，電極間的電流因而改變
例：溫差式
合金感溫器
接點
熱
周圍環境溫度到達一定溫度則合金感溫器作動。

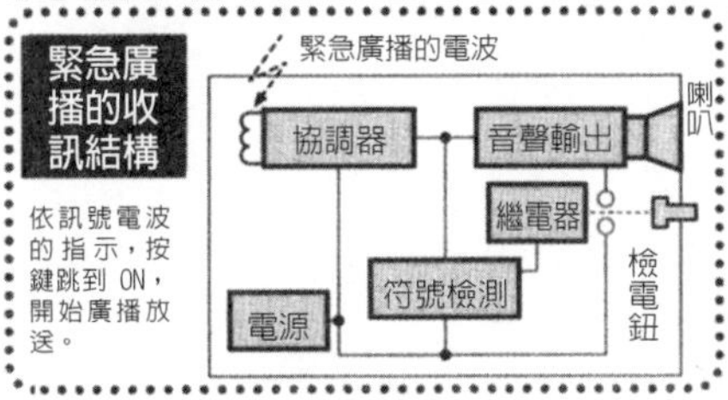
緊急廣播的收訊結構
依訊號電波的指示，按鍵跳到 ON，開始廣播放送。
緊急廣播的電波
協調器
音聲輸出
喇叭
繼電器
符號檢測
電源
檢電鈕

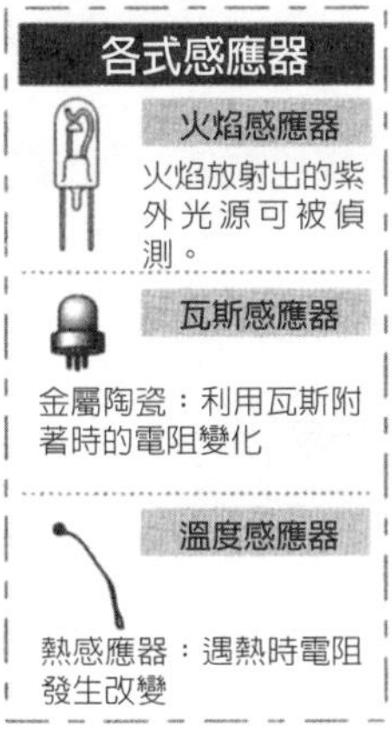
各式感應器
火焰感應器
火焰放射出的紫外光源可被偵測。
瓦斯感應器
金屬陶瓷：利用瓦斯附著時的電阻變化
溫度感應器
熱感應器：遇熱時電阻發生改變

▼災害發生時保護人身安全的警鈴、警報設備，主要是在緊急情況下自動啟動警鈴，提醒大眾避難及滅火。除了防備公共場所發生火災、漏電、瓦斯外洩等情形外，住宅使用也愈來愈多。

火災警報系統是由感應偵測器、發訊機、收訊機、操作盤、再加上警鈴、火災照明燈等部分構成。

除了以手控方式按下發訊機按鈕，使警鈴響起的構造，通常會設置自動感應偵測器（能感知火災發生的感應器），收到訊號會送到收訊機，並啟動警報系統。

感應器的原理來自於感應火災產生的煙與熱氣，以煙感應器或熱感應器為主，內部設有離子式或熱應用原理等各種感應器。

一般運作是連接電線，直接傳送警報。除此之外還有以特殊電波訊號切下按鍵的緊急廣播式。另外還可以改造警鈴成為無線裝置，可擴大監控範圍。

4-11 自動剪票機

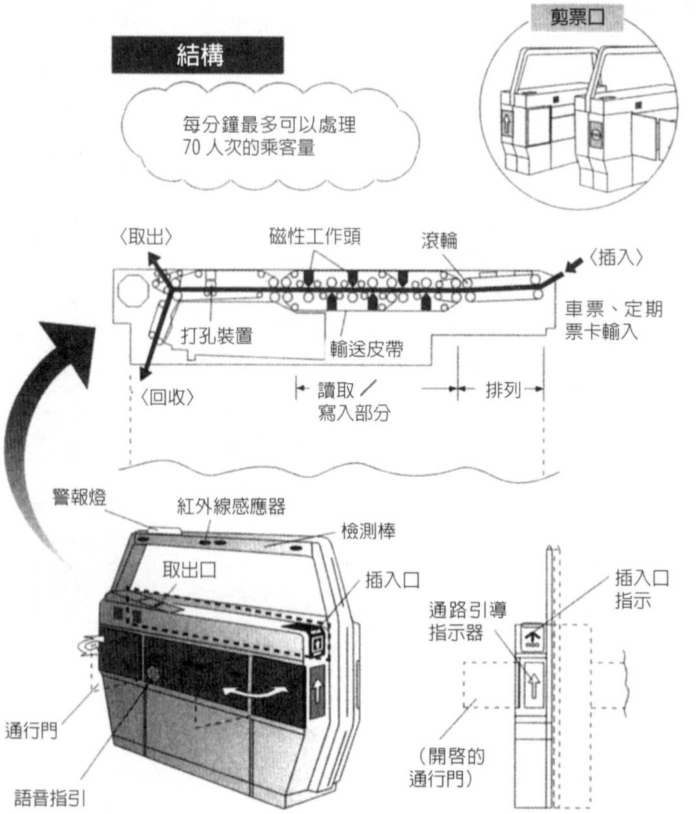
剪票口
結構
每分鐘最多可以處理
70 人次的乘客量
〈取出〉
磁性工作頭
滾輪
〈插入〉
車票、定期
票卡輸入
打孔裝置
輸送皮帶
〈回收〉
讀取／
寫入部分
排列
警報燈
紅外線感應器
檢測棒
取出口
插入口
通行門
語音指引
通路引導
指示器
插入口
指示
（開啓的
通行門）

▼現代化的鐵路車站可見自動剪票機。插入磁卡車票，即可快速讀取並記錄新的內容。處理剪票的時間很短，乘客通過剪票機，車票也立即送回乘客手中。

插入的車票首先被剪票機入口的滾輪夾送，進入長長的輸送帶，內部有磁性工作頭，能讀取票卡背面的磁性帶記錄的資料，而磁性工作頭就相當於剪票員的眼睛。

磁性工作頭發出判讀訊號，在票上打一個孔，然後從前面的送票口送出，使用完的票卡則堆存在機器內部回收。

票卡由幾個相對的磁性工作頭中間通過，因此即使車票以反面送入，仍然可以判讀。此外剪票機上下兩邊的側面各有數個成列的紅外線感應器，可用來感應是否有人通過。

若有任何異常發生，會自動發出聲光警報，通行門無法開啓。若有優待票卡置入，通行門開啓時，有不同的聲音，如此一來站務人員可以監控持

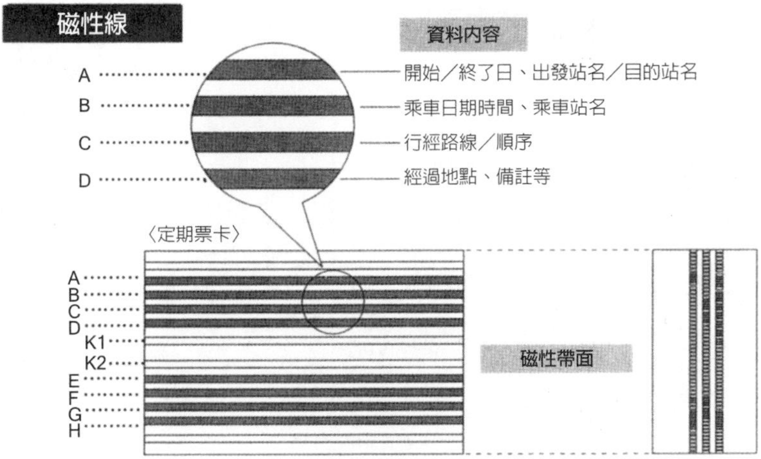
磁性線
資料內容
A
B
C
D
開始／終了日、出發站名／目的站名
乘車日期時間、乘車站名
行經路線／順序
經過地點、備註等
〈定期票卡〉
A
B
C
D
K1
K2
E
F
G
H
磁性帶面

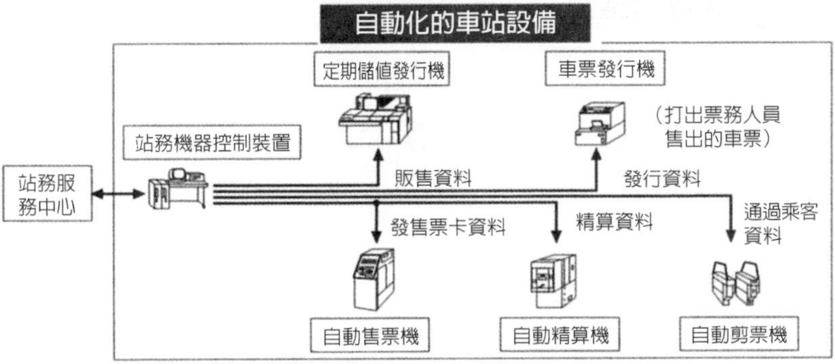
自動化的車站設備
定期儲值發行機
車票發行機
（打出票務人員售出的車票）
站務機器控制裝置
站務服務中心
販售資料
發行資料
發售票卡資料
精算資料
通過乘客資料
自動售票機
自動精算機
自動剪票機

票者。

車票的正面記錄有乘車站名及票卡發行日，而背面有磁性帶的地方，則記錄著與正面內容類似的二進位數字。定期票卡更詳細記錄了所有人姓名住址等資料，因此有多條磁性線。

若車票有折損或破損，容易卡在機器內部，使用時需特別注意。

在車站裡面，有自動剪票機、自動售票機、車票發行機、定期儲值票發行、補票機等高科技機械隨處可見。這些資料記錄都能直接送到站務服務中心，能立即得知上下車乘客人數，採取最佳的服務對策。

目前日本及台灣所使用的車票無需插入，只要靠近檢票機就能讀取資料的非接觸式驗票，是晶片感應式票卡，利用磁力線無線感應原理。這樣的機械原理與工廠的自動管理方式類似。

4-12 車上補票機

補票售票機的組合

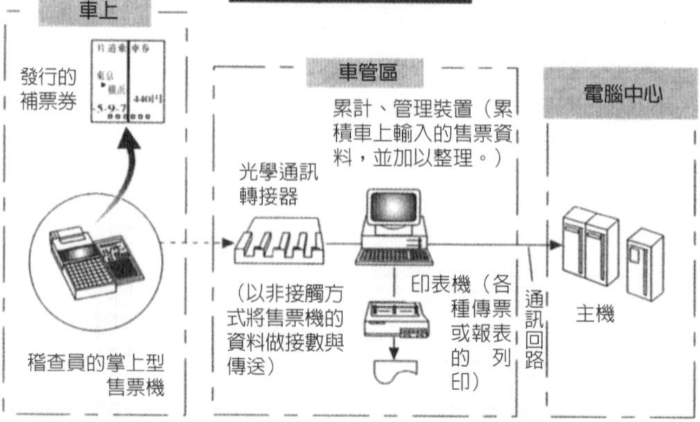
車上
發行的補票券
稽查員的掌上型售票機
車管區
累計、管理裝置（累積車上輸入的售票資料，並加以整理。）
光學通訊轉接器
（以非接觸方式將售票機的資料做接數與傳送）
印表機（各種傳票或報表的列印）
通訊回路
電腦中心
主機

各式售票機

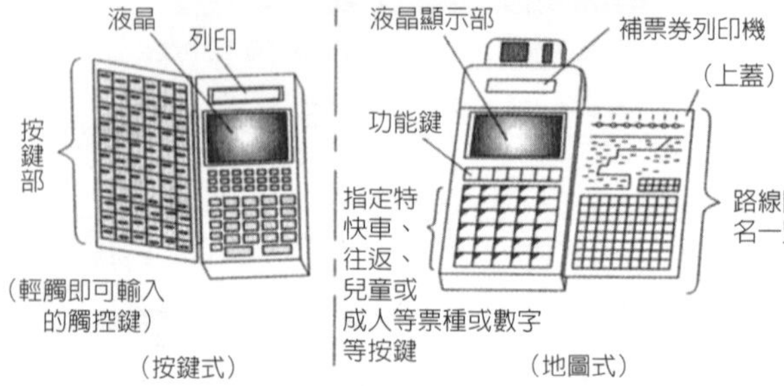
液晶
列印
按鍵部
（輕觸即可輸入的觸控鍵）
（按鍵式）
液晶顯示部
補票券列印機
（上蓋）
功能鍵
指定特快車、往返、兒童或成人等票種或數字等按鍵
路線圖或站名一覽表
（地圖式）

▼在電車或火車上坐過了站，從前是向車上的查票人員購買紙本補票券，在票上剪洞表示出發站與目地站。現在查票人員可利用跟小型文字處理機一般的補票機，按下乘車站名鍵，就能送出像是收據的補票券。

補票機是發售車票專用的文字處理機，打開上蓋的內面繪有路線圖及站名，觸控鍵盤以筆尖輕觸指定站名即可。輸入內容可顯示在液晶螢幕上，補票券以印表機列印輸出。發售的補票券可經由IC電子迴路做費用的計算處理，其資料可暫時保存在內部記憶體，稍後在車管區的計算管理中心可以接收到上傳的記憶資料，這是光學通訊方式的應用。

這種攜帶型的補票機，可處理輸入資料，進行記憶傳送，此部份的機械結構稱為手提式終端機。補票機經過輕量化、專用化的深度改良，不僅能做車票處理，另外還能做購票證明書與通行券的發行，用途很廣泛。

4-13 投幣式寄物櫃

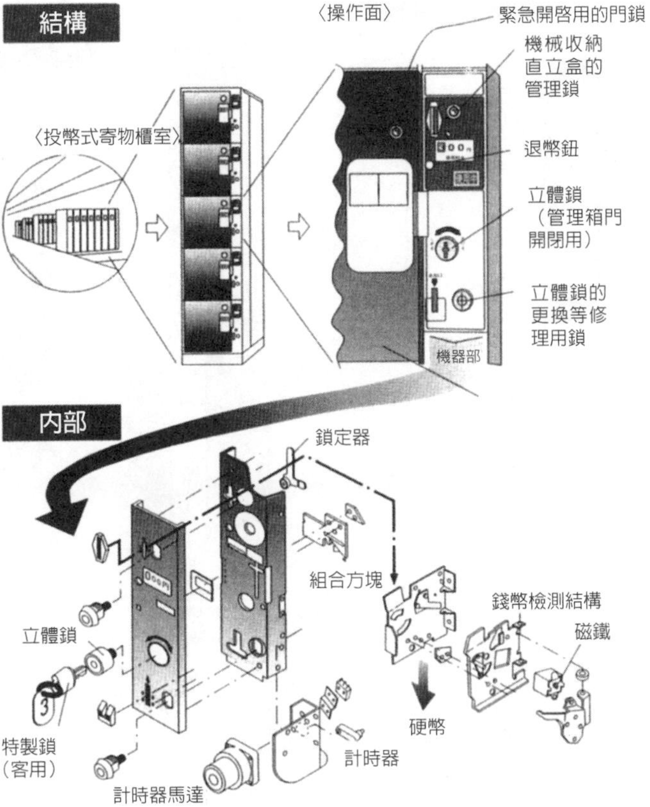
結構
〈操作面〉
緊急開啓用的門鎖
機械收納直立盒的管理鎖
〈投幣式寄物櫃室〉
退幣鈕
立體鎖（管理箱門開閉用）
立體鎖的更換等修理用鎖
機器部
內部
鎖定器
組合方塊
錢幣檢測結構
磁鐵
立體鎖
硬幣
特製鎖（客用）
計時器
計時器馬達

▼投幣式寄物櫃是在一段時間內提供保管行李服務的一種自動販賣機。為了提供保存重要物品的保證，使用隱藏式門鏈及防鏽措施等堅固而安全的設計。

除了收納物品的空間之外，顯示經過時間的計時器，以及處理投幣的管理器，門鎖等機械結構，都收納在一個長型的直立空箱中，使用者可用特製鑰匙來管理開關。

投入的硬幣在通過檢測後，便集中在下端投幣盒中。此部份的結構多改為自動收集式，多個保管櫃的投幣可經由輸送道，收集在另一個錢櫃中。若遇緊急情況發生需立刻打開錢櫃時，這時可以用裝在門上的另一個管理鎖。

寄物櫃除了保管行李，還被應用在游泳池及健身中心。現在寄物櫃不僅以鑰匙控制寄物，還可以從數字鍵盤輸入密碼，加強保管的安全性。

4-14 立體停車場

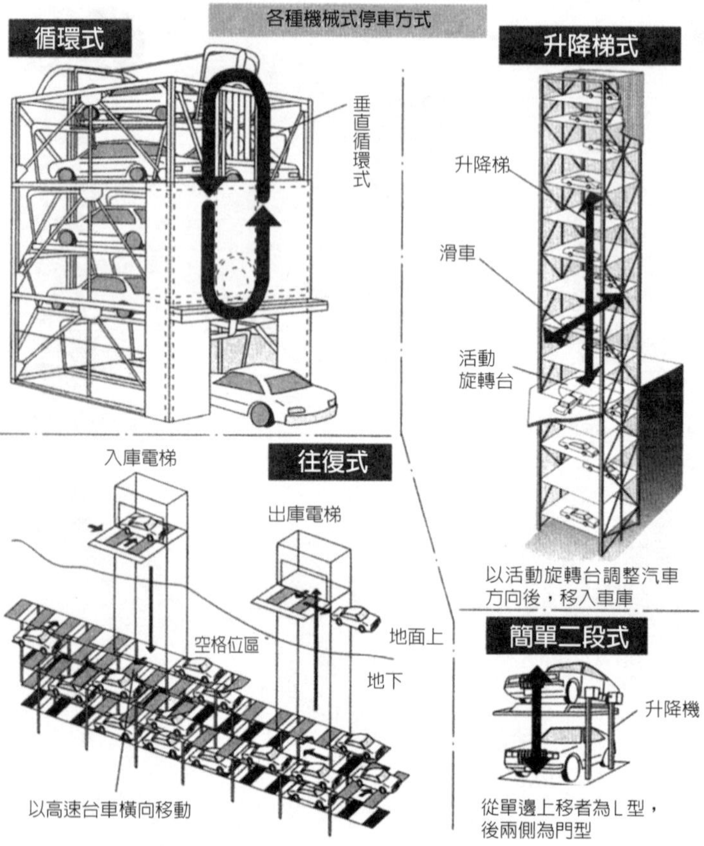
各種機械式停車方式
循環式
垂直循環式
升降梯式
升降梯
滑車
活動旋轉台
以活動旋轉台調整汽車方向後，移入車庫
入庫電梯
往復式
出庫電梯
空格位區
地面上
地下
以高速台車橫向移動
簡單二段式
升降機
從單邊上移者為L型，後兩側為門型

▼路旁高聳的塔型立體停車場，細長的建築結構引人注目，汽車的停車位機械設備有電梯式、循環式、往復式、多段式等不同方式，在小小的土地面積上能停放最大的停車量，是立體停車場的設計目的。

「電梯式」又稱為升降梯式，以升降梯垂直移動車輛，再以滑車將車輛移到固定位置停放保管。從側面透視電梯式立體停車場，就像一座有許多格位疊成的高塔。

「循環式」可分為垂直型、多層型、水平型等設計，特別是垂直循環型最為普遍。載送汽車的輸送台呈連鎖式，因此相連的平台能靈活地循環移動，又名為旋轉木馬式。

「往復式」是利用公園或大樓下方的地下空間，設計而成的停車場。汽車出入庫用的升降梯，連接地面及地下，在地下的停車格位上，以搬送台車將汽車搭載移動，利用大規模的設施完成停車工作。

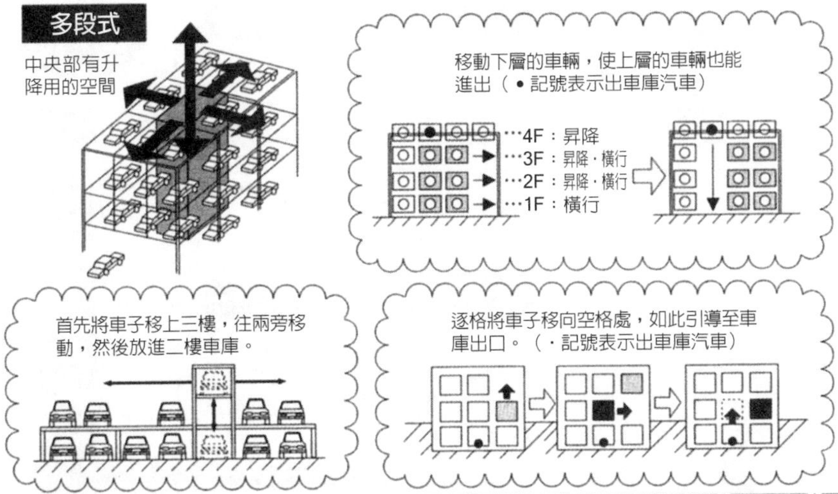
多段式
中央部有升降用的空間
移動下層的車輛，使上層的車輛也能進出（●記號表示出車庫汽車）
…4F：昇降
…3F：昇降・橫行
…2F：昇降・橫行
…1F：橫行
首先將車子移上三樓，往兩旁移動，然後放進二樓車庫。
逐格將車子移向空格處，如此引導至車庫出口。（・記號表示出車庫汽車）

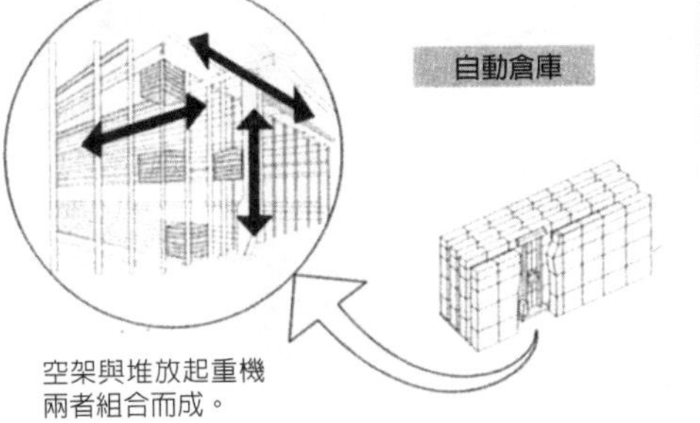
自動倉庫
空架與堆放起重機兩者組合而成。

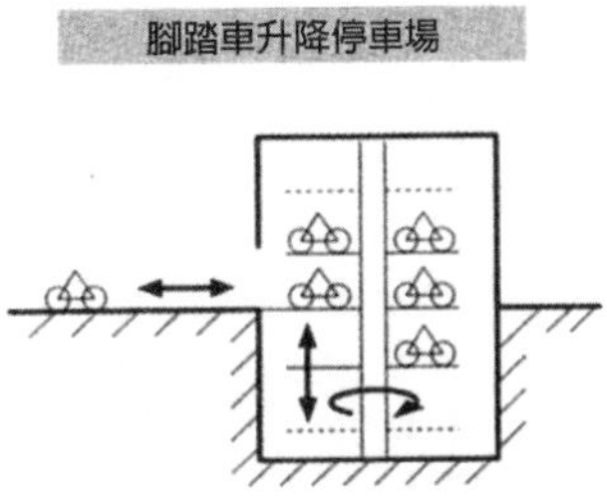
腳踏車升降停車場

「多段式」是在許多空格位設計的高層建築內，裝設橫向移動及升降用的機械，車子能上下左右在停車位移動，故又名填充式停車場。更簡單的方式是利用升降台載放一、兩輛汽車，堆疊成二段式立體停車場。

這些機械設備一般是以電動馬達或油壓機械做驅動設備。油壓機械者較安靜而少噪音，在微電腦的電子控制之下，車輛進入後可自動移動行進，客人僅需以按鍵做控制。

腳踏車的停車場也是類似的設計，採升降式、循環式等自動停車方式。由於腳踏車比汽車輕小，使用者的進出較頻繁，在設計上必需有更多的停車格位及出入空間。

另外在工廠內「自動倉庫」的設備，是以空格位及輸送機械組合而成，是與立體停車場類似的功能設計。這些無人管理自動化技術，在停車或倉儲設備上的運用，已經相當發達而成熟。

4-15 停車計時收費器

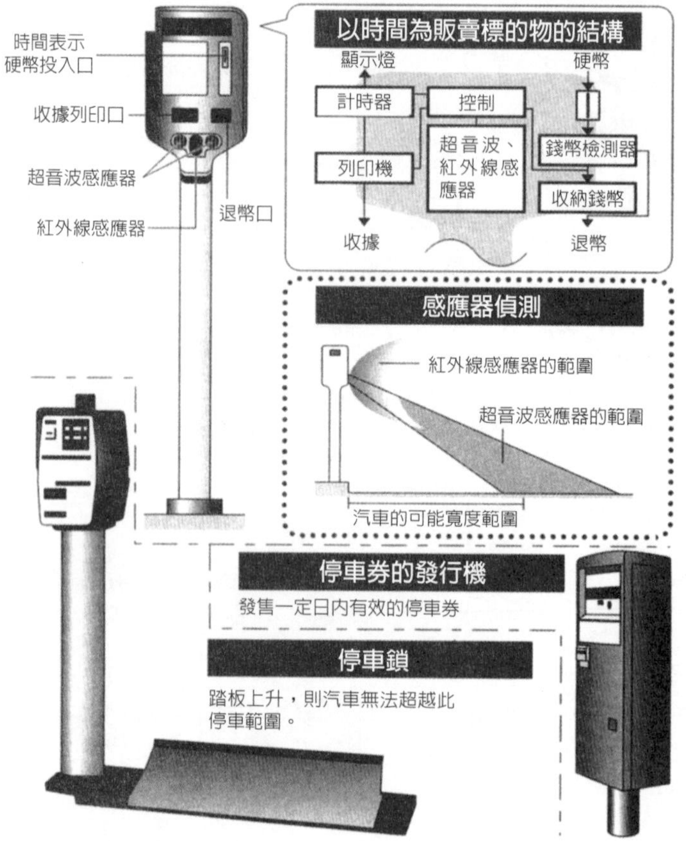
時間表示
硬幣投入口
收據列印口
超音波感應器
紅外線感應器
退幣口
以時間為販賣標的物的結構
顯示燈
硬幣
計時器
控制
超音波、紅外線感應器
錢幣檢測器
列印機
收納錢幣
收據
退幣
感應器偵測
紅外線感應器的範圍
超音波感應器的範圍
汽車的可能寬度範圍
停車券的發行機
發售一定日內有效的停車券
停車鎖
踏板上升，則汽車無法超越此停車範圍。

▼停車計時收費器是把停車時間作為販賣標的，提供販賣服務的機械。從前使用的是一種外型類似時鐘的機械式計時器。而近來已改進為電子式的計時收費器，具有列印收據的功能。

投入的錢幣經過檢測器，檢查無誤後，內部的計時器便被啟動。在規定時間內，上部的視窗內可以顯示剩餘有效時間。規定時間終了，若未投入錢幣，則警示燈亮起。

收費計時器最重要的部分是「超音波感應器」及「紅外線感應器」，偵測停車範圍內是否有車輛進入，除了以超音波檢測，紅外線也能監視感應器周圍的情況。

相關的機器另外還有列印停車券的發行機。收費停車場的停車券可貼附在汽車前面擋風玻璃。而為了固定停放的車輛，在地面上還有障礙物等限制的各式停車鎖。

4-16 機場安全檢查裝置

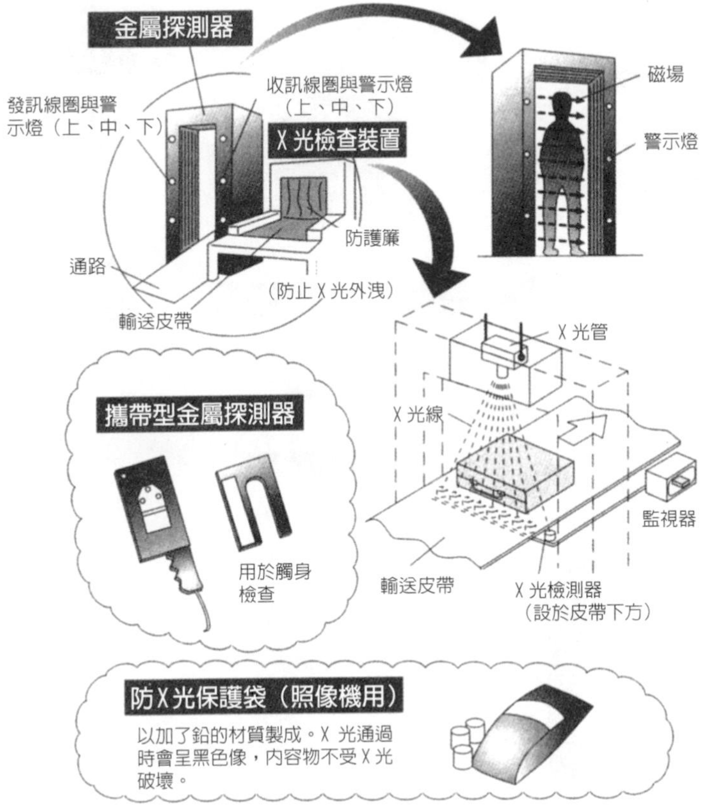
金屬探測器
發訊線圈與警示燈（上、中、下）
收訊線圈與警示燈（上、中、下）
X 光檢查裝置
磁場
警示燈
防護簾
通路
（防止 X 光外洩）
輸送皮帶
X 光管
X 光線
監視器
攜帶型金屬探測器
用於觸身檢查
輸送皮帶
X 光檢測器（設於皮帶下方）
防 X 光保護袋（照像機用）
以加了鉛的材質製成。X 光通過時會呈黑色像，內容物不受 X 光破壞。

▼在機場搭乘飛機，必須經過通關的程序。利用磁性及X光構成的機場安檢裝置有兩個部分，一是門狀的乘客偵查用的金屬探測器，另一為以皮帶輸送行李的X光檢查裝置。

金屬探測器是以發訊及收訊的一組線圈，分置於門的左右兩柱子上，兩邊以磁場形成通路。若有金屬物體通過，磁場會被擾亂，接收到干擾的訊息，蜂鳴器會發出警告聲。

X光檢查裝置是對輸送帶上面的行李，檢查內容物。經過X光照射，設置在輸送帶下方的檢測器，可轉換為電子訊號，傳送影像到監視器。

若探測器的金屬物品檢查，使蜂鳴器發出警告聲，海關檢查人員會以攜帶型金屬探測器詳細檢查通關者的全身。X光檢查裝置使用的X光十分微弱，因此不致使一般的底片曝光，若仍擔心有曝光之虞，可置入防X光用的保護袋。

4-17 播音器

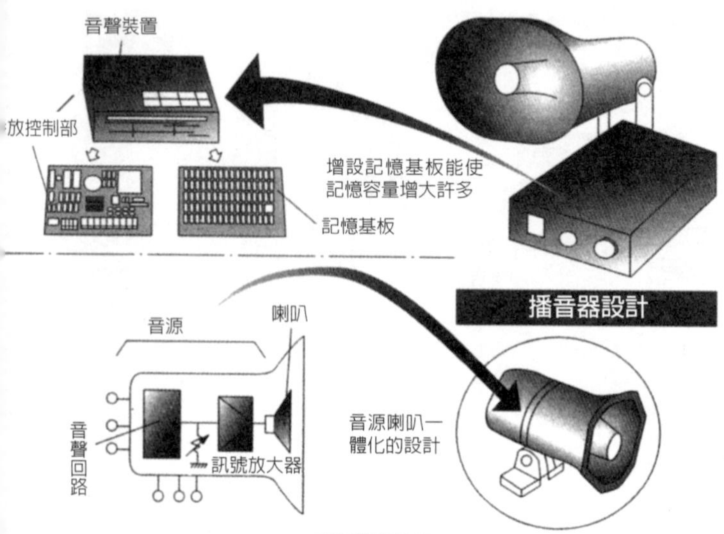
音聲裝置
放控制部
增設記憶基板能使
記憶容量增大許多
記憶基板
播音器設計
音源
喇叭
音聲回路
訊號放大器
音源喇叭一
體化的設計

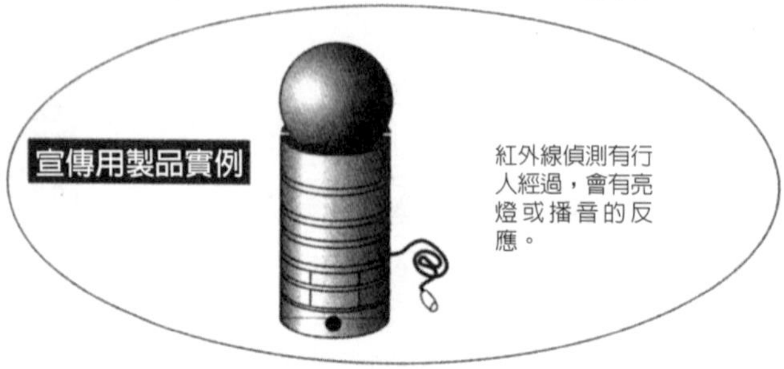
宣傳用製品實例
紅外線偵測有行
人經過，會有亮
燈或播音的反
應。

▼機械技術發展，使得播音設備愈來愈普遍，隨處都可裝置，播放親切而自然的引導說明，從以錄音帶播放，到聲音合成電子IC等方式都有。

其原理為先將聲音轉換為0或1的數位符號，儲存在內部的記憶體。記憶內容接受外部指令訊號而播放。

數位式播音器的音質很清晰，可做電子訊號的交換，因此無論是第幾號錄音，皆可做瞬間立即插播，不需要電磁錄音帶的捲帶手續，也不會有雜音干擾。

錄音部份的語句，事先分為一段一段的短句收錄，因此能依外部指令訊號做選擇，或編排播放順序，或是將各種不同的語句組合成廣播文句，因此能活用於車站或機場的引導廣播，例如捷運站或公車的廣播。

播音器的類似產品，有利用開關播放音樂的聖誕卡或電子音樂盒。這些都是利用播音專用的合成聲音，設計

可發出聲音的聖誕卡

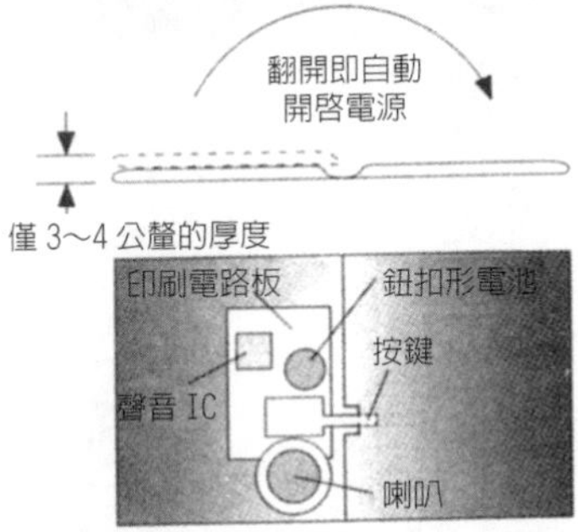
翻開即自動
開啓電源
僅 3～4 公釐的厚度
印刷電路板
鈕扣形電池
按鍵
聲音 IC
喇叭

無錄音帶的錄音機

（音聲合成方式）

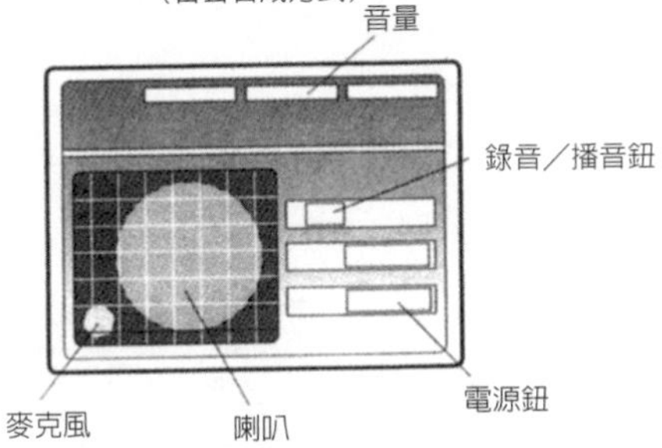
音量
錄音／播音鈕
電源鈕
麥克風
喇叭

錄音／放音回路的主要部份

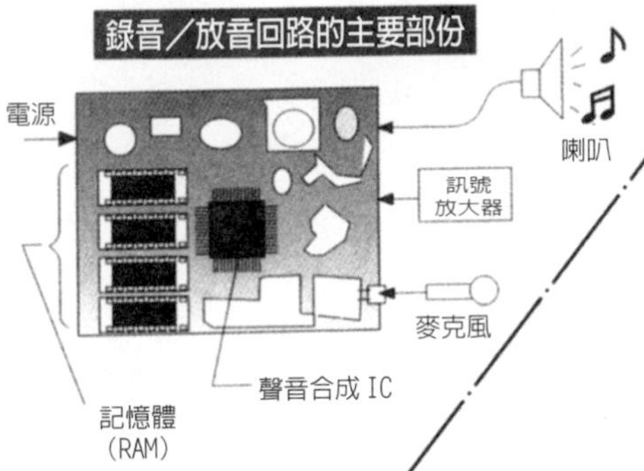
電源
喇叭
訊號
放大器
麥克風
聲音合成 IC
記憶體
（RAM）

利用電腦作聲音合成

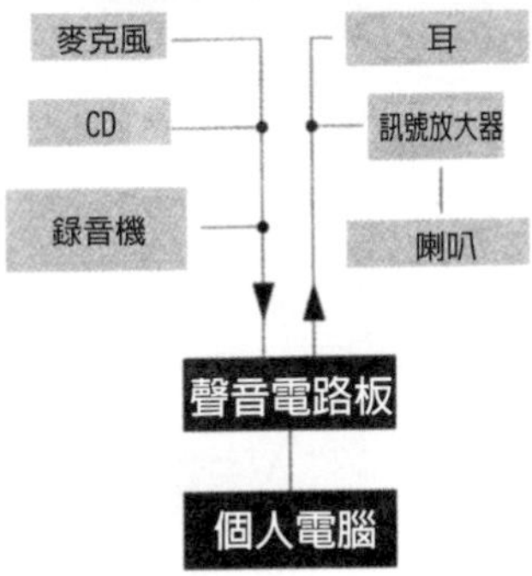
麥克風
CD
錄音機
耳
訊號放大器
喇叭
聲音電路板
個人電腦

成的輕薄短小裝置，更可延伸應用在時鐘或玩具上。

製作錄音時，首先須將聲音樣本做數位化分析。分析結果輸入聲音專用的唯讀記憶體，做為發音的基礎。

平時除了一般常聽到的「下一站，××！」（公共運輸）、以及「歡迎光臨」（店鋪專用）之外，另有英文教學、體操廣播等許多廣泛的用途。

播音器除了播放功能，還具有數十分鐘的大容量錄音播放功能。聲音記憶體部分使用IC卡的設計，這種設計在更換上非常簡便，只需抽換即可。

4-18 行動通訊

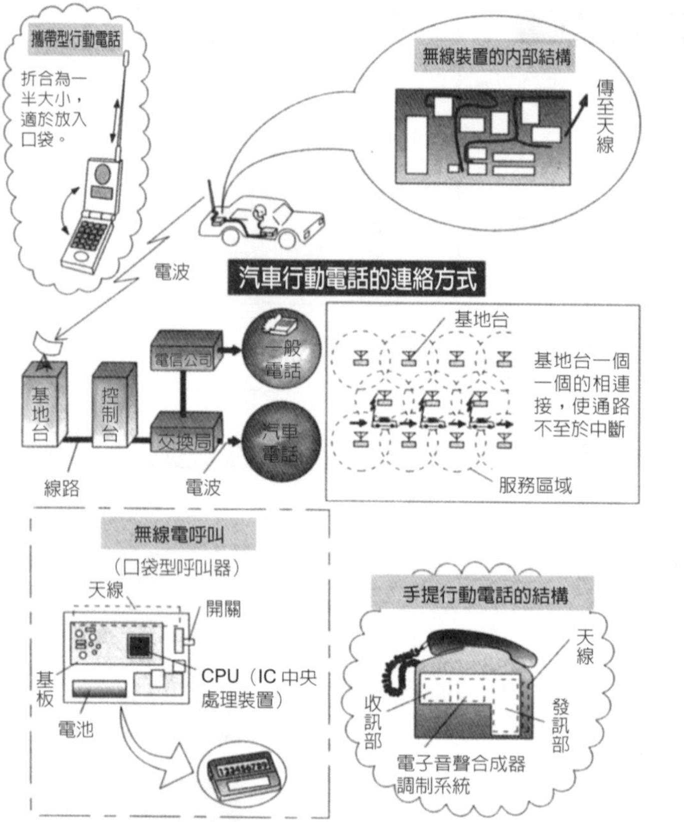
攜帶型行動電話
折合為一半大小，適於放入口袋。
無線裝置的內部結構
傳至天線
電波
汽車行動電話的連絡方式
基地台
控制台
電信公司
交換局
一般電話
汽車電話
線路
電波
基地台
基地台一個一個的相連接，使通路不至於中斷
服務區域
無線電呼叫
（口袋型呼叫器）
天線
開關
基板
CPU（IC中央處理裝置）
電池
手提行動電話的結構
天線
收訊部
發訊部
電子音聲合成器
調制系統

▼舊式的汽車行動電話，可提供在行駛中的車輛收發電話。攜帶型行動電話都是這一類的姐妹產品。

一般的行動電話（大哥大）必須經過轄區基地台的轉接，若是跨區域，則要與下一個區域的基地台轉接。轉接時間十分短暫，因此不會被注意到。基地台則是以電信局的回線方式與通話對方接續。在行動無線裝置內部有接收裝置，無論到哪個區域都能與基地台連繫。此裝置可發出多種不同的通訊用周波數。

無線電呼叫（B.B.Call）也是利用電波開發出來的技術，目前已退出市場。呼叫者利用無線電波，使接收者的蜂鳴器發出警報，或以震動或液晶顯示呼叫。

行動通訊一個待突破的問題是，在地下街或大廈內，電波會被阻斷，無法與室外的使用效果一樣，因此需另外設有電波傳輸設備，否則將影響收訊。

休閒娛樂機械

第 5 章

5-1 光學照相機

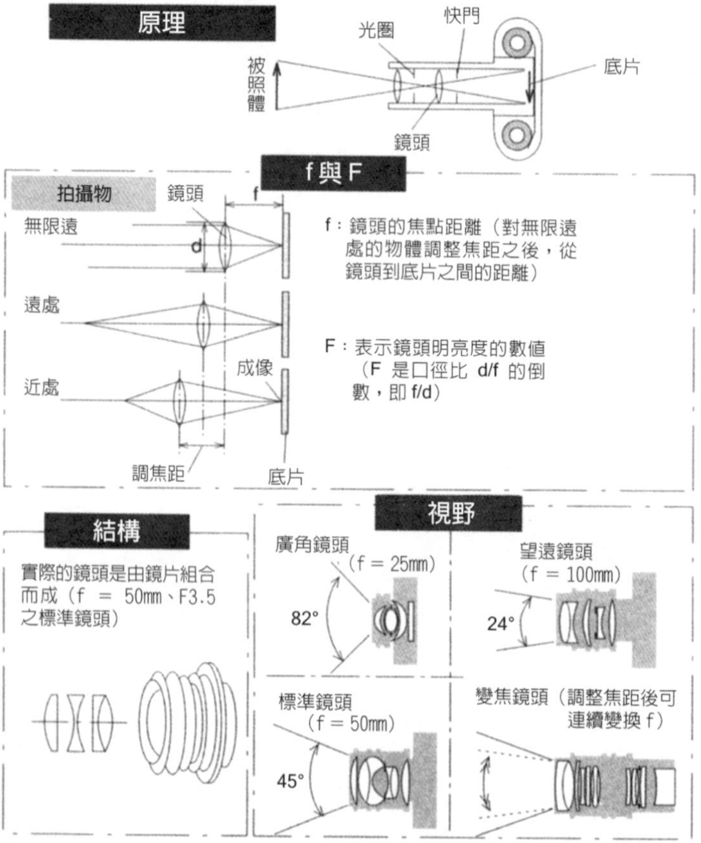
原理
光圈
快門
被照體
底片
鏡頭
f與F
拍攝物
鏡頭
f
無限遠
d
f：鏡頭的焦點距離（對無限遠處的物體調整焦距之後，從鏡頭到底片之間的距離）
遠處
F：表示鏡頭明亮度的數值（F 是口徑比 d/f 的倒數，即 f/d）
成像
近處
調焦距
底片
結構
實際的鏡頭是由鏡片組合而成（f ＝ 50mm、F3.5之標準鏡頭）
視野
廣角鏡頭
（f ＝ 25mm）
82°
望遠鏡頭
（f ＝ 100mm）
24°
標準鏡頭
（f ＝ 50mm）
45°
變焦鏡頭（調整焦距後可連續變換 f）

▼照相機技術隨著電子技術的應用，有顯著的自動化趨勢。對焦採AF方式（自動對焦），快門以及光圈是採AE方式（自動曝光），此外用內藏式頻閃電子光管，及自動捲片設計，這些都使照相變得更輕鬆。

照相機在規格上經常使用鏡頭焦點距離f以及亮度F的數值來代表。鏡片愈大愈能集光，程度以F表示，這個數字愈小，集光量愈多，鏡頭攝得影像愈明亮。

「單眼照相機」投影到捕捉目標的搜尋器，與投影到底片的光線，是通過同一鏡片。鏡頭可以更換，精巧的機械快門及超音波馬達都應用在高級相機上。

小型化、輕量化、操作自動化都經積極開發，目標在於袖珍相機的設計。大小正好能放入口袋的袖珍相機，快門按鈕按下之後，能以電子迴路自動判斷、處理影像。目前袖珍照

袖珍相機

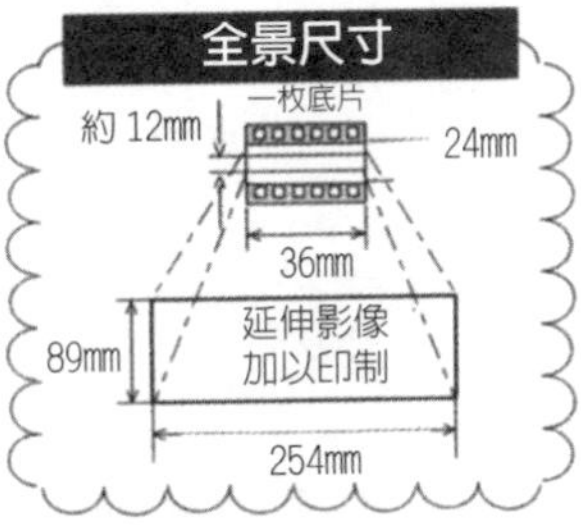
全景尺寸
一枚底片
約12mm
24mm
36mm
延伸影像
加以印制
89mm
254mm

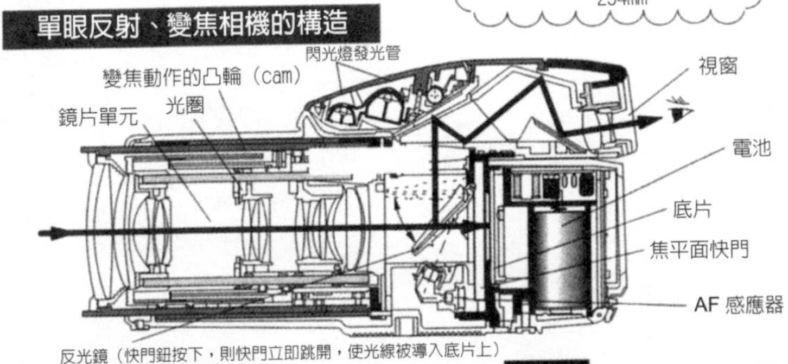
單眼反射、變焦相機的構造
閃光燈發光管
變焦動作的凸輪（cam）
光圈
鏡片單元
視窗
電池
底片
焦平面快門
AF 感應器
反光鏡（快門鈕按下，則快門立即跳開，使光線被導入底片上）

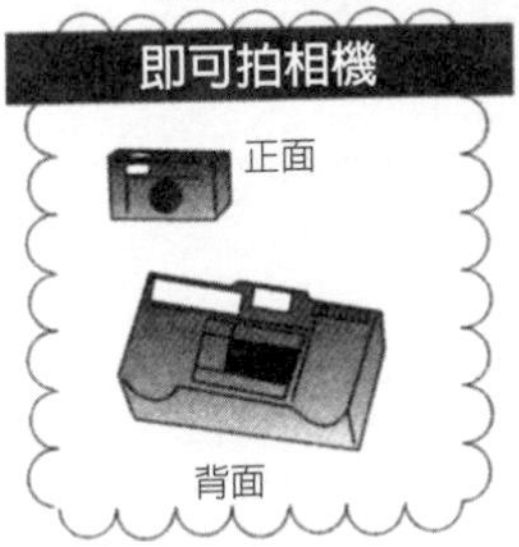
即可拍相機
正面
背面

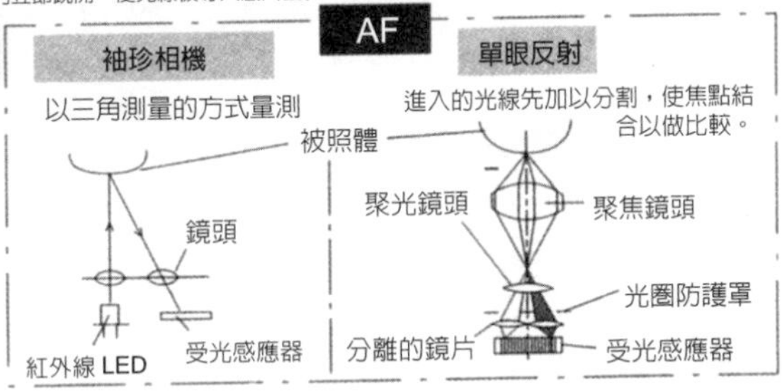
AF
袖珍相機
以三角測量的方式量測
被照體
鏡頭
紅外線 LED
受光感應器
單眼反射
進入的光線先加以分割，使焦點結合以做比較。
聚光鏡頭
聚焦鏡頭
光圈防護罩
分離的鏡片
受光感應器

相機已發展出類單眼相機的機種。

「AF」在袖珍照相機上是用紅外線反射的方式來測量距離。單眼照相機的原理並非計算距離，而是以檢測焦點位置的方式，計算偏移量，然後決定鏡頭轉動量。AE方式則是測量拍攝物的亮度，以做調整。

「即可拍相機」（簡易附鏡頭底片盒）是用樹脂製鏡頭，加上光圈、固定焦點、快門速度固定的簡單結構，使用高感度的底片使性能提高。每個空盒都能回收再利用。

「拍立得照相機」可以立即輸出處理後的影像，要訣就在底片上。反相與顯相材料／正相是成套相紙，因此以滾輪捲入後便能立即做處理。

一般3×5底片的尺寸為橫向36mm×縱向24mm，切去上下，成為橫長形的相片稱為「全景尺寸」。

5-2 攝影機

靜止畫面照相機

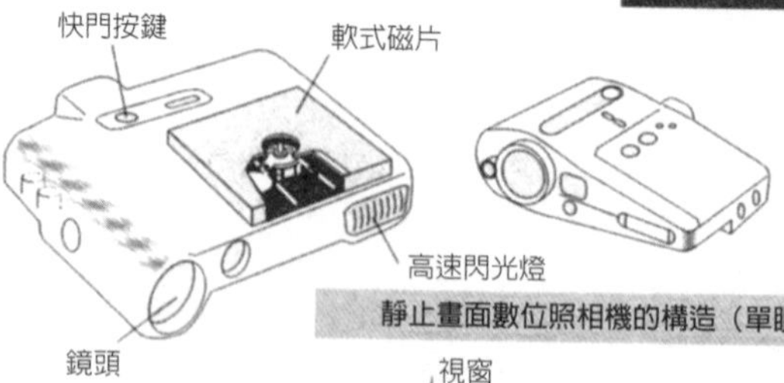
快門按鍵
軟式磁片
高速閃光燈
鏡頭

靜止畫面數位照相機的構造（單眼反射式）

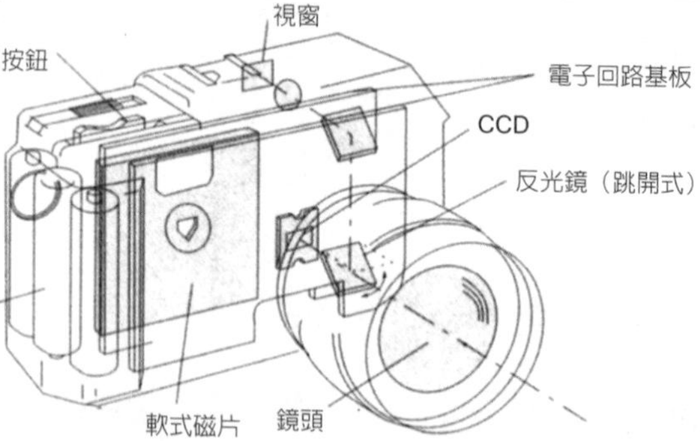
視窗
快門按鈕
電子回路基板
CCD
反光鏡（跳開式）
電池
軟式磁片
鏡頭

超小型 CCD 照相機

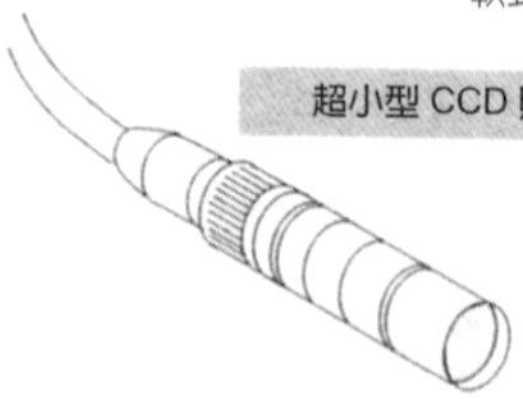

軟式磁片

（2吋）

▼由於攝影技術的進步，已經將錄影機、攝影機兩者合為一體，以記憶體記錄方式，無需經過沖洗顯影的過程，可在攝影之後直接播放影像。

攝影機的部分由變焦鏡頭與ＡＦ（自動對焦）等所組成，拍攝的結構是固體元件的ＣＣＤ（電荷耦合元件），使光反射的影像能轉換成數位訊號，故ＣＣＤ可謂是電子眼。

各種磁性記錄用的錄影帶中，最具代表性的是8㎜寬度磁帶，寬度與一般錄音磁帶相仿，使用的雖是金屬磁帶（塗佈純鐵），但透過數位錄音的方式，音質之高已近於ＣＤ。

磁帶的機械構造類似ＶＴＲ，以兩個迴轉工作頭在磁帶上方斜向接觸磁帶面，進行記錄與播放。調整磁帶的速度變化，可以用於長時間錄影，比光學底片容易處理。

以放映機的原理，可以做靜止畫面捕捉的照相處理。將ＣＣＤ攝取的畫

電視攝影機

結合照相機的 VTR 構造

從視窗中可監看攝影中的畫面

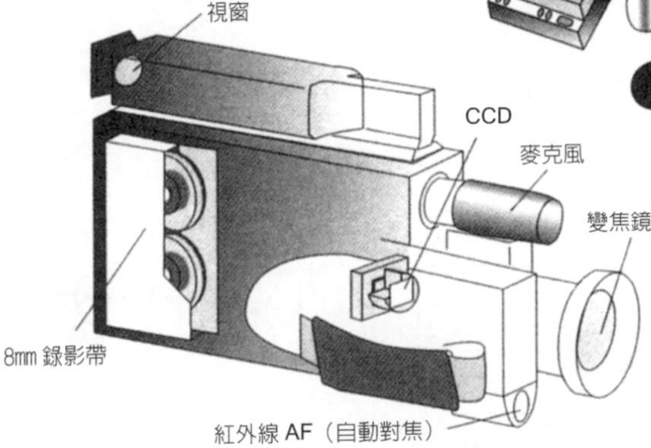
視窗
CCD
麥克風
變焦鏡頭
8mm 錄影帶
紅外線 AF（自動對焦）

各式 8mm 攝影機

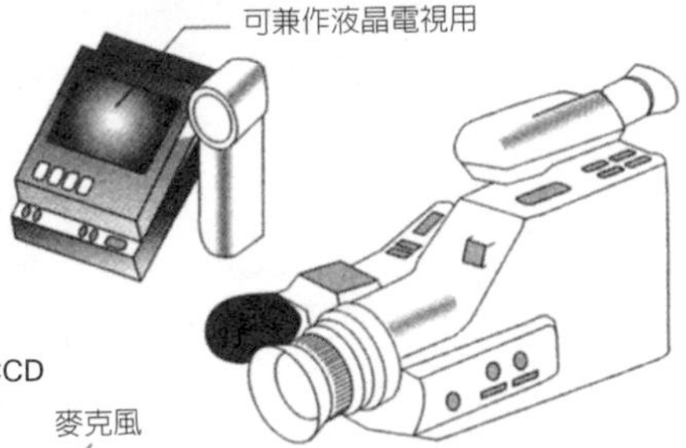
可兼作液晶電視用

影像感應器

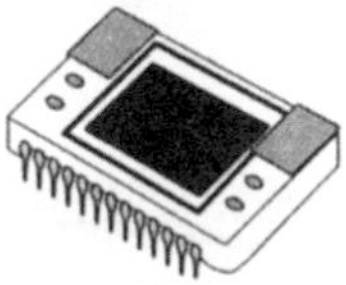

CCD（電荷耦合元件）

主要的卡帶尺寸

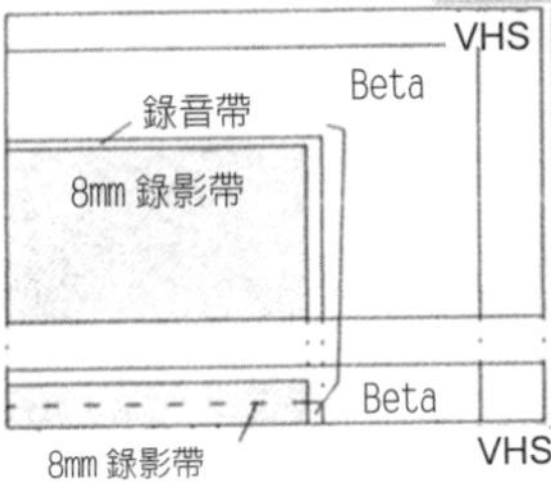
VHS
Beta
錄音帶
8mm 錄影帶
Beta
8mm 錄影帶
VHS

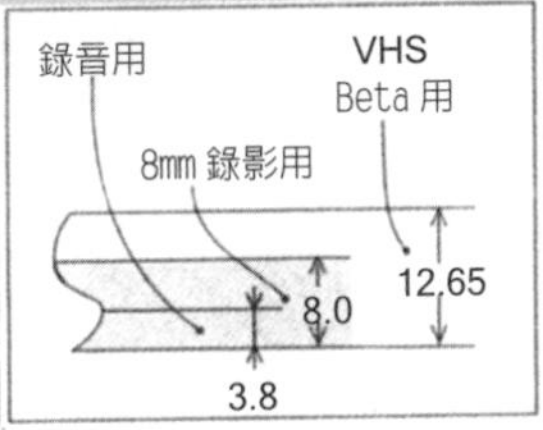
錄音用
VHS
Beta 用
8mm 錄影用
12.65
8.0
3.8

〈磁帶寬度〔mm〕〉

	長	寬	厚度
VHS	188	104	25
Beta	156	96	25
錄音帶	100	65	8
8mm	95	62.5	15

〈卡帶的尺寸〔mm〕〉

面記錄在磁片裡，稱為數位照相機。

畫面經影像化成為數位訊號之後，可以印刷出來，或以通訊線路傳送到遠方。不過在畫面精細度方面，數位影像處理方式不及光學底片方式的精巧，畢竟影像印刷與光學照相還是有一段差距。

照相機的中心部分是CCD，它是由許多個能將微小面上的光轉換為數位訊號的元件密集組成的裝置，在固體回路部分，因未使用攝像管等電熱結構，壽命可延長，更耐衝擊，另外還有耗電力少等優點。

超小型的CCD倍受矚目，直徑1～2公分的棒狀造形，能放大微小的字及圖，常應用在影視節目的拍攝技術上，另外還能應用在醫療或機械技術等方面。

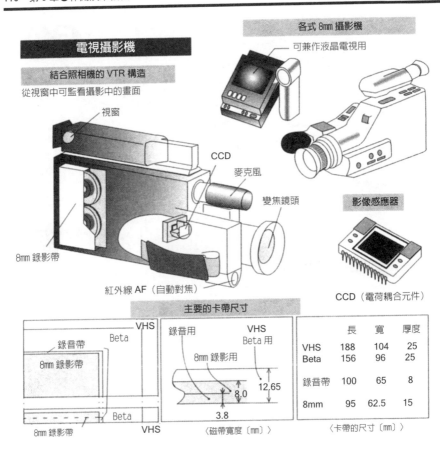

5-3 CD換片機

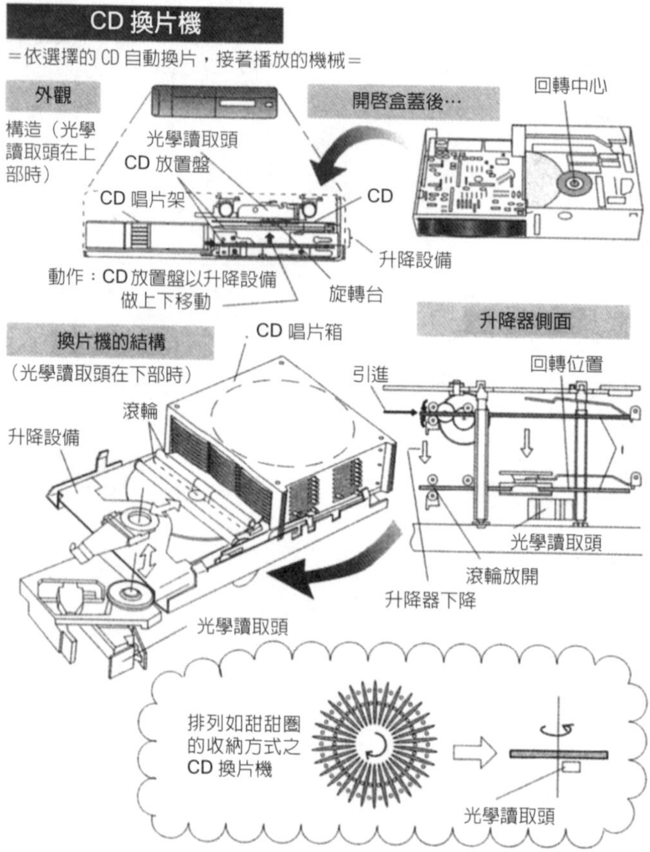
CD 換片機
＝依選擇的 CD 自動換片，接著播放的機械＝
外觀
構造（光學讀取頭在上部時）
光學讀取頭
CD 放置盤
CD 唱片架
CD
升降設備
旋轉台
動作：CD 放置盤以升降設備做上下移動
開啓盒蓋後…
回轉中心
換片機的結構
（光學讀取頭在下部時）
CD 唱片箱
滾輪
升降設備
光學讀取頭
升降器側面
引進
回轉位置
光學讀取頭
滾輪放開
升降器下降
排列如甜甜圈的收納方式之 CD 換片機
光學讀取頭

▼汽車音響設備日益受到重視，為免除汽車行駛中，駕駛人要以單手更換CD片的麻煩，能自動更換CD片的換片機就應運而生，又被設計為CD自動點唱機。

機械結構上是由CD唱片箱、升降設備、光學讀取頭三部分所組成。收納CD唱片的是唱片箱，利用升降設備可將CD唱片移入特定的唱機，而以光學讀取頭使聲音重現。

一般的設計是在CD唱片箱旁設置升降器，依光學讀取頭位置，決定CD要升降到什麼位置，CD移到定位後開始旋轉播放。也就是在一般的CD唱機中裝置升降器而成。

汽車音響用的CD換片機，須承受振動與高溫，故在技術對策上特別用心，甚至可處理百枚CD片的大量單位，已開發甜甜圈狀的CD片排列方式等。

5-4 電視遊樂器

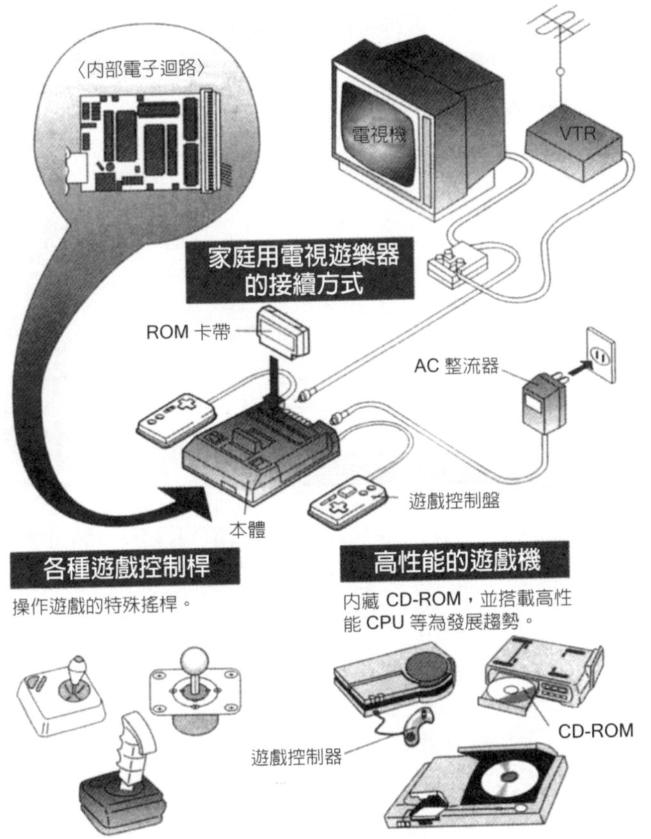
〈內部電子迴路〉
電視機
VTR
家庭用電視遊樂器的接續方式
ROM 卡帶
AC 整流器
本體
遊戲控制盤
各種遊戲控制桿
操作遊戲的特殊搖桿。
高性能的遊戲機
內藏 CD-ROM，並搭載高性能 CPU 等為發展趨勢。
CD-ROM
遊戲控制器

▼電視遊樂器可謂玩具之王，無論在世界何處都是極具吸引力的商品。CPU（中央處理機）與ROM（唯讀記憶體）等裝置的普遍與平價化，使得影像畫面更優美、動作更寫實，遊戲的臨場感也大為提高。

此項裝置是用遊樂軟體專用電腦，將畫面影像以家庭用電視機的螢幕放映出來。操作時不用鍵盤式的按鍵，一般是採用傾斜、具按鍵的特殊搖桿，來操控遊戲的動作。

硬體（裝置構造本身）方面性能提高了，然而遊戲本身若是不夠吸引人，則效果大打折扣。動作、PRG等各式各樣的遊戲軟體陸陸續續開發出來。

電視遊樂器的軟體從前是以ROM卡帶或磁卡來更換，新的趨勢則大多使用CD—ROM或下載。這種革命性的趨勢使得軟體存量和內容皆大為提升。

5-5 無線電遙控

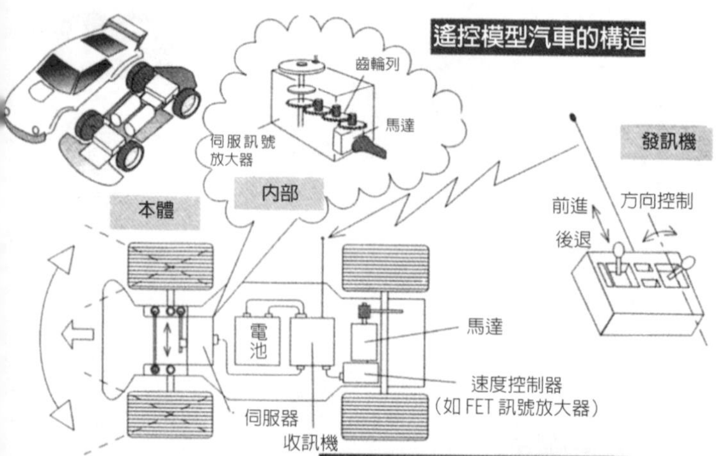
遙控模型汽車的構造
齒輪列
馬達
伺服訊號放大器
內部
本體
發訊機
前進
後退
方向控制
電池
馬達
速度控制器
(如 FET 訊號放大器)
伺服器
收訊機

免許可執照的「電波*」利用方式

區分	週波數範圍	輸出
微弱電波	以不擾亂研究、救難等待殊領域的電波為限制，原則上自由使用（大多為 40～60、140～250、300 的 MHz 週波帶）。	天線　電力微弱在規定限制以下。
無線電搖控波	13MHz（實際上不使用） 27MHz 週波帶（分為 12 波） 40MHz 週波帶（分為 13 波） 72MHz 週波帶（分為 10 波）	同上
特定小電波	400MHz 週波帶（FM）	0.01W 以下

*法律上規定「電波」的週波數在 10MHz 以上。因此未滿 10MHz 者不加限制。

產業用的無線電遙控起重機

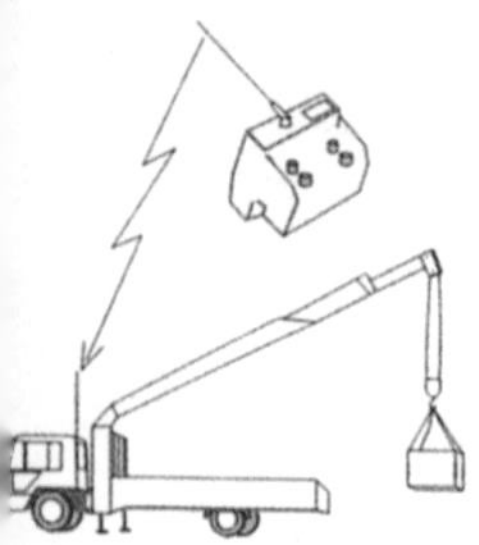

▼無線電遙控是利用電波來控制遠端的機械。模型汽車、飛機的遙控是大家所熟悉的，除此之外，工廠中的自動化生產控制的發展也十分完備。

構造一般包括發送電波的發訊機，接收用的收訊機，與依據訊號指示切換方向盤的伺服器。而遠端的本體機械的操作機構中，也同樣裝設一組伺服器。

業餘用的無線電遙控器，以發訊機操縱桿搖動程度來控制收訊端伺服器，稱為「比例控制」。

無線電遙控器最初是使用無需申請的「微弱電波」、「無線電遙控波」、「特定小電波」等。電波傳送範圍從數十公尺到數百公尺，都是在預期使用範圍內具有實用性的電波。

比較麻煩的是外來的電波發生電訊混亂時，無法有效遙控，可能因而發生事故。為了防範事故發生，可以裝設防止電訊混亂的停機迴路，或在無

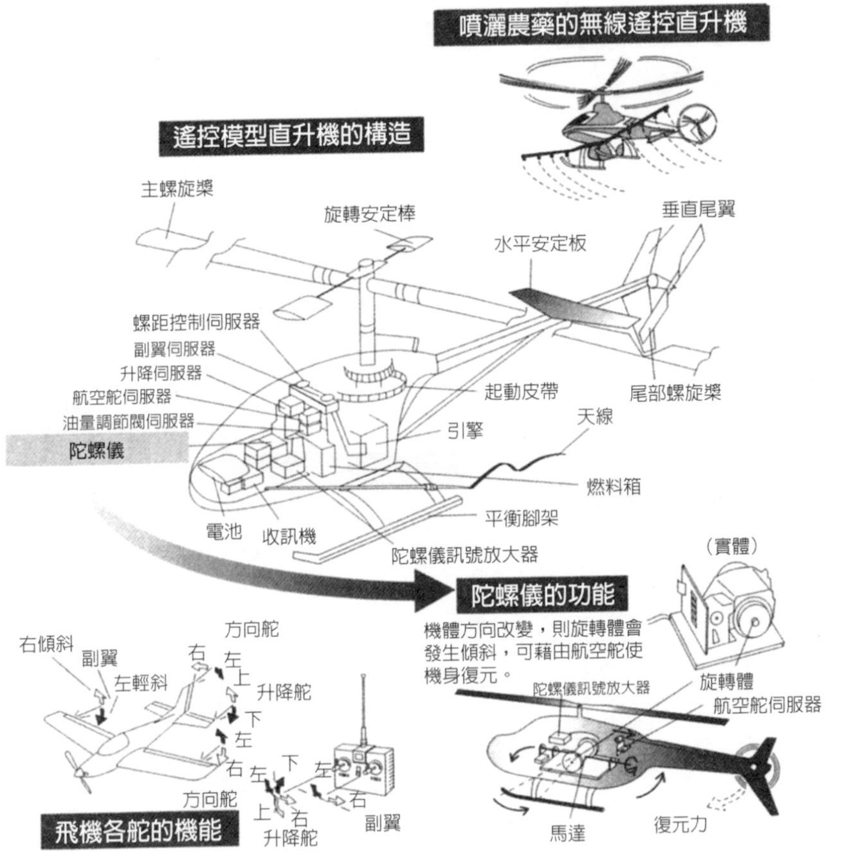
噴灑農藥的無線遙控直升機
遙控模型直升機的構造
主螺旋槳
旋轉安定棒
水平安定板
垂直尾翼
螺距控制伺服器
副翼伺服器
升降伺服器
航空舵伺服器
油量調節閥伺服器
陀螺儀
起動皮帶
尾部螺旋槳
引擎
天線
燃料箱
平衡腳架
電池
收訊機
陀螺儀訊號放大器
（實體）
陀螺儀的功能
機體方向改變，則旋轉體會發生傾斜，可藉由航空舵使機身復元。
陀螺儀訊號放大器
旋轉體
航空舵伺服器
馬達
復元力
方向舵
右傾斜
副翼
左輕斜
右
左
上
升降舵
下
左
右
方向舵
左
下
左
上
右
右
升降舵
副翼
飛機各舵的機能

線電遙控機上採用FM—PCM方式（電波形成為周波數變調，採脈衝符號傳訊的方式，其數位式符號可防止電訊混亂），另外也可採用特定小電波的高周波數。

以業餘用的無線電遙控器做模型直升機的飛行控制，是高科技產物。以搭載的陀螺儀可檢測飛行傾斜度，靈活的自動修正，精密的構造，可以說是無線電遙控的最佳應用實例。

工廠生產線常用微弱電波或特定小電波的無線電遙控器，用途多為遙控移動遠端的起重機或升降機。另外在推土機的駕駛、門扉開關、割草機作業等建設或農業園藝領域，也有廣泛運用。

在廣告宣傳上，常使用讓人眼睛為之一亮的遙控飛行汽球。而遙控飛機可做為空中農藥噴灑的輔助機械，另外還可裝設高空攝影裝置等，成為目前最新的無人機攝影、無人機快遞。

5-6 業餘無線電

月面反射通訊（EME）

一般無線電室

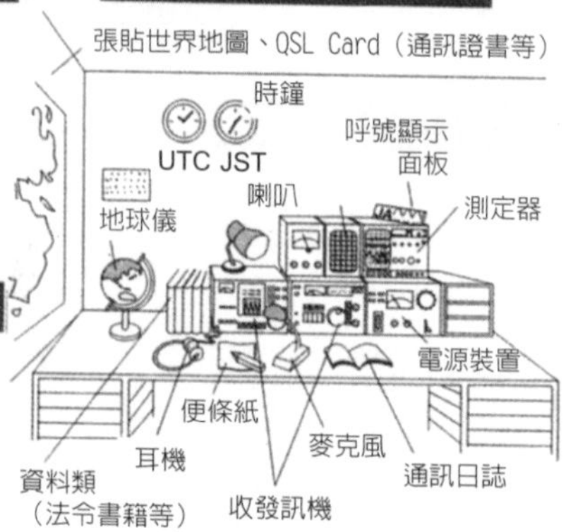
張貼世界地圖、QSL Card（通訊證書等）
時鐘
UTC JST
呼號顯示面板
測定器
喇叭
地球儀
電源裝置
便條紙
麥克風
耳機
通訊日誌
資料類（法令書籍等）
收發訊機

汽車行動電台的結構

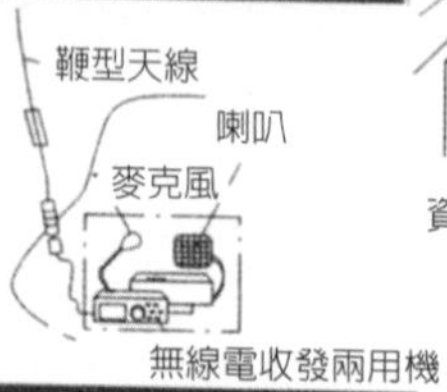
鞭型天線
喇叭
麥克風
無線電收發兩用機

日本的香腸族使用波段

區分	周波帶數　狀況
MF（中波）	1.9MHz 帶
HF（短波）	● 3.5MHz 帶 ● 7MHz 帶……國內通訊時雜音大 ● 10MHz 帶 ● 14MHz 帶……國際通訊時最暢通 ● 18MHz 帶 ● 21MHz 帶……遠距離（DX）通訊極為盛行 ● 24MHz 帶 ● 28MHz 帶……FM（周波數調制）亦常用
VHF（超短波）	● 50MHz 帶……FM 之攜帶型電台亦十分發達 ● 144MHz 帶……多為汽車行動電台
UHF（極超短波）	● 430MHz 帶……業餘的電視台、香腸族衛星 ● 1200MHz 帶……月面反射用（EME）等 ● 2400MHz 帶
SHF（公分波）	● 5600MHz 帶 ● 10000MHz 帶（10GHz） ● 24000MHz 帶（24GHz）
EHF（公厘波）	● ● 47000MHz 帶（47GHz）

●記號是「4 級業餘無線技士」使用的周波數。

各式天線

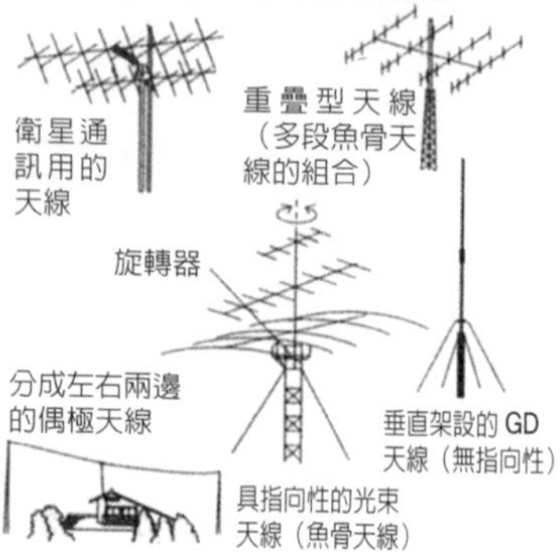
衛星通訊用的天線
重疊型天線（多段魚骨天線的組合）
旋轉器
分成左右兩邊的偶極天線
垂直架設的 GD 天線（無指向性）
具指向性的光束天線（魚骨天線）

▼業餘無線電的玩家一般稱為「香腸族」，日本的香腸族人口是世界之冠，無線電台相當多。無線電執照的受試者沒有年齡、職業的限制，因此，無論老少皆可擔任電台台長。

通訊是在無線電室中進行，近來逐漸將發訊及收訊機兩者合一，成為無線電收發兩用機。其他必須的裝備包括測定器、時鐘、通訊日誌、法令書籍、地球儀等。

在天線方面，一般多採用垂直架設的平頂型。將電視機用的天線擴大，即成為指向性極強的光束天線，與旋轉器結合，可自動調整方向以便對準對方電台，使通訊更加清晰。

以極小的電力能與地球上任何一端通話，這可說是香腸族的最大樂趣所在，技術也愈見進化。除了傳真或電視節目收播之外，利用太空無線電衛星進行通訊，或以月球表面反射電波等多樣化的通訊方式，都使香腸族的通訊更添樂趣。

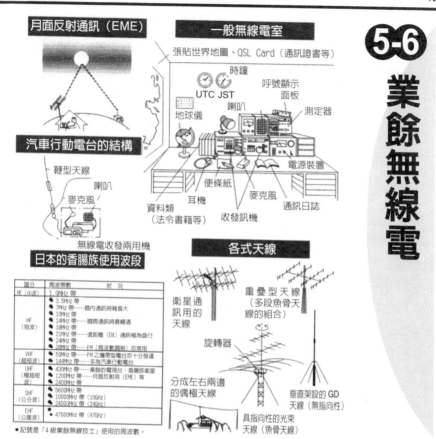

5-7 無線電收發兩用機

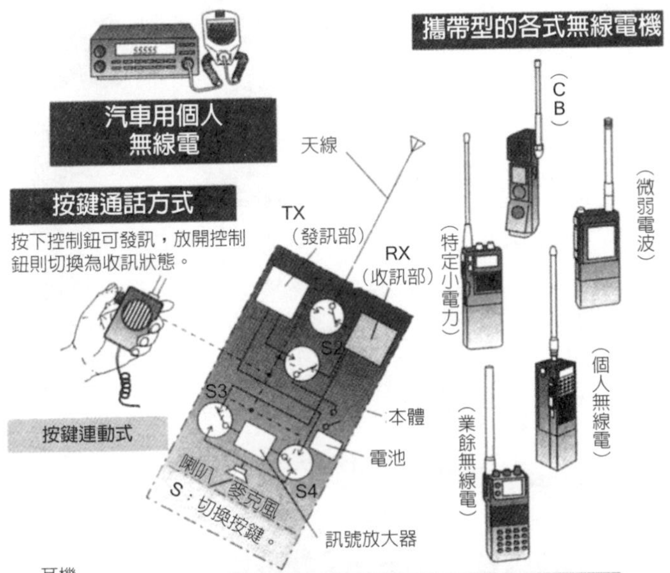
汽車用個人無線電
按鍵通話方式
按下控制鈕可發訊，放開控制鈕則切換為收訊狀態。
按鍵連動式
天線
TX（發訊部）
RX（收訊部）
S2
S3
本體
電池
S4
喇叭／麥克風
S：切換按鍵。
訊號放大器
攜帶型的各式無線電機
（CB）
（特定小電力）
（微弱電波）
（個人無線電）
（業餘無線電）

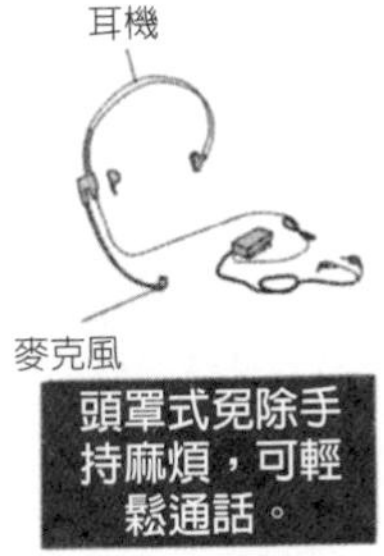
耳機
麥克風
頭罩式免除手持麻煩，可輕鬆通話。

汽車行動電台的結構

區分	周波數帶	輸出	電波形式	條件
CB（市民波段）無線電	27MHz	0.5W 以下	AM	免執照
微弱電波無線電	（多為 300 MHz 以下）	（低於規定以下的微弱輸出）	AM FM	免執照
特定小電力無線電	430MHz	0.01W 以下	FM	免執照
個人無線電	900MHz	5W 以下	FM	僅須申請
業餘無線電	特別是 50，144，430MHz 等周波帶	大多為 5W 左右或低於 5W	主要為 FM	需執照

※電波形式．AM（振幅調制）……與廣播電台的電波相同。
．FM（周波數調制）……與電視聲音的電波相同。

▼一般提到無線電收發兩用機，除了聯想到收訊、發訊兩者一體的無線電之外，就是單手操作的無線電。起源是「CB（市民波段）無線電」，這是無須執照、使用簡便的無線電，但也經常發生電訊混亂問題。

「微弱電波無線電」是無須執照，可供任何人使用的無線通訊工具之一。以耳機與麥克風組合的頭罩方式，免除手持無線機的麻煩，對現場作業十分便利。

在大型運動場上十分盛行的無線電通訊，是採「特定小電力無線電」。採用FM（周波數調制）可抵抗雜音，輸出雖小，但有高於微弱電波的實用性。

從業餘無線電引伸出來的「個人無線電」，只要通過申請就可使用，較少有通訊混亂問題，原本是使用在汽車與汽車間的通訊，現在用途更被廣泛應用在各個層面，發揮了極高的性能。

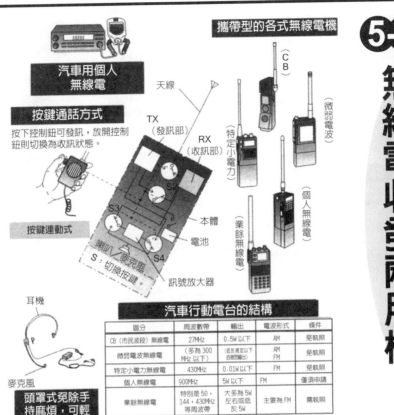

5-8 電子樂器

電子風琴

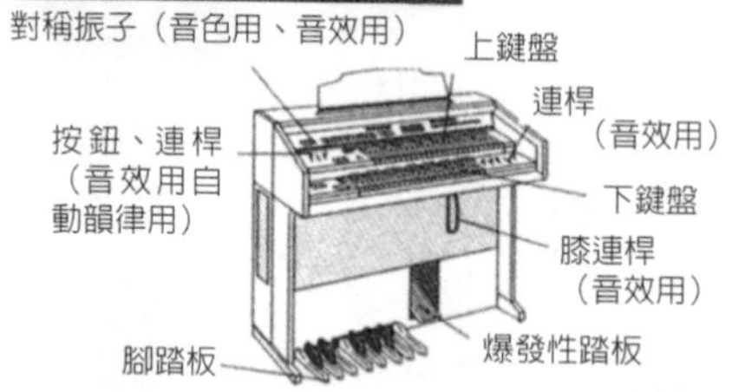
對稱振子（音色用、音效用）
上鍵盤
連桿
（音效用）
按鈕、連桿
（音效用自
動韻律用）
下鍵盤
膝連桿
（音效用）
腳踏板
爆發性踏板

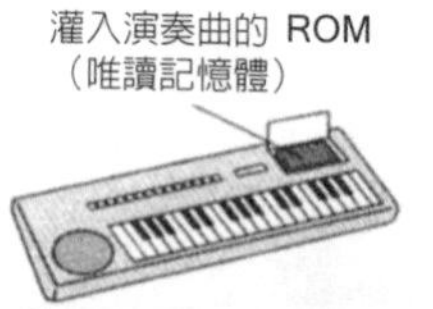
灌入演奏曲的 ROM
（唯讀記憶體）

兒童用電子琴

自動演奏之組成結構

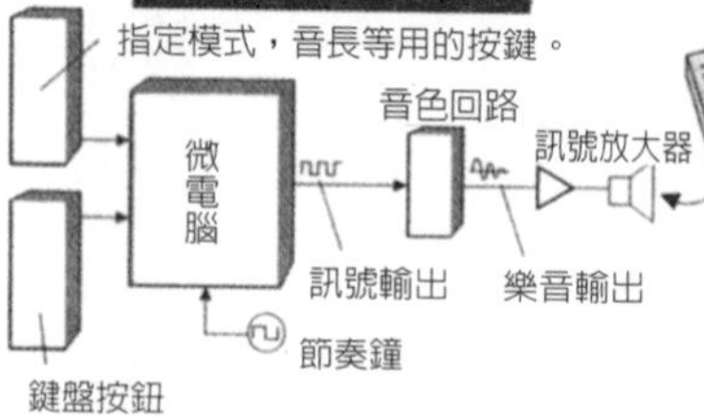
指定模式，音長等用的按鍵。
微
電
腦
音色回路
訊號放大器
訊號輸出
樂音輸出
節奏鐘
鍵盤按鈕

電子鍵盤樂器

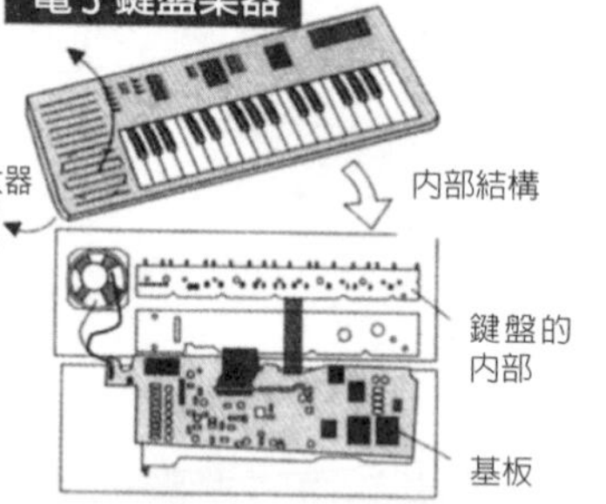
內部結構
鍵盤的
內部
基板

合成正弦波

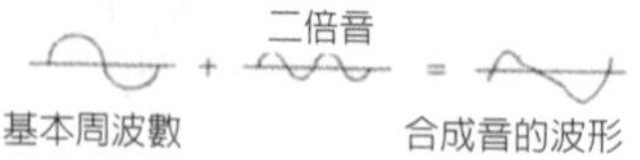
二倍音
基本周波數
合成音的波形

電子風琴也使用此合成方式。

電子樂器的延伸應用

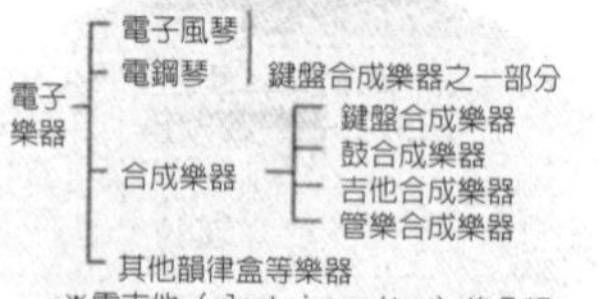
電子
樂器
電子風琴
電鋼琴
鍵盤合成樂器之一部分
合成樂器
鍵盤合成樂器
鼓合成樂器
吉他合成樂器
管樂合成樂器
其他韻律盒等樂器

※電吉他（electric guitar）的分類一般不屬於電子樂器

▼電子樂器是玩賞音樂的好工具。任何樂器要能彈奏得好，都需經過辛苦的練習過程，而電子樂器以技術打破了這種限制。

電子樂器的外觀常見有鍵盤，但內部的結構則有很大的不同，按鍵的內部大體上是一般的開關，但少了弦與閥門的結構，取而代之以ＩＣ（積體電路）為主的電子零件。而內部的記憶體中（記憶單元）記憶著資訊數位化的樂器音，依鍵盤的指定，合成播放原音，數位化的樂音使得聲音正確，音質優美。

自動伴奏時，可以預先指定彈奏的鍵盤位置，或以其他已錄製好的音源指示彈奏的樂音，有各種不同的使用方式。

合成樂器是以合成方式製成音響的樂器，稱為最現代樂器，並被利用於幻想式宇宙音樂新領域的開發。

5-9 小鋼珠檯（柏青哥）

▼小鋼珠檯是將鋼珠打入特定孔穴（中獎口）的遊戲。從前是利用彈簧做手動式的控制，現在則已改用馬達，以電動拉桿式為主。控制及音聲採用IC，全面進行了電子化。

落下的鋼球受釘子或圓輪（拋放動作部）的牽制，使行進路線改變。在圓輪周圍的釘子通常設為等腰三角形，釘子的碰撞會對行進路線產生微妙的影響鋼珠。

中央部分的數字顯示盤，當鋼珠掉入便開始跳動，時間停止後則以橫列的數字顯示獎金，再進入下一階段。這種數位化小鋼珠遊戲已成為現在的主流。

數位化小鋼珠遊戲是如何達成高準確率呢？首先，將預先設好的遊戲程式寫入電子回路的記憶體中，依程式設定，由內部的微電腦來統計決定是中獎或偏離。

系統化的小鋼珠檯

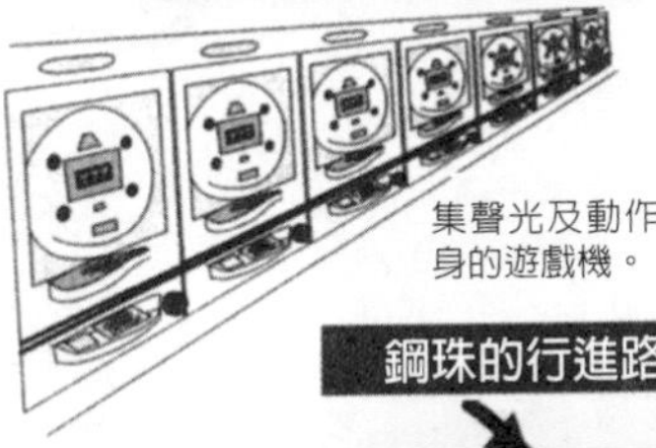

集聲光及動作效果於一身的遊戲機。

釘子的調整效果

圓輪與釘子的平衡之下，能將鋼珠導入容易命中的方向。而鋼珠的行進路線便是受到釘子調整效果的影響。

鋼珠的行進路線

釘子
圓輪
顯示面板
數位顯示
鋼珠的直徑為1.1公分
中獎口

小鋼珠檯的變遷

鋼珠槽
IC 回路
連續命中部
（連續大命中）
拉桿部
馬達

新型 IC 小鋼珠檯

舊型機械式小鋼珠檯

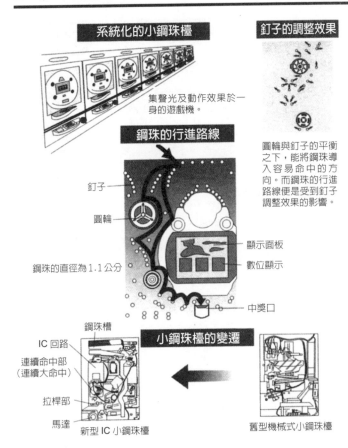

5-10 望遠鏡

夜間望遠鏡

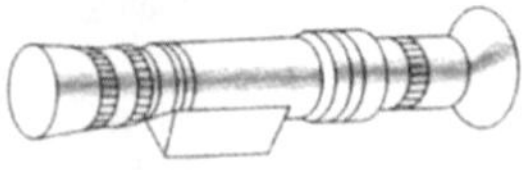

光電倍增結構

（光放管）

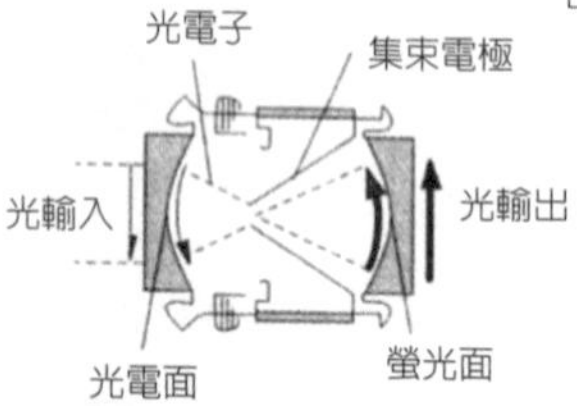
光電子
集束電極
光輸入
光輸出
光電面
螢光面

電波望遠鏡

小型天體電波收訊裝置

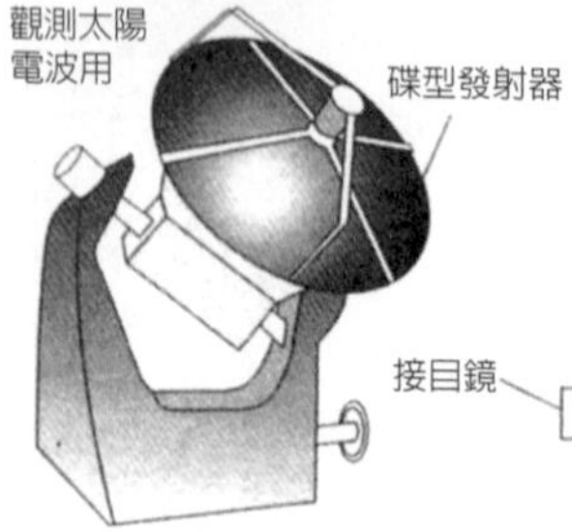
觀測太陽
電波用
碟型發射器

各種望遠鏡的形式

折射式

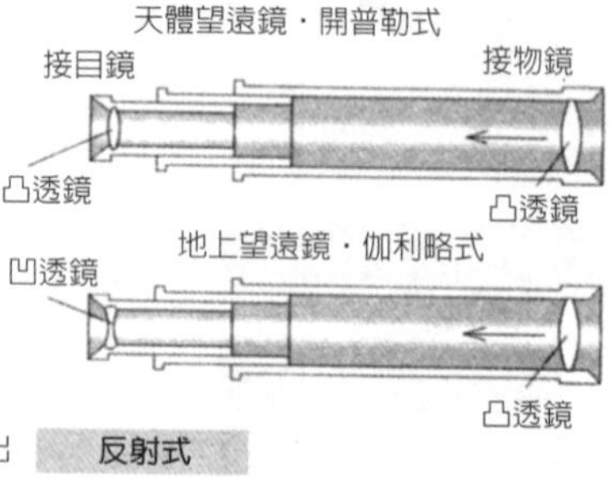
天體望遠鏡・開普勒式
接目鏡
接物鏡
凸透鏡
凸透鏡
地上望遠鏡・伽利略式
凹透鏡
凸透鏡

反射式

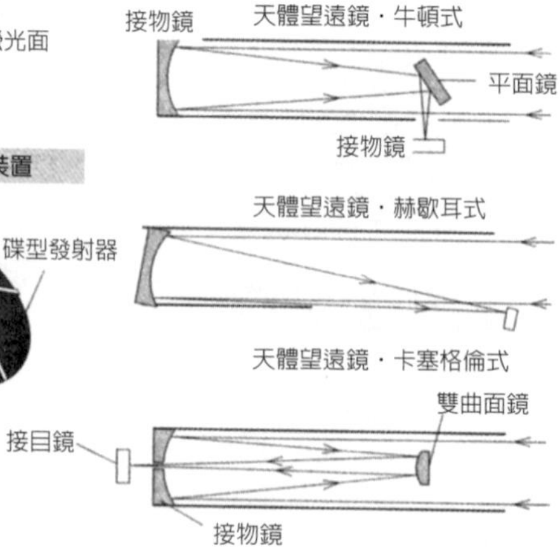
接物鏡
天體望遠鏡・牛頓式
平面鏡
接物鏡
天體望遠鏡・赫歇耳式
天體望遠鏡・卡塞格倫式
雙曲面鏡
接目鏡
接物鏡

▼望遠鏡有以透鏡聚光的「折射式」及使用凹面鏡的「反射式」等。折射式望遠鏡適用於精密的觀察與測量，但鏡片的直徑太大，使用上較不方便。

天體望遠鏡視野內的影像，一般是上下顛倒的，所拍攝到的天體照片也有這樣的問題。地面望遠鏡則為了使影像與實物有同樣的方向，故裝置了轉向用的透鏡與稜鏡。

分辨遠方景物的能力，隨望遠鏡的口徑愈大則愈高。此外接受光線的接物鏡的焦點距離愈長，接目鏡的點距離愈短，影像擴大的倍率愈高。

從「看的更多」的角度而言，視野角度的擴大比倍率要來的更重要。近來胖胖矮矮的鏡筒中，多為收納短焦距接物鏡的廣角望遠鏡，又稱為星際望遠鏡，能使星際周邊看的更清楚。

地球不停在旋轉，因此在觀測時必須不停的移動望遠鏡，追隨星星的蹤

反射式天體望遠鏡的結構

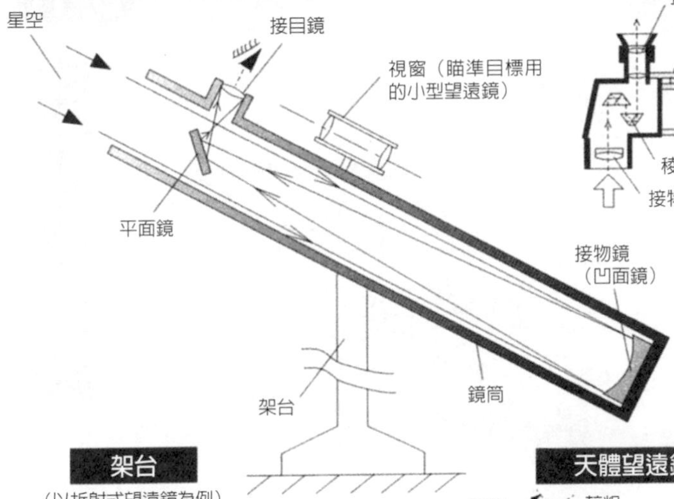
星空
接目鏡
視窗（瞄準目標用的小型望遠鏡）
平面鏡
接物鏡（凹面鏡）
架台
鏡筒

雙筒望遠鏡

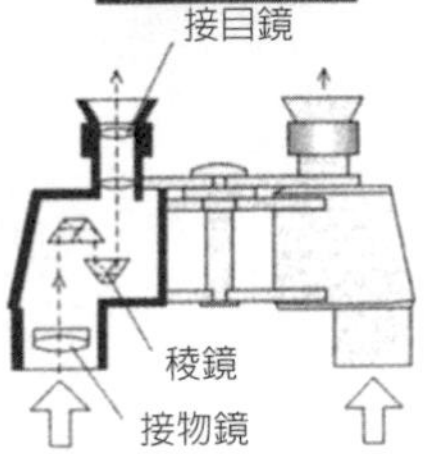
接目鏡
稜鏡
接物鏡

架台

（以折射式望遠鏡為例）

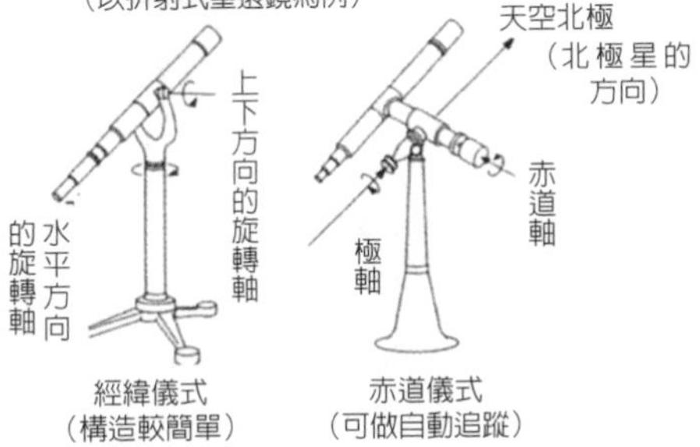
上下方向的旋轉軸
水平方向的旋轉軸
經緯儀式（構造較簡單）
天空北極（北極星的方向）
赤道軸
極軸
赤道儀式（可做自動追蹤）

天體望遠鏡

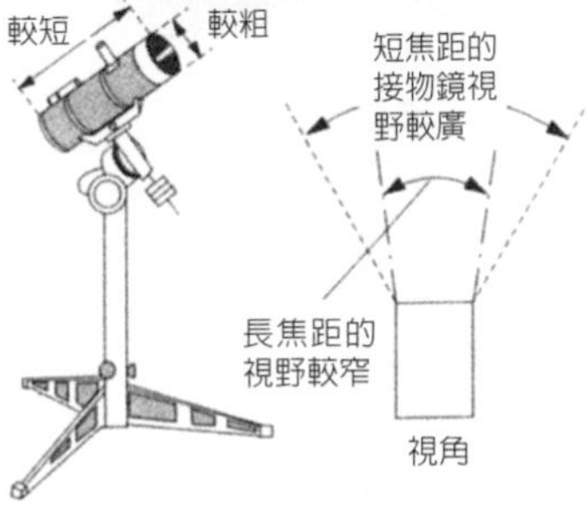
較短
較粗
短焦距的接物鏡視野較廣
長焦距的視野較窄
視角

跡。因此固定望遠鏡的架台，是以指向天空北極的極軸，與成直角的赤道軸來轉動。

雙筒望遠鏡在外型上是兩個折射式望遠鏡平行分置於左右，使用稜鏡以拉長光的通路，並提高倍率。接物鏡的間隔較眼睛的間隔還長，因此能產生立體感，看見更多景物。

另外還有在暗處專用的夜間望遠鏡。利用光放管的量子使光線加強，這種低照度增幅型望遠鏡，以及利用待測物體發出的紫外線，結合成影像的紅外線照明型望遠鏡，兩者都能使亮度強化數萬倍，看得清清楚楚。

電波望遠鏡也稱為專業用天體觀測設備，具備集中天體發出的微弱電波的碟型發射器，以及使電波訊號放大後加以記錄的收訊裝置所構成。

5-11 自動投球機

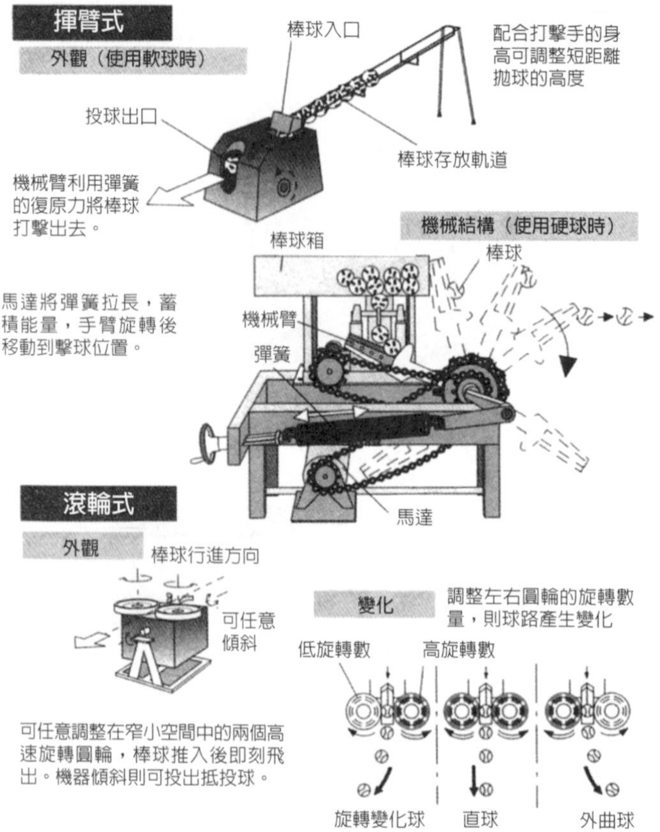
揮臂式
外觀（使用軟球時）
棒球入口
配合打擊手的身高可調整短距離拋球的高度
投球出口
棒球存放軌道
機械臂利用彈簧的復原力將棒球打擊出去。
機械結構（使用硬球時）
棒球箱
棒球
馬達將彈簧拉長，蓄積能量，手臂旋轉後移動到擊球位置。
機械臂
彈簧
馬達
滾輪式
外觀
棒球行進方向
可任意傾斜
可任意調整在窄小空間中的兩個高速旋轉圓輪，棒球推入後即刻飛出。機器傾斜則可投出抵投球。
變化
調整左右圓輪的旋轉數量，則球路產生變化
低旋轉數
高旋轉數
旋轉變化球
直球
外曲球

▼自動投球機代替人工投擲棒球，這種機器的出現可減少教練的勞務，也增加練習機會。動作可分為揮臂式及滾輪式。

揮臂式是利用彈簧的瞬間爆發力，以馬達的力量慢慢拉長彈簧，等制動器彈開，機械臂瞬間將棒球投擲出去，彈簧拉長的距離及放開的時機可組合產生不同的球路。

而滾輪式是在兩個反向高速旋轉的圓輪間將棒球推入，利用圓輪的摩擦力將棒球用力送出。調整左右圓輪的旋轉數，或機器本體傾斜，可產生變化球。

自動投球機能投出時速一五〇公里以上的高速球，以及外曲球、旋轉變化球，也能視情況需要投出慢速球。在棒球練習場中，自動投球機是十分活躍的要角。

5-12 球速測定機（測速槍）

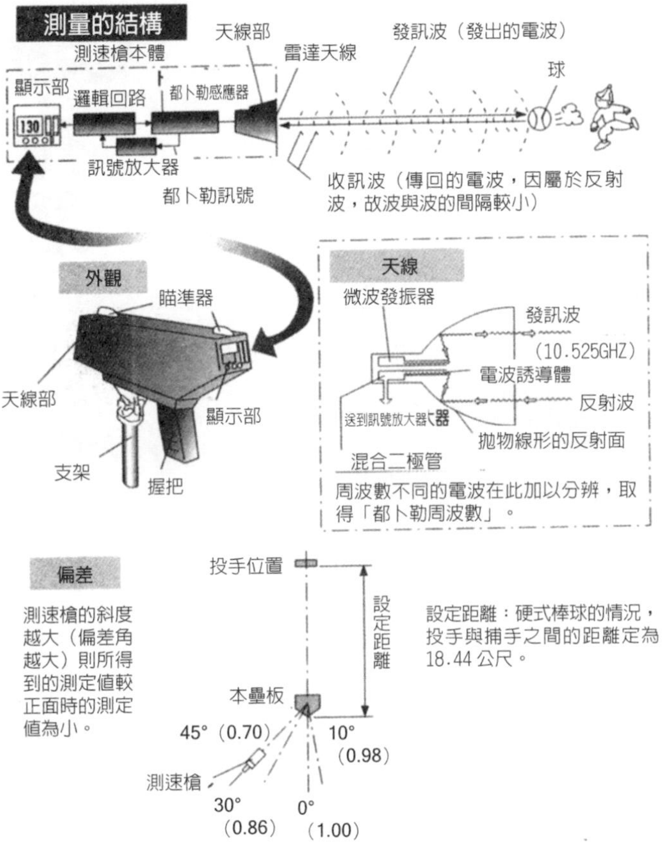
測量的結構
測速槍本體
天線部
雷達天線
發訊波（發出的電波）
顯示部
邏輯回路
都卜勒感應器
130
球
訊號放大器
都卜勒訊號
收訊波（傳回的電波，因屬於反射波，故波與波的間隔較小）
外觀
瞄準器
天線部
顯示部
支架
握把
天線
微波發振器
發訊波
（10.525GHZ）
電波誘導體
反射波
送到訊號放大器
拋物線形的反射面
混合二極管
周波數不同的電波在此加以分辨，取得「都卜勒周波數」。
偏差
測速槍的斜度越大（偏差角越大）則所得到的測定值較正面時的測定值為小。
投手位置
設定距離
設定距離：硬式棒球的情況，投手與捕手之間的距離定為18.44 公尺。
本壘板
45°（0.70）
10°
（0.98）
測速槍
30°
（0.86）
0°
（1.00）

▼測定球速用的測定機，原本是為取締汽車超速而開發出來的，可發射微電波，對準投球方向測量速度。

從移動的物體反射出來的電波周波數，與發射電波的周波數相較，兩者有所不同，隨速度和方向的不同而發生變化，球速測定機便是利用這種都卜勒原理，由周波數差來計算球速。

在結構上是由收發電波的天線部，接收訊號的處理回路，以及將計算結果以數字表示的顯示部所組成。測量結果可儲存在內部的記憶體中，因此需要時可按下控制鍵叫出儲存資料。

測量速度時，位置最好在球的飛行直線上方，測量角度範圍包括，將測定機的測速槍抬高或傾斜，偏差角在10度以內，計值的偏差在2%以內，是可接受的範圍。有效測定距離為20公尺。

5-13 充氣巨蛋

原理

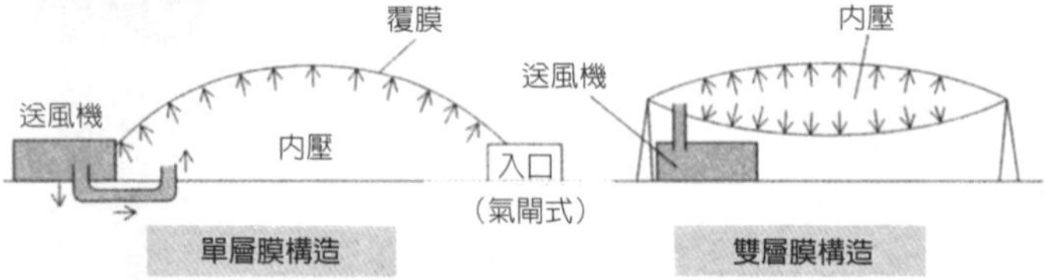
覆膜
送風機
內壓
入口
（氣閘式）
單層膜構造
內壓
送風機
雙層膜構造

充氣巨蛋作為停放庫之用

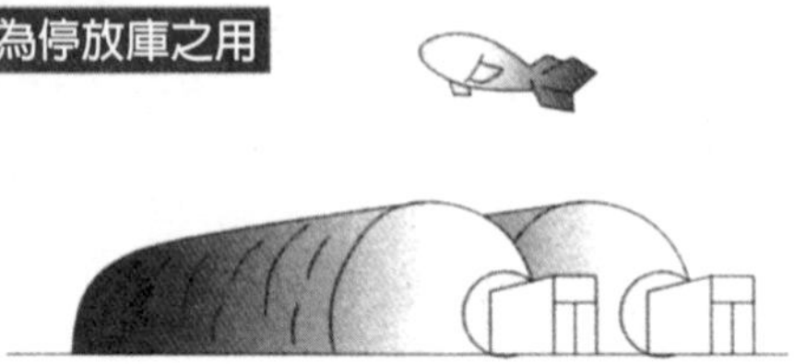

建築物實例

棒球場的應用

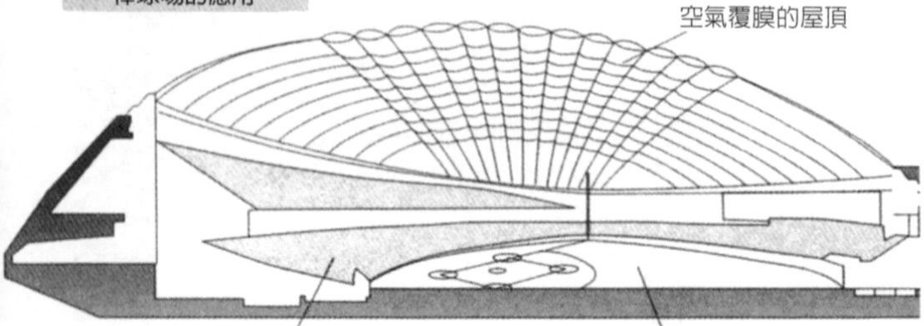
空氣覆膜的屋頂
階梯式看台
外野場地

▼巨大的充氣巨蛋可用來做為棒球場、廣場、倉庫、飛機的停機坪等。利用空氣壓力支撐屋頂，構成建築物，因此又稱為「空氣覆膜構造」，有建造容易、工期快速的好處。

這是類似氣球膨脹的形式，因此利用送風機將空氣送入內部充氣。在充氣巨蛋內部的壓力較外面大0.2～0.3%，此壓力可將屋頂撐起來。

這個壓力越高，建築物的張力越大，但因有人員進出，亦不可任意加大壓力。此外，在出入口周圍有空氣漏出，故須用送風機補充空氣。

覆膜的材質是使用帳蓬布料的帆布，以樹脂覆於外層纖維，結構上有如氣泡，將「內壓」注入膜中的單層膜構造，以及像空氣枕將空氣包夾在中間的雙層膜構造。

為防止充氣巨蛋內部空氣快速漏出，多採用旋轉門出入口。另外為方便載貨卡車及貨物的進出，因此入口

充氣巨蛋內的風

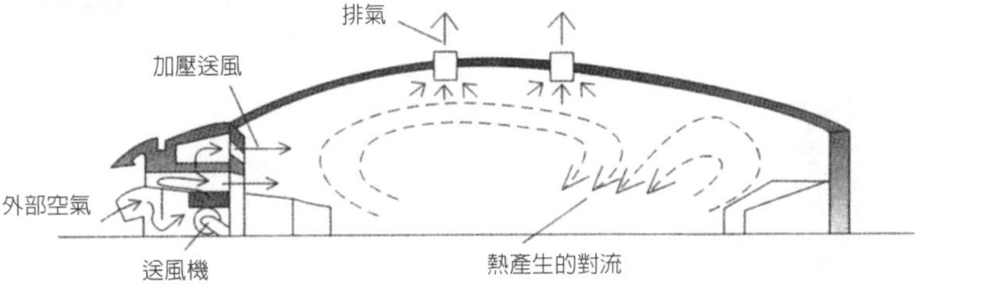
排氣
加壓送風
外部空氣
送風機
熱產生的對流

旋轉門

不使內部空氣漏出的出入口

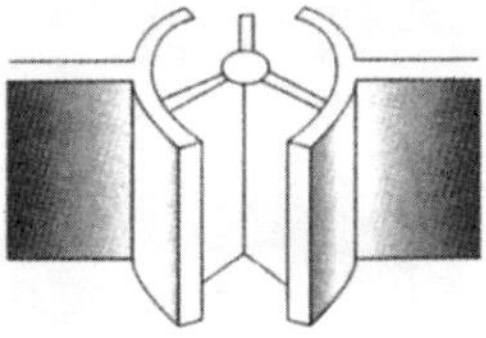

「鋼骨屋頂結構」的充氣巨蛋

屋頂可開關式

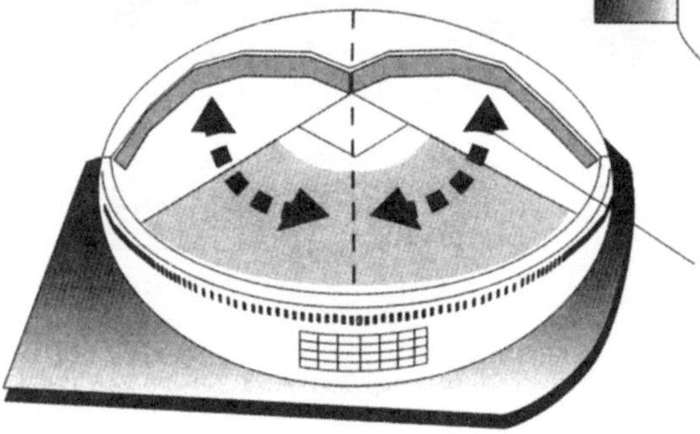
例如兩塊可動的屋頂移到一塊固定屋頂的下方，使屋頂打開。

多設有調整空間，具有氣閘設備。

作為棒球場使用時，送風機會送出加壓空氣和冷暖房用空氣，另外為平衡觀衆身上散出的熱氣，在充氣室內設有特別的送風口。

高科技的充氣巨蛋，在屋頂設有變位計、內壓計、風速計等不同的感應器，以電腦做控制管理。為避免火災發生，也特別裝設許多感應器及灑水槍，以隨時應變。

除了一般的充氣室，還有一種類似產物稱為「鋼骨屋頂結構」，它是以一般的鋼骨搭建廣大內部空間，不使用覆膜，並裝置可開關的可動式屋頂，無論晴雨都能做最適當的對應，十分便利。但搭建費用較充氣式大幅提高。

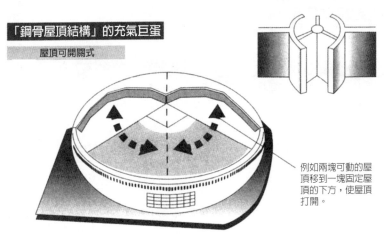

5-14 人工滑雪場

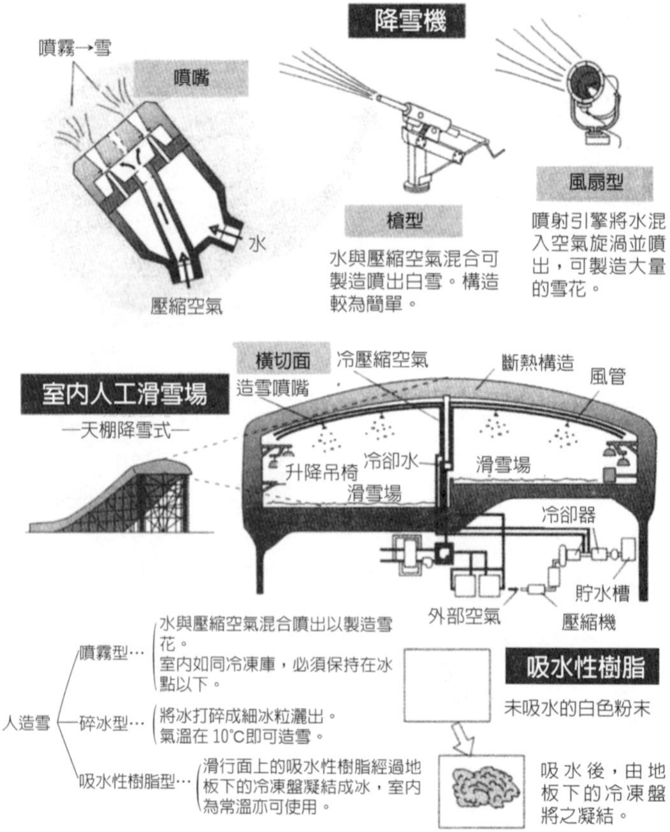
降雪機
噴霧→雪
噴嘴
水
壓縮空氣
槍型
水與壓縮空氣混合可製造噴出白雪。構造較為簡單。
風扇型
噴射引擎將水混入空氣旋渦並噴出，可製造大量的雪花。
室内人工滑雪場
—天棚降雪式—
橫切面
冷壓縮空氣
造雪噴嘴
斷熱構造
風管
冷卻水
升降吊椅
滑雪場
滑雪場
冷卻器
貯水槽
外部空氣
壓縮機
人造雪
噴霧型…
水與壓縮空氣混合噴出以製造雪花。
室內如同冷凍庫，必須保持在冰點以下。
碎冰型…
將冰打碎成細冰粒灑出。
氣溫在 10℃即可造雪。
吸水性樹脂型…
滑行面上的吸水性樹脂經過地板下的冷凍盤凝結成冰，室內為常溫亦可使用。
吸水性樹脂
未吸水的白色粉末
吸水後，由地板下的冷凍盤將之凝結。

▼許多的娛樂場地，如草地、砂礫、樹脂地毯等，具有提供滑行的各種設施，但這些都比不上使用人造白雪、近似天然雪地的人工滑雪場來得受歡迎。

被壓縮的雪花與水相混合，從噴嘴噴出，由於熱膨脹（阻斷熱的進出，使氣體膨脹）原理使溫度大幅下降，生成白雪。降雪機有槍型及風扇型兩種，從室內的天棚噴下，使整個建築物室內形成一個大型滑雪場地。

此外還可利用製造尿布等的合成樹脂，吸水性高分子（多個分子結合成的化合物），吸水後凝結，形成白色的人造雪狀物質，這種構造可在常溫下形成。

室內滑雪場因運轉大型冷凍機，需要很大的電力，因此研究使用液態天然瓦斯LNG，利用瓦斯由液體轉變成氣體的冷熱變化來取代電力。人工滑雪場可謂高科技的結晶產物。

5-15 雲霄飛車

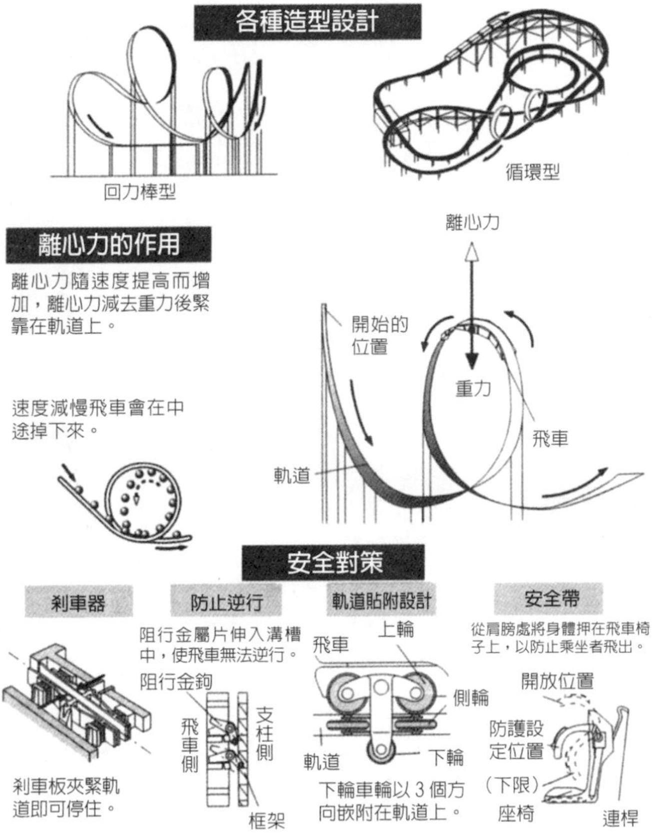
各種造型設計
回力棒型
循環型
離心力的作用
離心力隨速度提高而增加，離心力減去重力後緊靠在軌道上。
離心力
開始的位置
重力
飛車
軌道
速度減慢飛車會在中途掉下來。
安全對策
剎車器
剎車板夾緊軌道即可停住。
防止逆行
阻行金屬片伸入溝槽中，使飛車無法逆行。
阻行金鉤
飛車側
支柱側
框架
軌道貼附設計
飛車
上輪
側輪
軌道
下輪
下輪車輪以3個方向嵌附在軌道上。
安全帶
從肩膀處將身體押在飛車椅子上，以防止乘坐者飛出。
開放位置
防護設定位置（下限）
座椅
連桿

▼雲霄飛車是利用重力原理設計的遊樂器材。設有動力的台車從高處滑行下降，高速度、急旋轉、急速上升等，產生驚人的加速度，使得雲霄飛車有「驚叫飛車」的美名。

急速滑行到半空中，由於高速度的離心作用使車緊靠軌道，不必擔心飛車會掉下來。再複雜的設計，只要保持高速度，便能穩定持續滑行，不過若是在途中減速，那可就麻煩了。

因此為了確保遊戲過程的安全性，一切安全措施都十分完備。首先車輪的設計有上輪、下輪、側輪三者緊密地嵌在軌道上，剎車器也有多段式的設計，有防止逆行的鎖定設計，保護乘客的安全帶也很堅固。

飛車時速可能達到一〇〇公里以上。當身體受到六G（體重增為六倍）左右的加速度，會緊靠在座椅上產生瞬間失重的驚險感。

5-16 阿波舞機器人

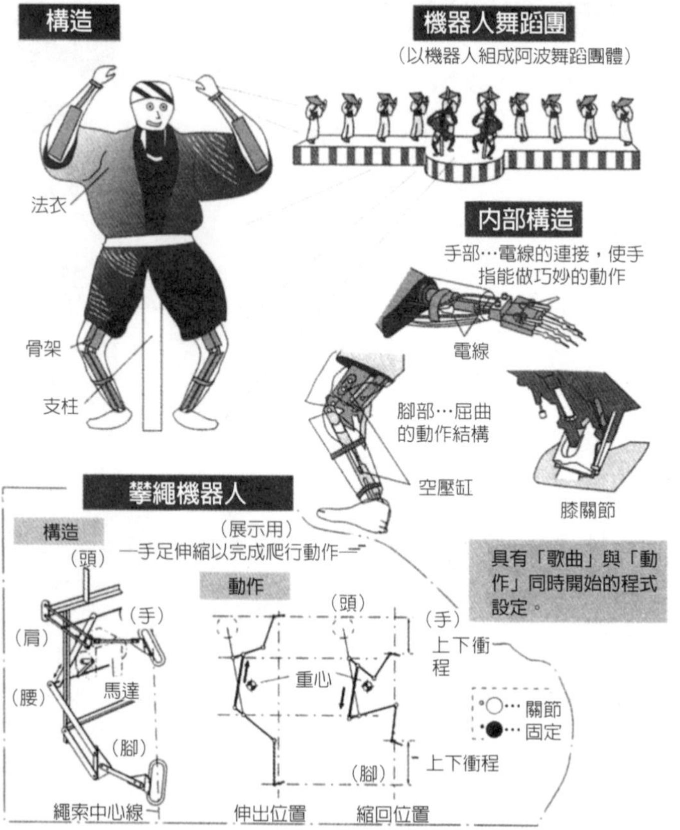
構造
機器人舞蹈團
（以機器人組成阿波舞蹈團體）
法衣
骨架
支柱
內部構造
手部…電線的連接，使手指能做巧妙的動作
電線
腳部…屈曲的動作結構
空壓缸
膝關節
攀繩機器人
構造
（展示用）
—手足伸縮以完成爬行動作—
具有「歌曲」與「動作」同時開始的程式設定。
動作
（頭）
（手）
（肩）
（腰）
馬達
（腳）
繩索中心線
重心
上下衝程
關節
固定
伸出位置
縮回位置

▼日本製作了一個會跳阿波舞的機器人。機器人伴著歌聲，手舞足蹈地跳著，是一種與真人同樣大小的機器人，有男、女不同造型。

機器人內部有許多連結起來的關節及電線，以空壓缸（壓縮空氣使活塞及汽缸往返活動的構造）使機器人動作。這樣的設計構成了能微妙動作的男、女款式機器人。

舞蹈動作是由一個順序指導裝置所控制。在與機器人動作同時播放的錄音帶中，收錄著樂音訊號及拍子，此訊號送到順序指導裝置中，即能將歌聲與舞蹈的節奏相結合。

近來有許多展示用的機器人陸續製作開發，都能利用連結或關節的構造，設計出模擬人類動作的巧妙結構，雖然設計上較為複雜，不過若機器人重複類似的動作，則可在控制裝置的操作上簡化，也較容易製造。

5-17 寵物餵食機

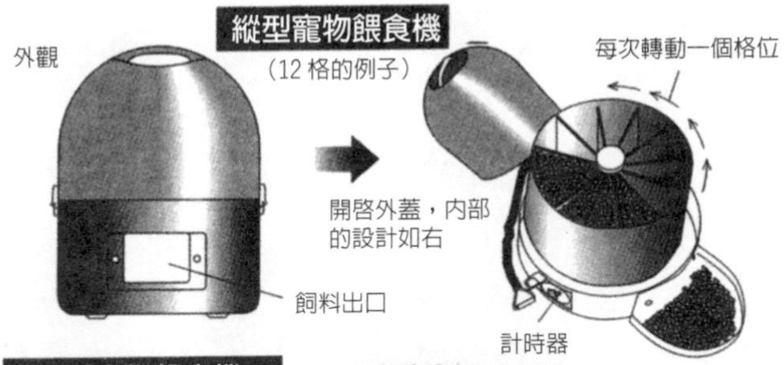
縱型寵物餵食機
（12 格的例子）
外觀
每次轉動一個格位
開啓外蓋，內部的設計如右
飼料出口
計時器

平型寵物餵食機
（28 格的例子）
內部
計時器

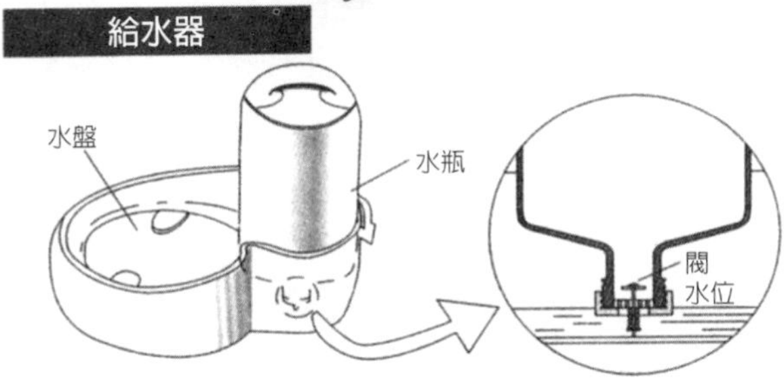
給水器
水盤
水瓶
閥
水位

▼當家中所有人都外出時，寵物飼養的工作怎麼辦呢？本節的寵物餵食機能為您解決這個問題，到了設定的時間，會自動供給一定量的寵物飼料。機台的特殊設計可容納數天份的飼料。

打開機台一看，可發現有許多小小的分隔，呈放射狀排開的格子，每一個小格就是一餐份的飼料，在計時器的控制之下，到了一定時間則機器會轉動到下一個小格，使小格對準外部的通路位置，以排出格中的飼料。

每格中亦可以分別置入不同飼料，依計時器的設定，可做不同的餵食器時間及餵食次數的安排。

餵養寵物的同時，水份的供給也需要留意。寵物用給水器利用氣壓的原理，若水量減少可立即補給，以維持一定的水位。

由於狗習慣會在無聊時咬東咬西，因此電源線的部分特別使用螺旋狀卷曲的鋼絲，以保護電路。

5-18 小量印刷

小量印刷機的構造（理想科學工業）

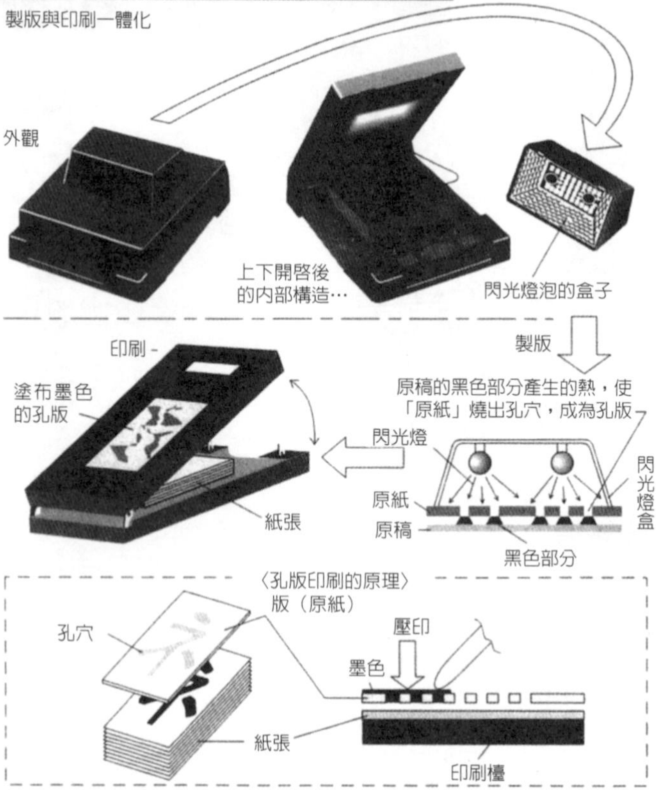
製版與印刷一體化
外觀
上下開啓後
的內部構造…
閃光燈泡的盒子
製版
印刷
塗布墨色
的孔版
原稿的黑色部分產生的熱，使
「原紙」燒出孔穴，成為孔版
閃光燈
閃光燈盒
原紙
原稿
黑色部分
紙張
〈孔版印刷的原理〉
版（原紙）
孔穴
壓印
墨色
紙張
印刷檯

▼在手工印製賀年卡等小量印刷的領域中，日本 RISO 印刷機較為普及。它是利用感熱式製版法，以孔版取代一般印刷，因此在彩色印刷上較為簡易。

首先在作為原稿的手繪稿或印刷物上疊放特殊材質的「原紙」，以照像用的閃光燈來照射，原稿的黑色部分瞬間所吸收的光，因發熱而將「原紙」部分燒出孔穴，形成孔版。

接著，拿著開孔的「原紙」孔版，在上面著以指定墨色，覆在卡片上壓按一下，即轉印成精美圖文。此種方法的特徵是墨色附著量較大。

另外謄寫版與螢幕印刷也都是類似孔版印刷的原理，它們共通的方特點是使用更多類的墨色，無論金屬或樹脂等表面皆可轉印，在T恤的布料上印製圖文，也常使用這兩種方式。

第6章 運輸機械

6-1 電梯

構造

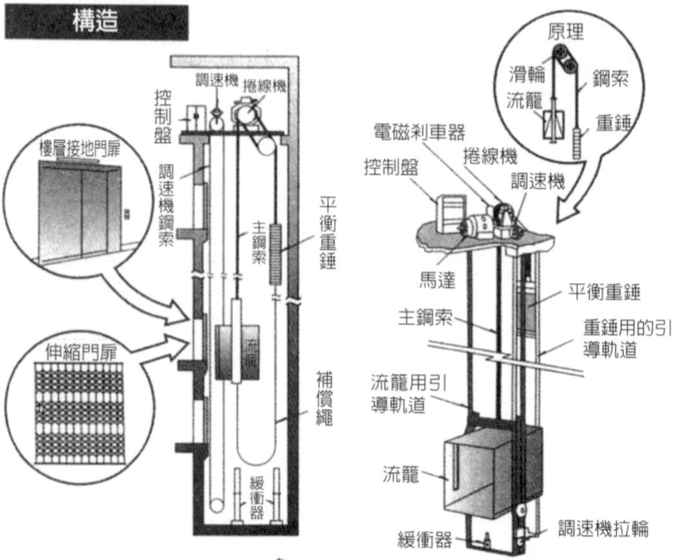
調速機
捲線機
控制盤
樓層接地門扉
調速機鋼索
主鋼索
平衡重錘
伸縮門扉
流籠
補償繩
緩衝器
原理
滑輪
鋼索
流籠
重錘
電磁剎車器
捲線機
控制盤
調速機
馬達
平衡重錘
主鋼索
重錘用的引導軌道
流籠用引導軌道
流籠
調速機拉輪
緩衝器

油壓式升降機

「油壓汽缸」與「集電器設備」的應用。

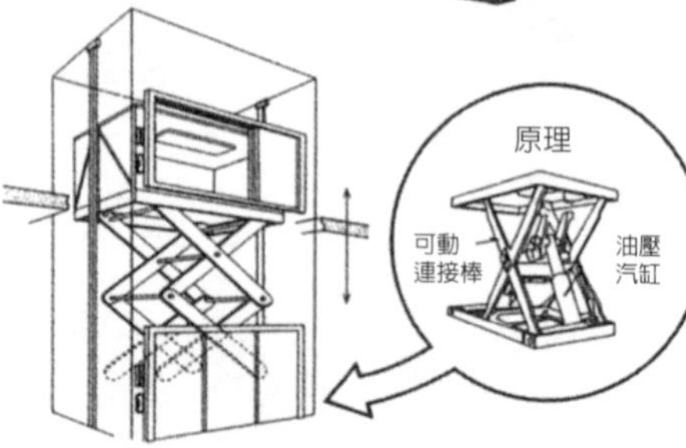
原理
可動連接棒
油壓汽缸

▼電梯是供人們搭乘以便快速上下移動的交通工具，又稱為「升降梯」、「電動流籠」，是以滑輪及吊索進行有效率移動的設計。

以馬達轉動中間的滑輪，則流籠與重錘沿著兩側的引導軌道，在垂直的空間中升降。

在指定樓層停止時，建築物地板與流籠的地板面必須是一致的，因此加設了著地的調整裝置。此外為使建築物的門扉與流籠的門扉同時開閉，故特別裝置了同時開閉設備。

為防止電梯吊索斷落的危險發生，則採取了安全對策，在快速移動時，流籠上裝設的調速機可緊急停止，而軌道控制裝置也能緊抓住引導軌道。

在工廠中，經常使用油壓式的升降梯。另外還有斜向移動的斜向升降梯，並已開發出無吊索的線型馬達式升降梯。

6-2 手扶電梯

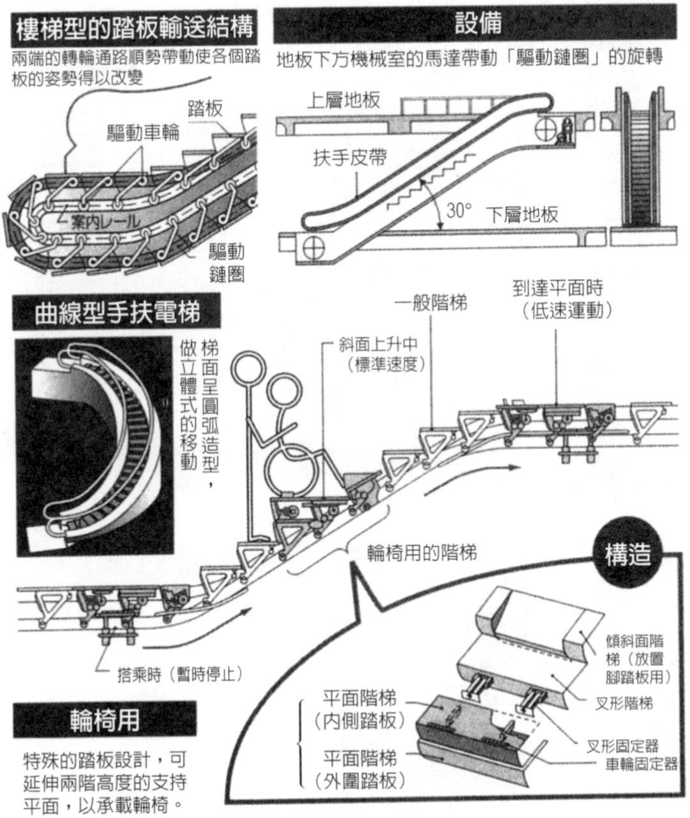
樓梯型的踏板輸送結構
兩端的轉輪通路順勢帶動使各個踏板的姿勢得以改變
踏板
驅動車輪
案内レール
驅動鏈圈
設備
地板下方機械室的馬達帶動「驅動鏈圈」的旋轉
上層地板
扶手皮帶
30°
下層地板
曲線型手扶電梯
梯面呈圓弧造型，做立體式的移動
一般階梯
到達平面時（低速運動）
斜面上升中（標準速度）
輪椅用的階梯
搭乘時（暫時停止）
構造
傾斜面階梯（放置腳踏板用）
叉形階梯
叉形固定器
車輪固定器
平面階梯（內側踏板）
平面階梯（外圍踏板）
輪椅用
特殊的踏板設計，可延伸兩階高度的支持平面，以承載輪椅。

▼手扶電梯的設計，是使階梯互相連結並做連續移動。由於經常移動，無需等待時間，可隨時提供大量的輸送功能。亦可做向上或向下的單向切換使用，因此有疏導人潮流向的作用。

腳踏板心須在水平狀態下移動，在踏板的兩側各有兩個轉輪，順著兩個不同系統的軌道移動，使踏板的位置可調整。外側轉輪以「驅動鏈圈」互相連結，以帶動手扶電梯移動。

從建築物的地板面到電梯踏板，在兩者接合的縫隙處，設有梳齒狀的導引板，與踏板面的凹凸紋密切咬合，使搭載物能順利登上地板面。而軟質的扶手也與踏板同速驅動，使搭乘者倍感安全舒適。

為使輪椅也能乘用手扶電梯，設計了深長的踏板。另外，非直線狀的、沿著螺旋狀曲線升降的手扶梯也已開發出來。這是將踏板設計成扇形，驅動鏈圈以螺旋狀運動。

6-3 單軌電車

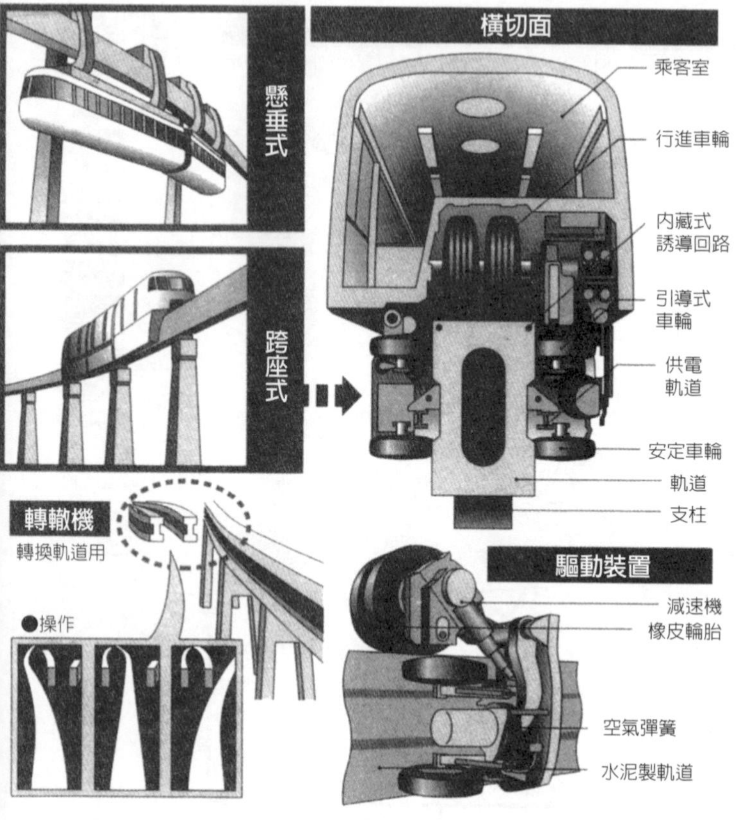
懸垂式
跨座式
橫切面
乘客室
行進車輪
內藏式
誘導回路
引導式
車輪
供電
軌道
安定車輪
軌道
支柱
轉轍機
轉換軌道用
●操作
驅動裝置
減速機
橡皮輪胎
空氣彈簧
水泥製軌道

▼單軌電車是在高於地面的軌道上行駛，具有立體的配置、建築費用較低、可供電車與汽車兼用等優點。在軌道設計上有懸垂式及跨座式兩種。

跨座式的單軌電車，是以水泥鋪設的軌道供橡皮輪胎行駛，有靜音及平穩的好處，車輪從上方和側面向軌道包圍，無脫軌的危險，安全性相當高。而電力是從側面的供電軌道來供應。

切換軌道是使用彎曲式轉轍機，以防鏽金屬製成，是與水泥軌道同樣為橫切面箱形的構造，在分歧位置可做彎曲伸展。

行駛中的車輪若發生爆胎等破損情形，可立即以緊急備胎來支持車體。此外。另外若因故障而停車在兩站之間，車上備有使乘客安全下車的用具。

6-4 自動門開關

【註釋】
1) 30～40公斤
由抬高重物的力量換算而得到的數字。
2) 空壓汽缸
由汽缸與活塞組合成的結構。藉由壓縮空氣的壓力沿直線伸縮。

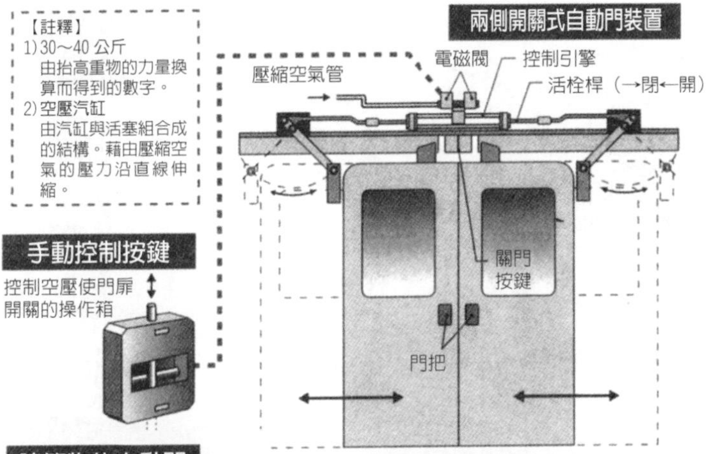

兩側開關式自動門裝置
電磁閥
控制引擎
壓縮空氣管
活栓桿（→閉←開）
關門
按鍵
門把
手動控制按鍵
控制空壓使門扉開關的操作箱

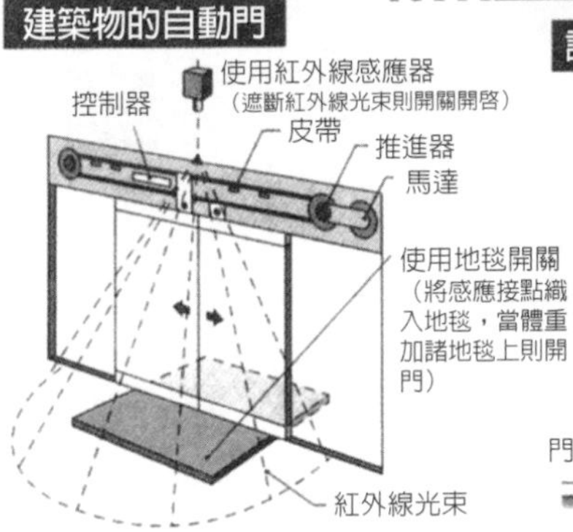

建築物的自動門
使用紅外線感應器
（遮斷紅外線光束則開關開啓）
控制器
皮帶
推進器
馬達
使用地毯開關
（將感應接點織入地毯，當體重加諸地毯上則開門）
紅外線光束

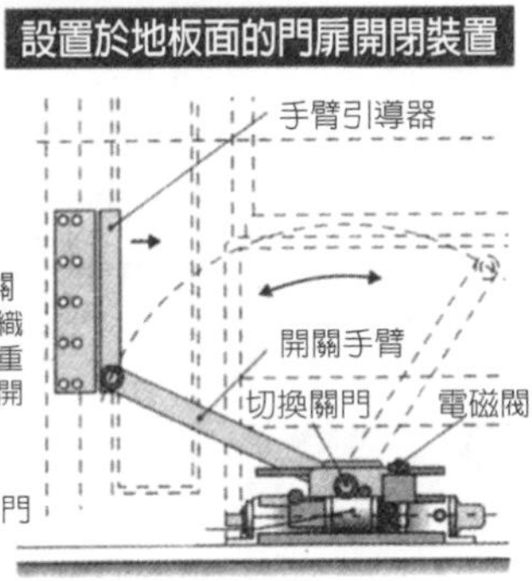

設置於地板面的門扉開閉裝置
手臂引導器
開關手臂
切換關門
電磁閥
門

▼電車車門以自動開開關裝置來控制。相信許多人都有被自動門夾到的經驗，開關車門太鬆太緊都不行，因此車門開關的力量一般固定在30～40公斤之間。

車門開關控制動作，是以空壓汽缸，由末端的車掌控制按鍵。使車門動作的汽罐及聯結機構大多設在車門上部，以及車門深處的地板面。空壓排放掉之後，車門可以輕易用手開啓。

為了安全起見，電車車門在行進間是被鎖定的，車門開放時，車輛無法行走，行進間也不會打開車門。但緊急情況下，可以由車內的乘客以緊急操作用的活栓打開車門。

一般建築物裝置電動自動門的情況相當普及。其構造都是在門頂處配置馬達及皮帶等動作機構。檢測行人通過的感應器，多使用地毯開關或紅外線的光電控制。

6-5 線性軌道列車

超導體・排斥式

車輛上不需集電裝置也能保持浮起的列車

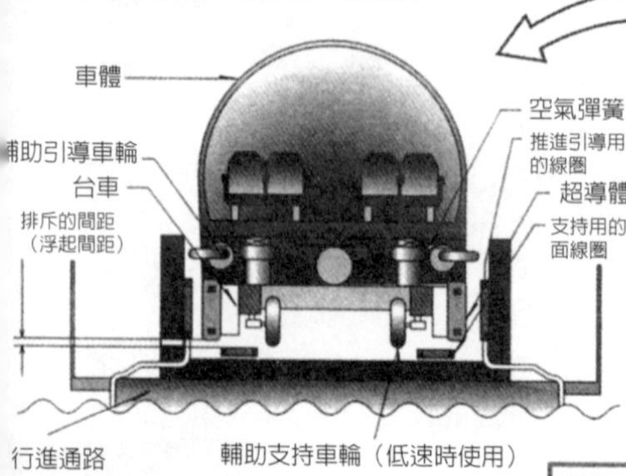
車體
輔助引導車輪
台車
排斥的間距（浮起間距）
空氣彈簧
推進引導用的線圈
超導體磁鐵
支持用的地面線圈
行進通路
輔助支持車輪（低速時使用）

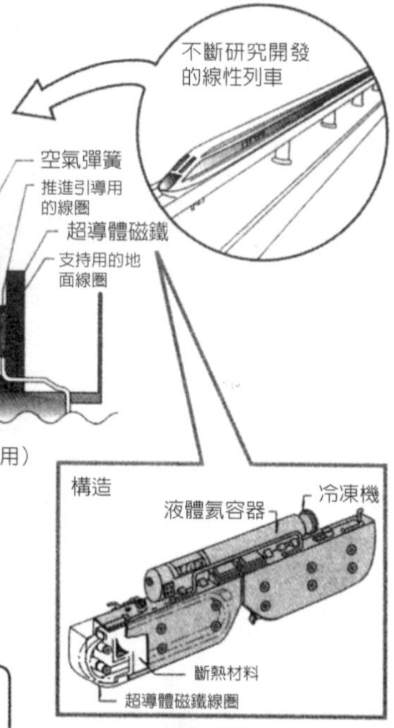
不斷研究開發的線性列車
構造
液體氦容器
冷凍機
斷熱材料
超導體磁鐵線圈

排斥上浮

列車下動則地面的線圈發出導電流，此電流形成的磁極與列車側的磁極，兩者互斥而使列車浮起。

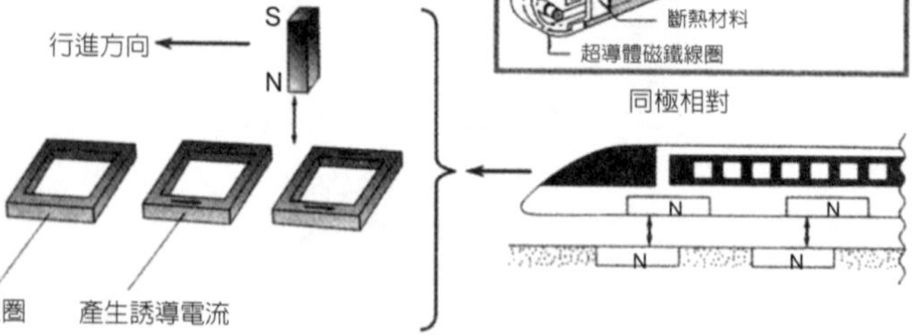
行進方向
S
N
同極相對
N
N
N
N
地面線圈
產生誘導電流

▼線性馬達非一般旋轉式的馬達，可進行直線運動。鐵路列車使用線性馬達，可配合磁浮式設計，目前的新型高速列車（高鐵）便是這種設計原理。

不具車輪的磁浮移動設計，可免去軌道的摩擦力，減少震動及噪音，容易高速化，提升搭乘的享受，且行進路面設計為立體交叉，無脫軌的危險，安全性極高。

磁浮列車的原理是利用磁鐵的引力及抗力，使車輛浮在軌道上，在外形上可分為以磁鐵引吊車輛的吸引式，以及磁力排斥車體重力的反抗式兩種。驅動時，以相對於車輛的磁鐵單側極性（N及S）依序切換。

備受矚目的導體・吸引式的線性軌道列車，是使用一般的電磁鐵，在排斥的鐵軌上面產生吸附的引力，使車輛保持離軌一公分的間隙而向前行走。這種方式適合做近距離的運輸。

而時速高達五〇〇公里的長距離運

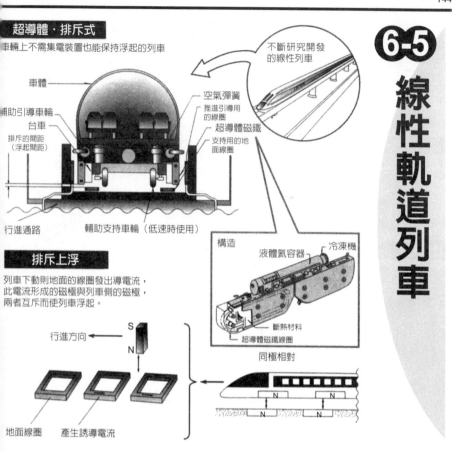

用語解釋

※超導體磁鐵：在低溫之下電阻係數會變成 0 的材料，稱為超導體。在超導體上流過的電流不會衰減消滅，可持續流動下去，故不需要繼續通電。以此種材料製成線圈，捲在電磁鐵上即成為「超導體磁鐵」，它能保有極強的磁力（必須以液態氦持續冷卻線圈）。

※發電或再生型的電氣剎車器：將動能轉為電氣形式加以吸收，是電氣剎車器的原理。在剎車時產生的電氣，若通過電阻轉變為熱能，則稱為「發電型」。若傳送回發電所，則稱為「再生型」。

常導體・吸引式

控制吸引力，保持一定的間隙而運行

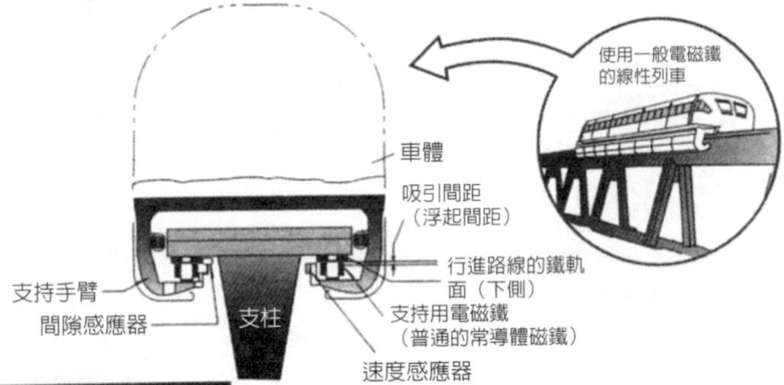
使用一般電磁鐵的線性列車
車體
吸引間距（浮起間距）
行進路線的鐵軌面（下側）
支持手臂
間隙感應器
支柱
支持用電磁鐵（普通的常導體磁鐵）
速度感應器

磁力驅動

地面上線圈流動的電流方向依序反轉，會產生拉引車輛兩側磁鐵的力量，使列車向前推進。

作用力與磁力線的形狀

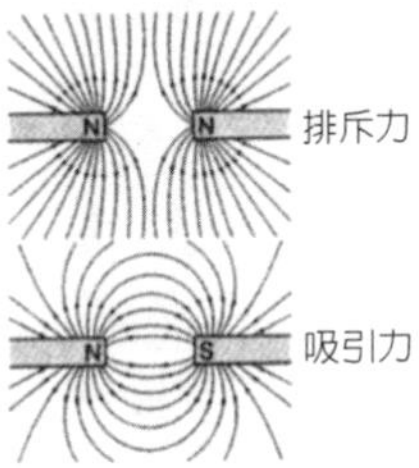
N
N
排斥力
N
S
吸引力

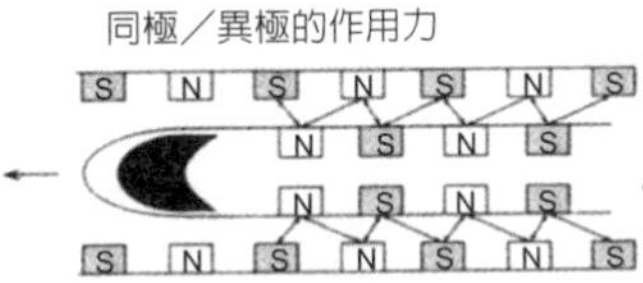
同極／異極的作用力
S N S N S N S
N S N S
N S N S
S N S N S N S

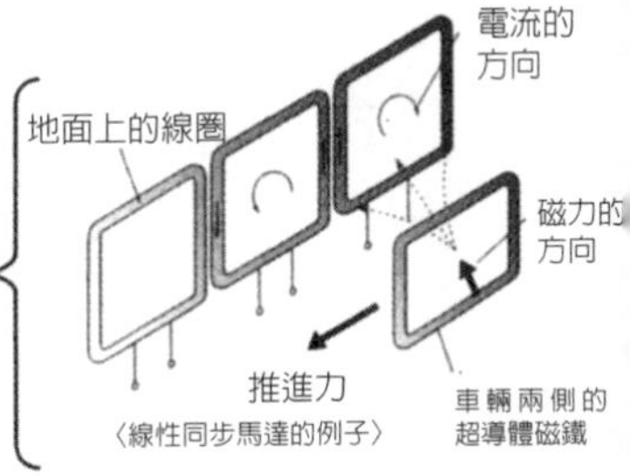
電流的方向
地面上的線圈
磁力的方向
推進力
〈線性同步馬達的例子〉
車輛兩側的超導體磁鐵

輸則以超導體・排斥式的線性軌道車輛的開發最被期待。在車輛兩側設有強力的超導體磁鐵，進行車輛的重力支持、方向引導、推進，設計可是使車輛浮起十公分左右。

超高速的線性列車的剎車功能十分重要。基本的設計多採發電或再生型的電氣剎車器，此外還有加寬鐵板增加空氣阻力的剎車器，或以磨擦地面的碟片產生阻力的磨擦式剎車器等等。

超導體磁鐵是否會因為強大的磁力，而對乘客造成不良影響，是一個重要的議題。因此已積極進行人體與磁性的調查，並著手研究阻絕磁力的方法，以確保安全。

另外有一種不同於磁浮列車的設計，是將線性馬達加裝在固有的車輛和軌道設備上，成為另一種驅動源的運輸車輛。這種車較嬌小，隧道的橫切面積可以節省很多，在鐵路或機場周邊具有實用化的可行性。

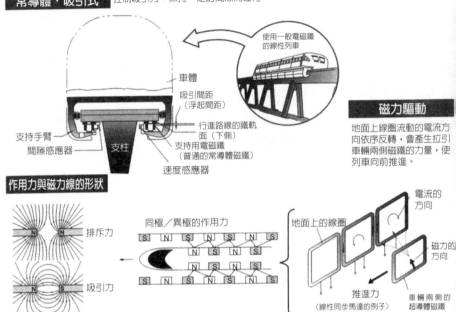

6-6 自動變速（AT）汽車

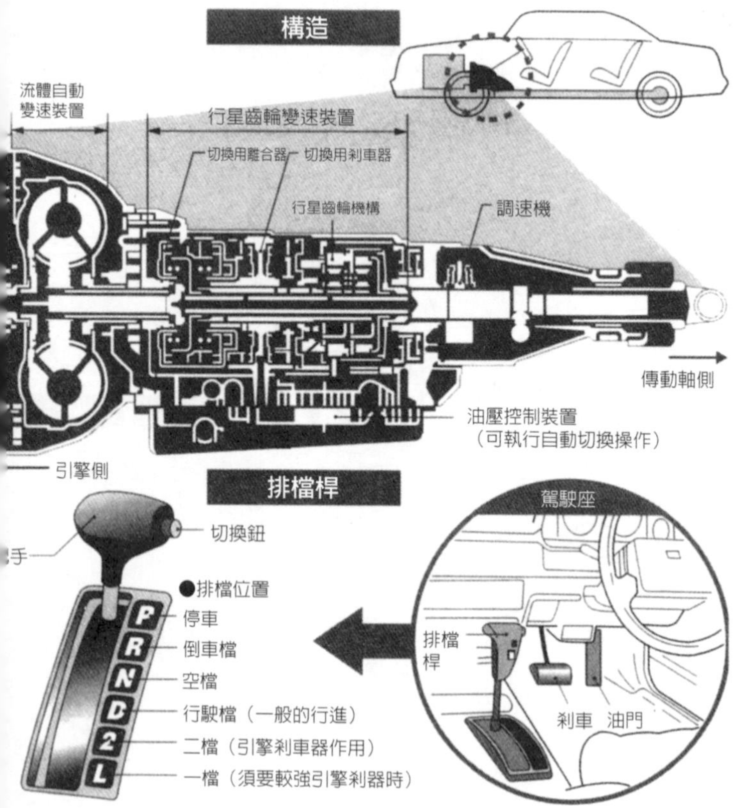
構造
流體自動變速裝置
行星齒輪變速裝置
切換用離合器
切換用剎車器
行星齒輪機構
調速機
傳動軸側
油壓控制裝置
（可執行自動切換操作）
引擎側
排檔桿
切換鈕
手
●排檔位置
停車
倒車檔
空檔
行駛檔（一般的行進）
二檔（引擎剎車器作用）
一檔（須要較強引擎剎器時）
駕駛座
排檔桿
剎車
油門

▼自動變速（ＡＴ）汽車是免除離合器操作的新型汽車。沒有引擎熄火的困擾，從發動起步到最高速度行駛，齒輪都能讀暢地切換。然而卻有爬行緩慢的困擾。

ＡＴ汽車的驅動裝置，是由流體自動變速裝置，行星齒輪式變速裝置，以及使變速裝置驅動的油壓控制裝置所構成。其引擎和輪胎並非直接連結，而是以油壓避震器伸入內部。

流體自動變速裝置的構造，是在一個密閉的容器中有兩個相對的扇葉轉輪，周圍注滿潤滑油，其中一個扇葉轉輪的轉動，會帶動油液的流動，使另一個扇葉轉輪也開始轉動，這種傳動方式很安靜，但力道很強。

與流體自動變速裝置組合的行星齒輪機構，中間有個太陽齒輪，而周圍是行星齒輪，最外側則由連結齒輪所組成。哪些齒輪要轉動、哪些齒輪該要固定，決定了整個機構能產生減速、加速、逆轉等作用。

流體自動變速裝置

●原理
相對的兩個風扇之一藉由流體的力量牽引對方的風扇轉動。

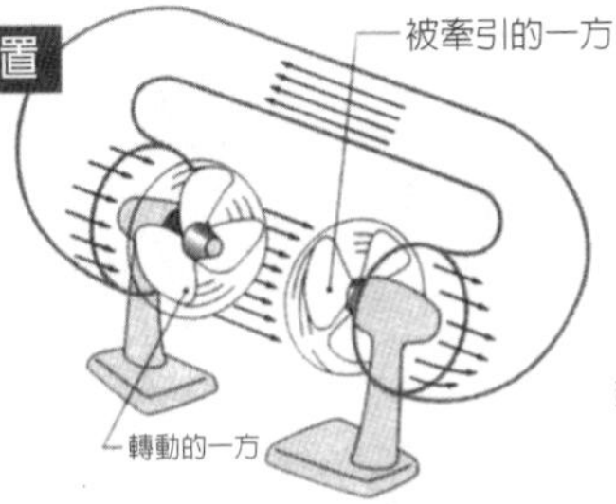
被牽引的一方
轉動的一方

●結構

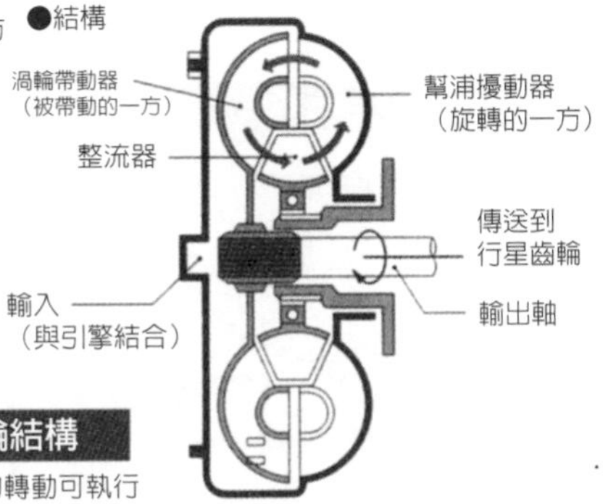
渦輪帶動器
（被帶動的一方）
幫浦擾動器
（旋轉的一方）
整流器
傳送到
行星齒輪
輸入
（與引擎結合）
輸出軸

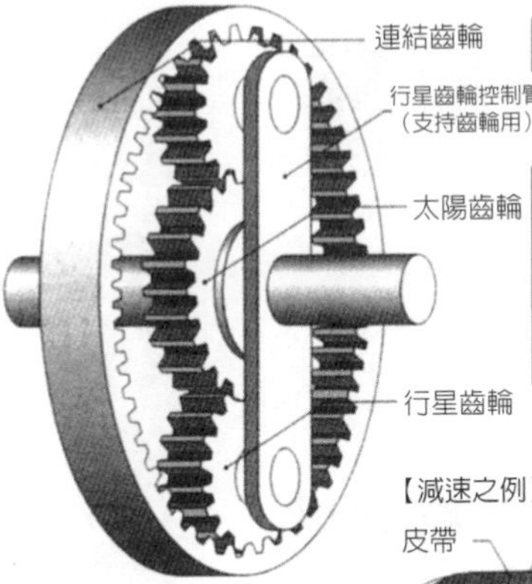
連結齒輪
行星齒輪控制臂
（支持齒輪用）
太陽齒輪
行星齒輪

行星齒輪結構

改變各齒輪的轉動可執行各種動作功能。

功能	連結齒輪	太陽齒輪	行星手臂
減速時	作為受力齒輪	固定	作為出力側
加速時	作為出力齒輪	固定	作為受力側
逆轉時	作為出力齒輪	作為受力齒輪	固定

無段變速的原理

【減速之例】

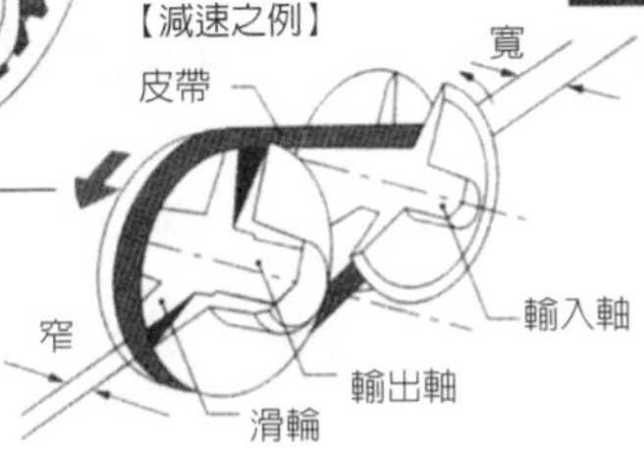
皮帶
寬
窄
輸入軸
輸出軸
滑輪

●皮帶型
滑輪的溝槽寬度做
（寬←　→窄）
（窄←　→寬）
的改變即可變速。

●碟盤型
使電源滾輪左右搖擺則隨著接觸的圓半徑改變可做變速調整。

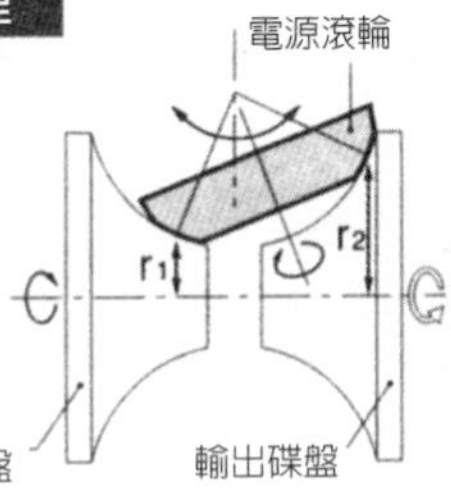
電源滾輪
r_1
r_2
輸入碟盤
輸出碟盤

將AT汽車的排檔桿切到D檔（前進）或R檔（後退）位置，放開剎車器，無需踩油門加速也能緩緩移動。這是「蠕變現象」，是流體自動變速裝置所發生的連帶問題。

寒冷時，發動汽車或啓動空調裝置，引擎的轉數提高，會使得蠕變現象更加明顯，因此可能導致暴衝或追撞意外，必須加以留意。

為加強安全防護，在設計時加上防止操作錯誤的鎖定裝置及後退警報裝置。在使用微電腦做電子操控等高科技化的設計時，也同時加強細部的安全防護對策。

除了流體式的變速裝置，另有利用皮帶、鏈帶、碟盤等的各種新型無段式變速箱也受到矚目。對於效率提高、節省燃料的追求，人類的用心是無止境的。

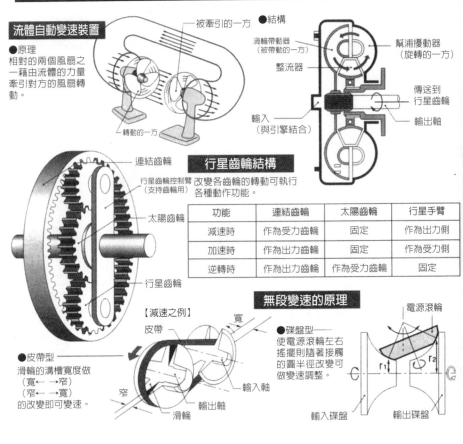

6-7 液化石油氣計程車

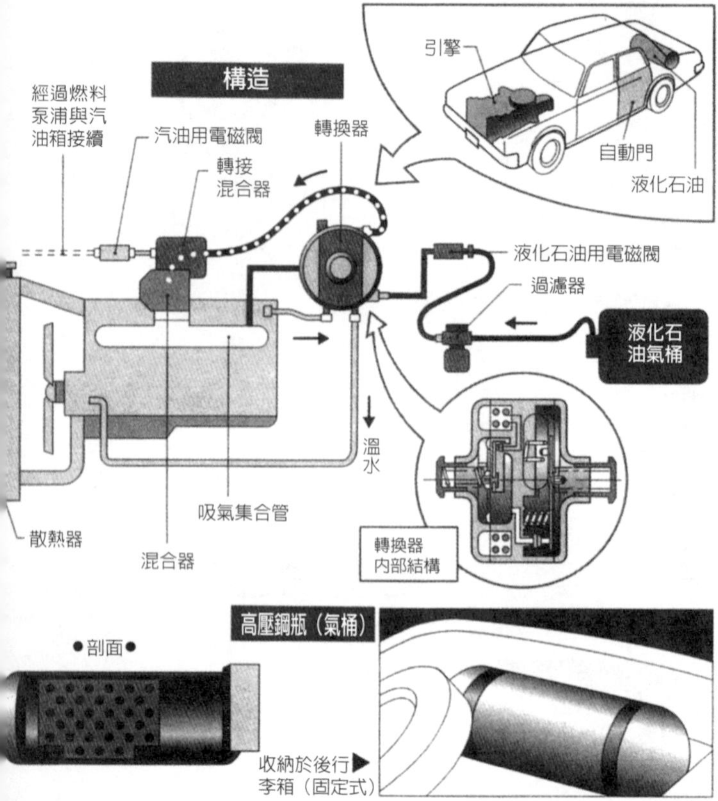
構造
經過燃料泵浦與汽油箱接續
汽油用電磁閥
轉接混合器
轉換器
引擎
自動門
液化石油
液化石油用電磁閥
過濾器
液化石油氣桶
溫水
吸氣集合管
散熱器
混合器
轉換器內部結構
高壓鋼瓶（氣桶）
●剖面●
收納於後行李箱（固定式）▶

▼在都市中來來去去的計程車，有很多已不用汽油，而改用液化石油氣（LPG俗稱瓦斯）為燃料。雖不及柴油的便宜，但比起汽油費用大幅節省許多，燃料補充及保養也變得簡單快速。

一般的汽油引擎要改裝成瓦斯燃料設備並不難，基本的構造無需做變更，只要加裝混合器就行了。因燃料為氣體，要與空氣充分混合使其燃燒。

瓦斯燃燒完全，汽缸中不會殘留汙垢，可延長引擎的壽命。在寒冷地區發動車輛，較汽油引擎車輛更容易。燃料桶使用新型專用耐高壓容器。

液化石油氣由多種可燃氣體所組成，其中特別是丙烷（propane）是家庭用燃料的代表（桶裝瓦斯），而汽車用的則以丁烷（butane）為主要成分。因為是加壓氣體，輸送時不需要燃料泵浦。

引擎運轉時，首先將瓦斯導入轉換

汽油／液化石油氣的併用方式

必須的零件可加裝在燃油引擎上

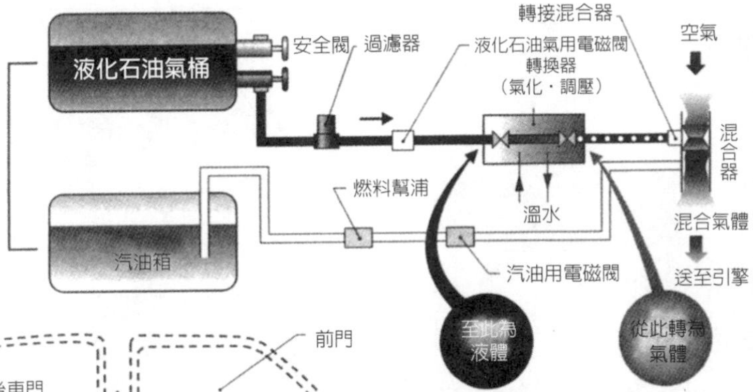
液化石油氣桶
安全閥
過濾器
轉接混合器
液化石油氣用電磁閥
轉換器
（氣化・調壓）
空氣
混合器
燃料幫浦
溫水
混合氣體
汽油箱
汽油用電磁閥
送至引擎
至此為液體
從此轉為氣體

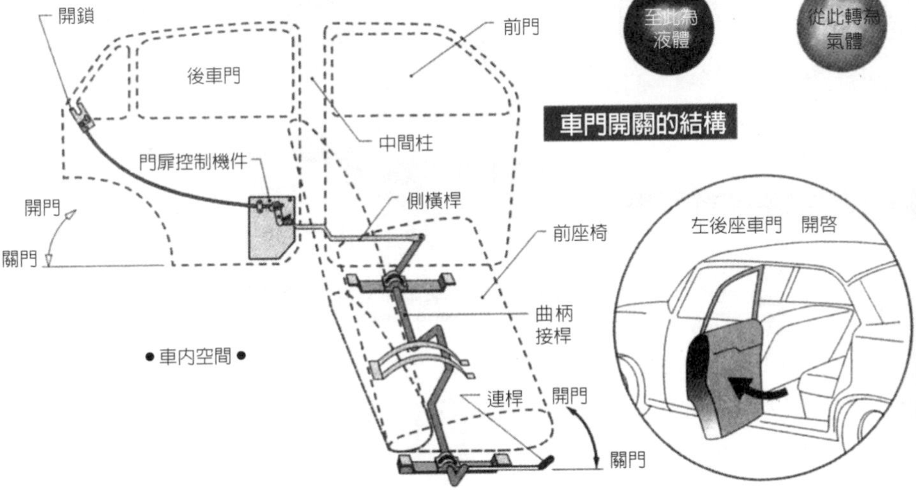
開鎖
後車門
前門
中間柱
門扉控制機件
側橫桿
開門
關門
前座椅
曲柄接桿
●車內空間●
連桿
開門
關門
左後座車門　開啓

車門開關的結構

器，散熱器的溫水熱能，使液態瓦斯轉化為氣態，調整一定的壓力後，送入混合器，使瓦斯與空氣混合後供給至汽缸。

裝滿瓦斯的氣桶，大多固定在汽車後行李箱中，需要時可到液化瓦斯加氣站補充。從前採用氣桶更換式補充，常因瓦斯外洩引起火災意外，固定式的氣桶補充方式可解決此一問題。

在日本，一般計程車多設有乘客用的自動門，有的是採用空壓控制的設計，不過大多是在駕駛座旁邊設一根連桿，由駕駛以手控操作曲柄機制，除了為乘客開門、關門，也能確實掌握車門是否鎖好。

從節省燃料費的觀點來看，內燃式引擎汽車較瓦斯車來的有利，但瓦斯卻有震動與噪音污染的問題。為使瓦斯車更普及，目前正在檢討使用常見的燃燒、發電用的液化天然瓦斯，做為一般汽車燃料的可行性。

6-8 汽車引擎

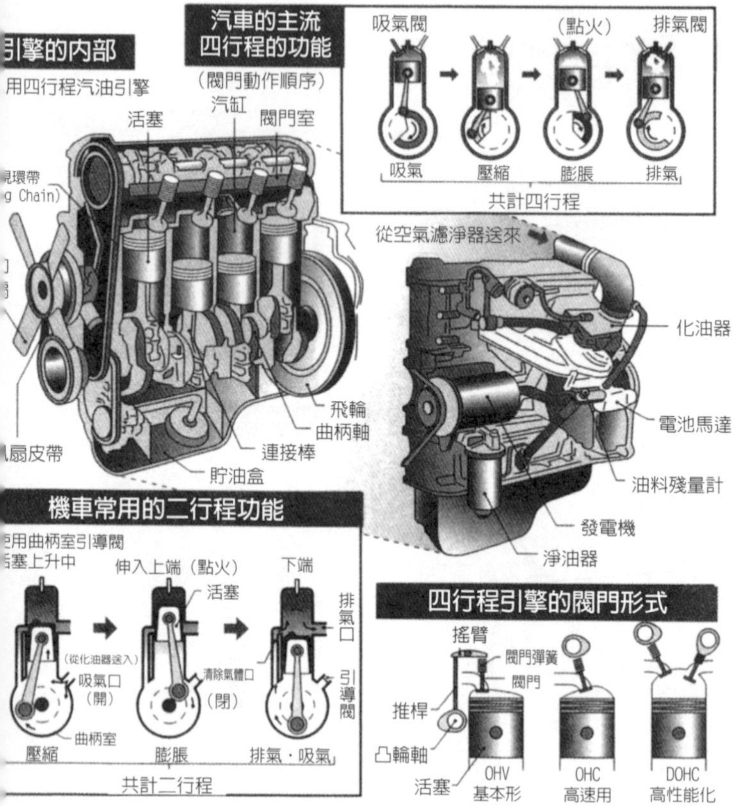
引擎的內部
用四行程汽油引擎
活塞
汽缸
閥門室
g Chain)
飛輪
曲柄軸
連接棒
貯油盒
扇皮帶
汽車的主流
四行程的功能
（閥門動作順序）
吸氣閥
（點火）
排氣閥
吸氣
壓縮
膨脹
排氣
共計四行程
從空氣濾淨器送來
化油器
電池馬達
油料殘量計
發電機
淨油器
機車常用的二行程功能
用曲柄室引導閥
塞上升中
伸入上端（點火）
下端
活塞
排氣口
（從化油器送入）
吸氣口
（開）
清除氣體口
（閉）
引導閥
曲柄室
壓縮
膨脹
排氣・吸氣
共計二行程
四行程引擎的閥門形式
搖臂
閥門彈簧
閥門
推桿
凸輪軸
活塞
OHV
基本形
OHC
高速用
DOHC
高性能化

▼帶動汽車行進的引擎，是將汽油類的燃料噴霧混合空氣，使其在汽缸中燃燒，膨脹的壓力轉變為旋轉力，帶動車輪旋轉。

汽缸中的活塞上下移動的容積合計即為排氣量，也是表示引擎能力的指標。一般排氣量大，則引擎的輸出能力較強。

汽車的主流是四行程的汽油引擎，設計是使活塞上下反覆兩次，亦即在引擎回轉兩次之間做吸氣、壓縮、膨脹、排氣四種動作，以此方式藉電氣火花來點火。

能在最適當的時機吸氣、排氣的閥門機構有ＯＨＶ（頂閥）等各種形式，此外還能結合數個閥門，使能率提高，達成高速回轉的可能。

舊型機車常使用四行程以外的另一種二行程引擎，它沒有四行程的閥門，利用汽缸壁面的孔穴來代替，構造上以曲柄室做吸氣導入功能，並設

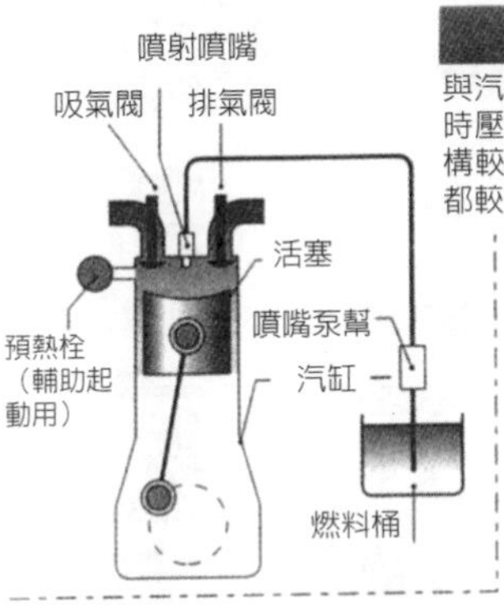
柴油引擎
與汽油引擎相較，燃燒時壓力較大，故整體結構較強化，震動及噪音都較高。
噴射噴嘴
吸氣閥
排氣閥
活塞
預熱栓（輔助起動用）
噴嘴泵幫
汽缸
燃料桶

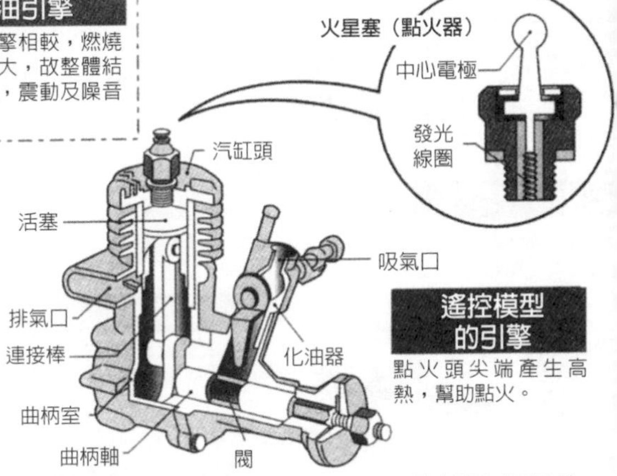
火星塞（點火器）
中心電極
發光線圈
汽缸頭
活塞
吸氣口
排氣口
連接棒
化油器
曲柄室
曲柄軸
閥
遙控模型的引擎
點火頭尖端產生高熱，幫助點火。

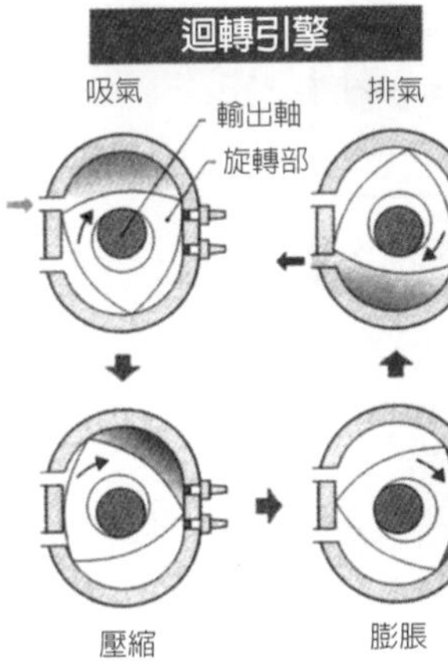
迴轉引擎
吸氣
排氣
輸出軸
旋轉部
壓縮
膨脹
（點火）

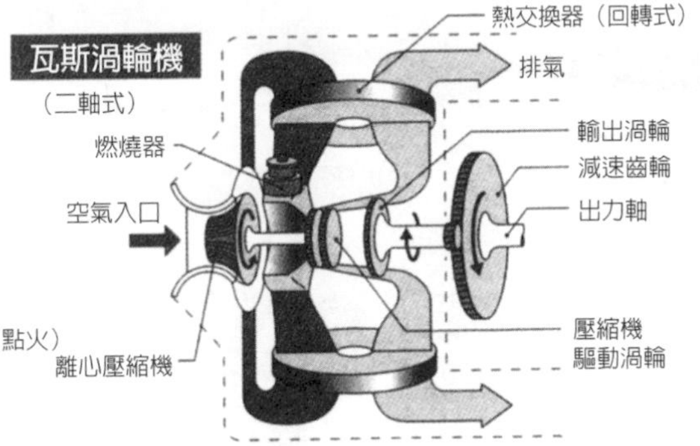
瓦斯渦輪機
（二軸式）
熱交換器（回轉式）
排氣
輸出渦輪
減速齒輪
出力軸
燃燒器
空氣入口
壓縮機驅動渦輪
離心壓縮機

置引導閥門。

柴油引擎的動作是先將空氣壓縮至1－12～1－20，再將燃料噴射進入高壓室中燃燒。此種方式由於燃料消費較節省，常用於巴士或卡車。

汽車用的迴轉引擎，在構造上是以連結型的旋轉部做迴轉，捨棄活塞的往返運動，而改採迴轉方式。此種引擎類似汽油引擎，但不需要閥門的構造。

瓦斯渦輪機的構造則類似航空用的噴射引擎，將壓縮機與渦輪以同軸方向並排，可產生震動少、速度快的效果，另外無需冷卻水也是一大特徵。

無線遙控模型等使用的燃燒引擎，不採用汽油為燃料，而改用甲醇。其點火器頭有加熱功能，可藉燃燒時高溫保持熾熱狀態，在吸氣時點火燃燒，而起動時，是以電池來加熱。

6-9 新型動力

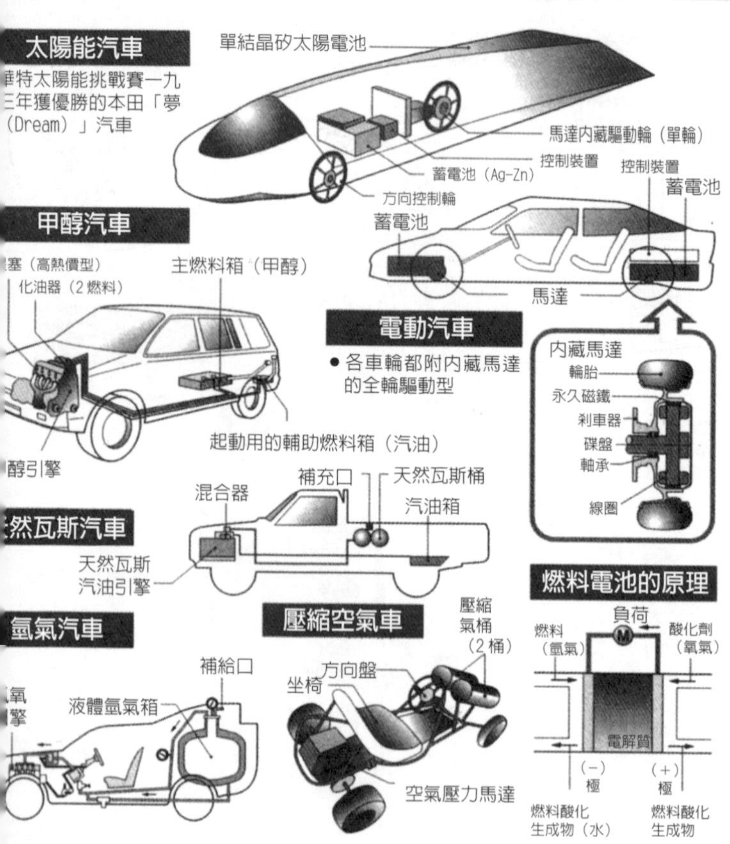

太陽能汽車
特太陽能挑戰賽一九
年獲優勝的本田「夢
(Dream)」汽車
單結晶矽太陽電池
馬達內藏驅動輪（單輪）
控制裝置
蓄電池（Ag-Zn）
方向控制輪
甲醇汽車
塞（高熱價型）
化油器（2燃料）
主燃料箱（甲醇）
起動用的輔助燃料箱（汽油）
醇引擎
電動汽車
●各車輪都附內藏馬達的全輪驅動型
蓄電池
控制裝置
蓄電池
馬達
內藏馬達
輪胎
永久磁鐵
剎車器
碟盤
軸承
線圈
然瓦斯汽車
混合器
補充口
天然瓦斯桶
汽油箱
天然瓦斯
汽油引擎
燃料電池的原理
負荷
燃料（氫氣）
酸化劑（氧氣）
電解質
（－）極
（＋）極
燃料酸化生成物（水）
燃料酸化生成物
氫氣汽車
補給口
液體氫氣箱
壓縮空氣車
壓縮氣桶（2桶）
方向盤
坐椅
空氣壓力馬達

▼目前有許多環境污染較低的新型動力正陸續開發。其中之一是使用充電引擎，可以完全不製造廢氣，另外如氫氣引擎可排放比較乾淨的廢氣。

電動車一般是以高機能的蓄電池為行走的動力，但也有裝設屋頂般張開的太陽電池的太陽能汽車。

燃料電池不將燃料以火燃燒，而是直接轉換成電力，故效率大大提高，但氧化廢物的排放也就無可避免了。

燃燒甲醇或天然瓦斯的引擎，具有極高的實用性，可望開發出排氣污染程度較目前情況大幅改善的新動力。

氫氣引擎燃燒的氣體是水，故理論上不會產生污染，但運送氫氣的燃料箱則是技術開發的重點所在。

另外壓縮空氣使空氣壓力馬達旋轉的汽車，及應用橡皮彈性等種種嘗試，都還在進行測試。

6-10 F1賽車

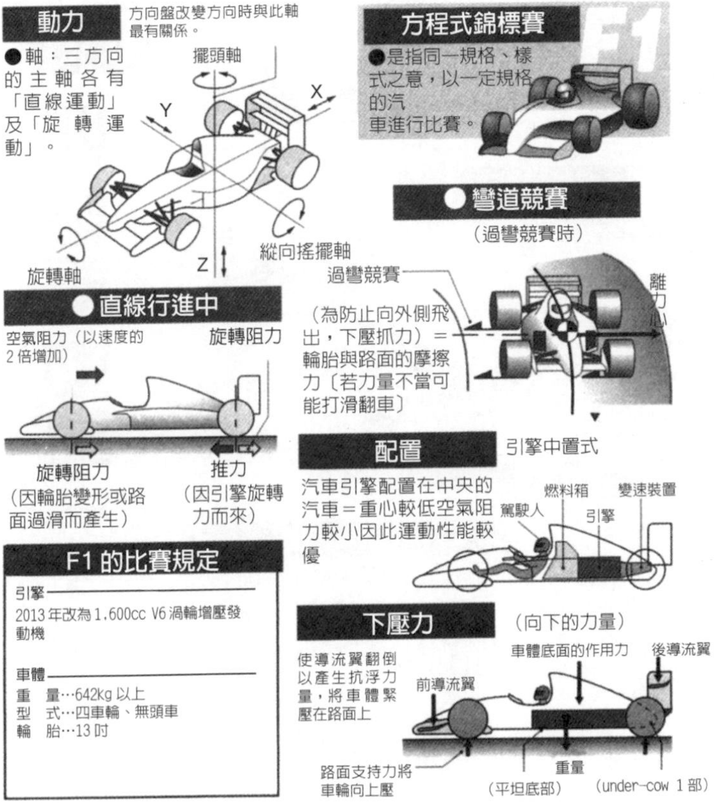
動力
方向盤改變方向時與此軸最有關係。
●軸：三方向的主軸各有「直線運動」及「旋轉運動」。
擺頭軸
X
Y
Z
縱向搖擺軸
旋轉軸
方程式錦標賽
●是指同一規格、樣式之意，以一定規格的汽車進行比賽。
F1
●彎道競賽
（過彎競賽時）
過彎競賽
（為防止向外側飛出，下壓抓力）＝輪胎與路面的摩擦力〔若力量不當可能打滑翻車〕
離心力
●直線行進中
空氣阻力（以速度的2倍增加）
旋轉阻力
旋轉阻力
（因輪胎變形或路面過滑而產生）
推力
（因引擎旋轉力而來）
配置
引擎中置式
汽車引擎配置在中央的汽車＝重心較低空氣阻力較小因此運動性能較優
燃料箱
變速裝置
駕駛人
引擎
F1的比賽規定
引擎
2013年改為1,600cc V6渦輪增壓發動機
車體
重　量…642kg以上
型　式…四車輪、無頭車
輪　胎…13吋
下壓力
（向下的力量）
使導流翼翻倒以產生抗浮力量，將車體緊壓在路面上
車體底面的作用力
後導流翼
前導流翼
重量
路面支持力將車輪向上壓
（平坦底部）
（under-cow 1部）

▼F1一級方程式賽車，是汽車賽車的最高等級，這種一人乘坐的動力機械最高時速可達三〇〇公里，平均時速也有二〇〇公里，快速繞過比賽路程，在勢均力敵的競爭中完成規定的圈數，是十分刺激壯觀的比賽。

F1賽車使用大馬力、高回轉數的引擎，為了減輕重量，連起動用馬達（cell-motor）也未裝，在預備區起動之後，為確保賽程中不發生事故，引擎絕不可以熄火。

此外為防止車體因浮力而打滑，車體設計加重下壓的力量，因此在前後加裝導流翼，並改變車底設計，以飛機的加速設計應用在車體的改造。

F1賽車輪胎中充入的並非一般空氣，而是二氧化碳等活性較小的氣體。這種設計是為了防止空氣中的濕氣對胎壓造成影響，在技術性設計方面的要求很高。

6-11 四輪驅動車（4WD）

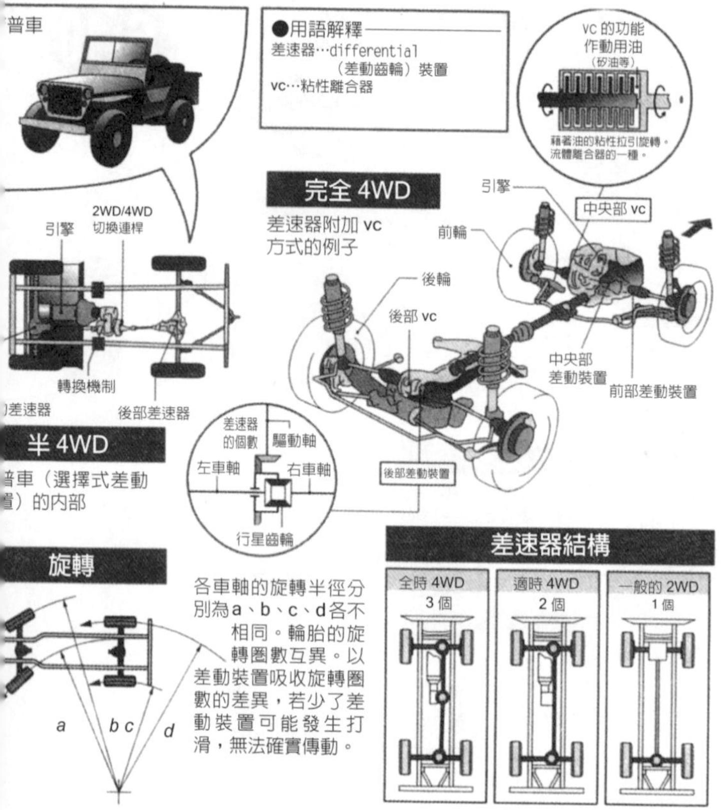
普車
●用語解釋
差速器…differential
（差動齒輪）裝置
vc…粘性離合器
vc 的功能
作動用油
（矽油等）
藉著油的粘性拉引旋轉。
流體離合器的一種。
完全 4WD
差速器附加 vc
方式的例子
引擎
中央部 vc
前輪
後輪
後部 vc
中央部
差動裝置
前部差動裝置
後部差動裝置
2WD/4WD
切換連桿
引擎
轉換機制
差速器
後部差速器
半 4WD
普車（選擇式差動
置）的內部
差速器
的個數
驅動軸
左車軸
右車軸
行星齒輪
旋轉
a
b c
d
各車軸的旋轉半徑分別為a、b、c、d各不相同。輪胎的旋轉圈數互異。以差動裝置吸收旋轉圈數的差異，若少了差動裝置可能發生打滑，無法確實傳動。
差速器結構
全時 4WD
3 個
適時 4WD
2 個
一般的 2WD
1 個

▼4WD車對路況差的路段及積雪的車道特別有用。可以分為兩種形式，一是「全時4WD」，以四輪傳動為驅動方式；二是「適時4WD」，如一般汽車的兩輪驅動（2WD）及四輪驅動兩種方式，可互相切換使用。

旋轉方向盤轉彎時，各個車輪的旋轉數都不相同，為因應旋轉圈數的不同，引擎必須適當分配動力，以做最適當輸出，擔任分配工作的是差速器（differential gear），而在全時4WD時則需要三個差速器。

差速器通常是使用行星齒輪組成的裝置，為了能吸收旋轉圈數的差異，因此近來也改採VC或多板離合器，以取代齒輪差速器或者併用。

4WD與地面接觸的所有車輪皆能發揮其動力，就像馬一樣，前腳後腳皆可運動。所以4WD是具有十足動力的機器，然而也相對帶來噪音大、輪胎磨損、耗費燃料等負面的情形。

6-12 四輪轉向車（4WS）

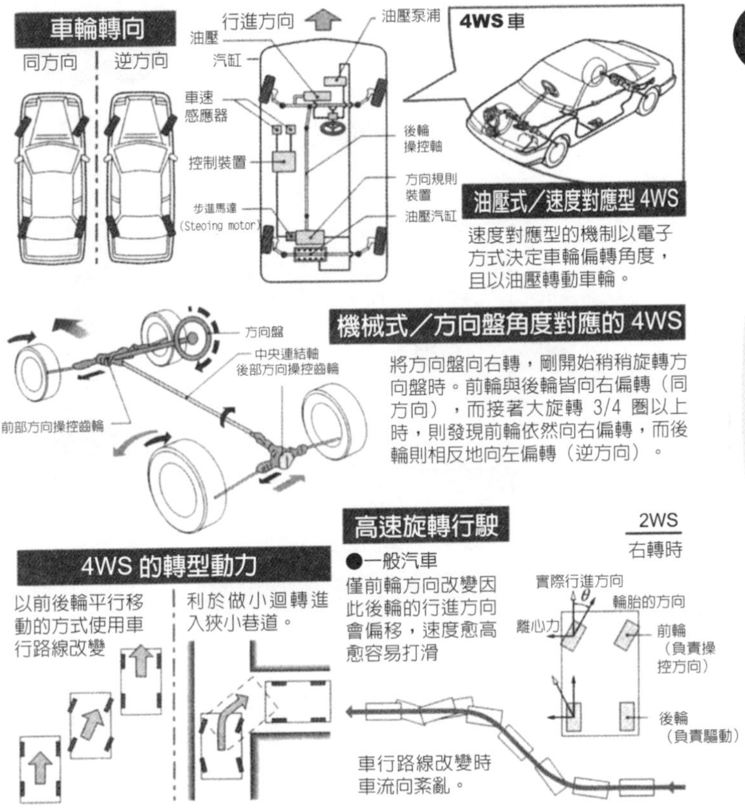
車輪轉向
同方向
逆方向
行進方向
油壓泵浦
油壓
汽缸
車速
感應器
控制裝置
後輪
操控軸
方向規則
裝置
油壓汽缸
步進馬達
(Steoing motor)
4WS 車
油壓式／速度對應型 4WS
速度對應型的機制以電子方式決定車輪偏轉角度，且以油壓轉動車輪。
方向盤
中央連結軸
後部方向操控齒輪
前部方向操控齒輪
機械式／方向盤角度對應的 4WS
將方向盤向右轉，剛開始稍稍旋轉方向盤時。前輪與後輪皆向右偏轉（同方向），而接著大旋轉 3/4 圈以上時，則發現前輪依然向右偏轉，而後輪則相反地向左偏轉（逆方向）。
4WS 的轉型動力
以前後輪平行移動的方式使用車行路線改變
利於做小迴轉進入狹小巷道。
高速旋轉行駛
●一般汽車
僅前輪方向改變因此後輪的行進方向會偏移，速度愈高愈容易打滑
2WS
右轉時
實際行進方向
θ
輪胎的方向
離心力
前輪
（負責操控方向）
後輪
（負責驅動）
車行路線改變時
車流向紊亂。

▼4WS車在旋轉方向盤時，不僅前輪方向改變，後輪也隨之改變。如此在高速行進中，可減低打滑及尾部搖擺的情況，使車行更為穩定。

一般的2WS（兩輪轉向）汽車在行進中前輪方向若改變，後輪仍繼續直走，然而因為離心力的作用使車體後部向外側推出而打滑，因此使車行路線變成波浪狀。四輪轉向可使前輪後輪指向同一方向，或者使後輪撇向反方向。同方向操控者對於轉彎或行進路線變更極有利；反方向操控者在狹小空間做原地旋轉十分有利。

方向盤的動作傳到車輪的方式，可分為機械式與油壓式兩種。而正反方向的操控切換也可分為兩種，一為依旋轉方向盤角度而變更，另一為以感應器做速度檢測的電子控制方式。

6-13 渦輪增壓機

※陶瓷
具耐熱性、耐藥性及絕緣
性。

構造

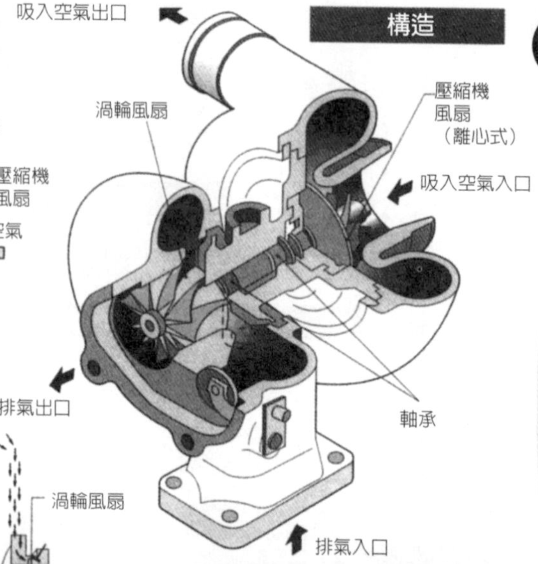
吸入空氣出口
渦輪風扇
壓縮機
風扇
（離心式）
吸入空氣入口
排氣出口
軸承
排氣入口

原理

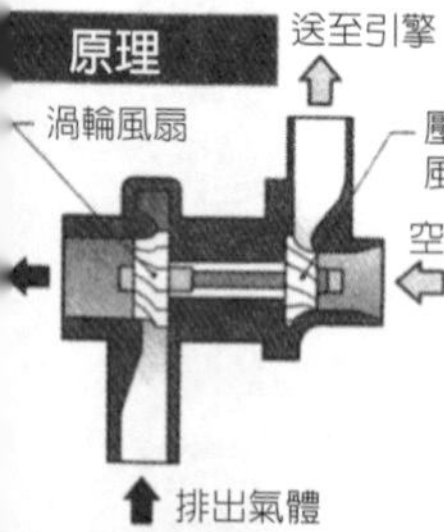
送至引擎
渦輪風扇
壓縮機
風扇
空氣
排出氣體

動作連結原理

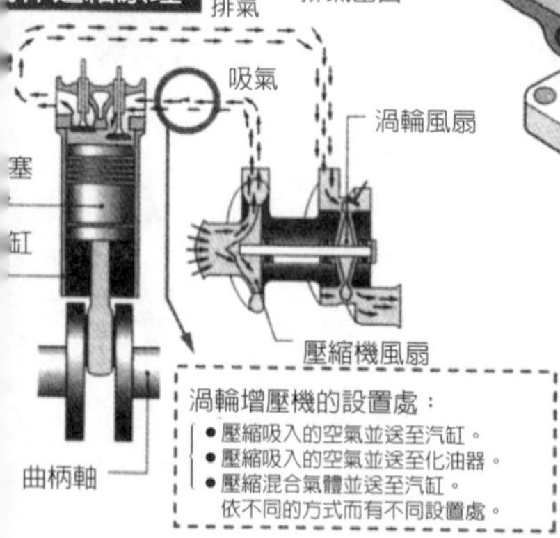
排氣
吸氣
渦輪風扇
塞
缸
壓縮機風扇
曲柄軸
渦輪增壓機的設置處：
●壓縮吸入的空氣並送至汽缸。
●壓縮吸入的空氣並送至化油器。
●壓縮混合氣體並送至汽缸。
依不同的方式而有不同設置處。

陶瓷的應用

渦輪風扇方面的開發運用

陶瓷式渦輪風扇
壓縮機風扇

▼渦輪增壓機以引擎的排氣使渦輪旋轉，與渦輪連結的壓縮機可利用壓縮吸氣來增大吸氣量，使出力增大。應用廢氣以節省能源，提高效率。

主要構造包括渦輪、壓縮機及軸承等，因為是在高溫之下做高速旋轉，因此製造材料須使用高耐熱性的合金。另外，使用中間冷卻器來冷卻壓縮的空氣，則可使空氣密度提高，效率也提高。

渦輪增壓機的功能與引擎的壓縮比提高是同樣的原理，但若回轉數降低、速度變慢，則排氣量減少，功效完全消失。因此可使用三個滑輪組合，是個有效的新對策。

汽車的高性能引擎多以電子控制的燃料噴射裝置，配備渦輪增壓機的設計為主流。在渦輪的材料上，正研究採用輕而耐熱的陶瓷，在可預期的將來提供高性能的動力。

6-14 安全氣囊

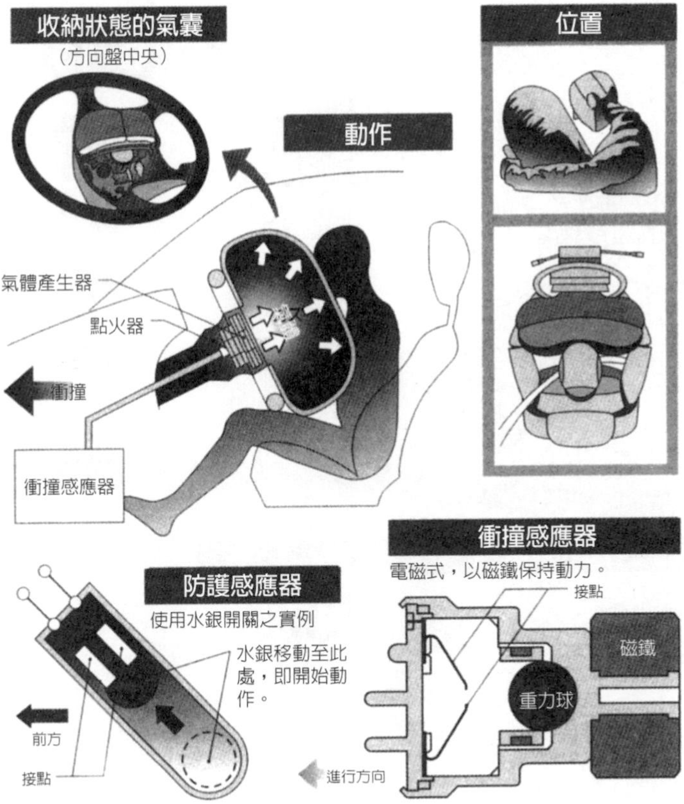
收納狀態的氣囊
（方向盤中央）
動作
位置
氣體產生器
點火器
衝撞
衝撞感應器
衝撞感應器
電磁式，以磁鐵保持動力。
接點
磁鐵
重力球
進行方向
防護感應器
使用水銀開關之實例
水銀移動至此處，即開始動作。
前方
接點

▼安全氣囊收納在方向盤中央部份，若汽車發生衝撞，能瞬間膨脹，發揮緩衝的功能，使衝撞力量減緩，膨脹後能立即消氣，因此乘客能繼續行動。

此裝置是由尼龍製的氣囊本體，使氣囊充氣鼓起的膨脹裝置，衝撞感應器所構成。從衝撞發生到氣囊鼓起所要的時間僅僅數百分之一秒。

衝撞感應器設在車體前方，一般原理是重量偏移使開關打開的電氣或感應器，另外也有電子式及機械式等。還附加保護感應器，以防鐵鎚敲打使氣囊噴開等誤判動作，大大提高可靠性。

膨脹裝置一般以火藥及點火器使氣體瞬間產生，另外也有以二氧化碳等活性較小的氣體噴出充氣的方式。安全氣囊的裝備已不限於座位前方，側座和後座都可安裝。

6-15 雪上摩托車

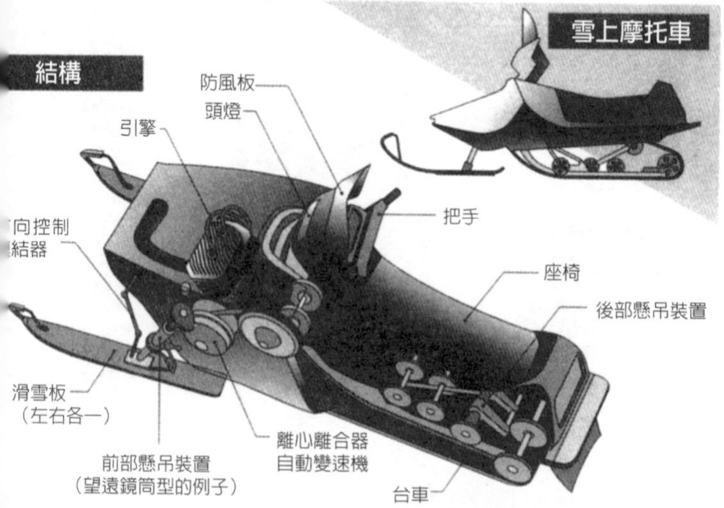
雪上摩托車
結構
防風板
頭燈
引擎
向控制
結器
把手
座椅
後部懸吊裝置
滑雪板
（左右各一）
前部懸吊裝置
（望遠鏡筒型的例子）
離心離合器
自動變速機
台車

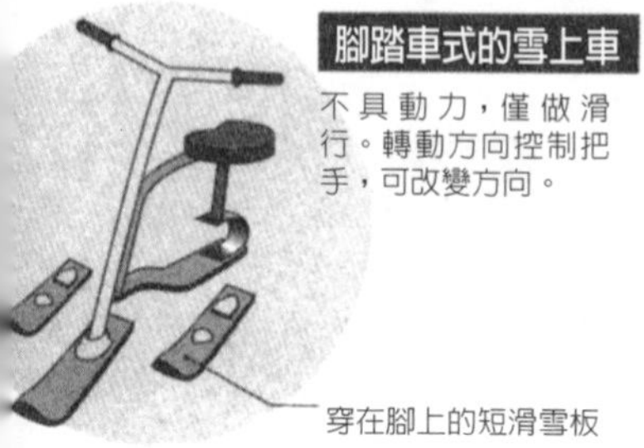
腳踏車式的雪上車
不具動力，僅做滑行。轉動方向控制把手，可改變方向。
穿在腳上的短滑雪板

雪上車
（大巴士型）

▼雪上摩托車是將操控方向的滑雪板及驅動的履帶輪兩部份組合而成，和一般摩托車一樣，由把手端的油門控制行駛。

大多的雪上摩托車是將設有小型高轉速的二行程汽油引擎，利用摩托車的離心離合器／皮帶式自動變速器，取代一般汽車的齒輪變速裝置。現已逐漸由四行程引擎取代，以保護環境。

履帶裝置的功能類似裝甲車，以橡膠或樹脂製成的履帶帶動，履帶的面積加寬，故對地面壓力比人腳行走或汽車輪胎較小，因此能在雪上順利滑行。

雪有冷卻及潤滑的特色，對於高速運動的機械十分有利，衝撞時也有緩衝作用。為加強安全防護措施，更加裝碟型剎車及高速失控防止裝置。

它不同於一般摩托車，沒有避震器機械設備，因此震動及跳躍力量都很

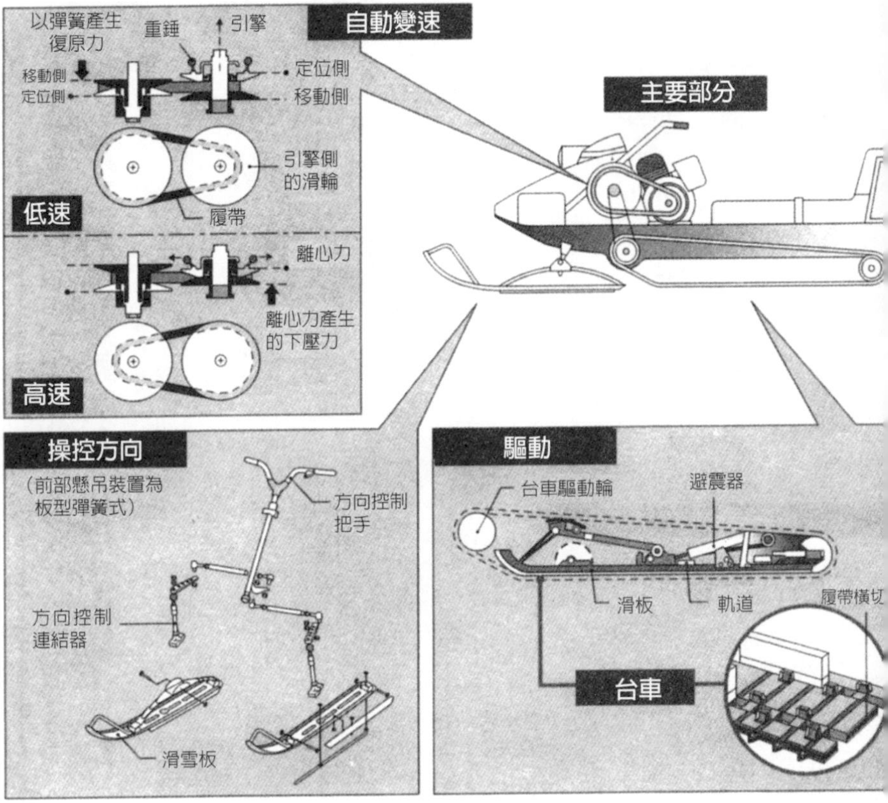
自動變速
以彈簧產生
復原力
重錘
引擎
移動側
定位側
定位側
移動側
引擎側
的滑輪
履帶
低速
離心力
離心力產生
的下壓力
高速
主要部分
操控方向
（前部懸吊裝置為
板型彈簧式）
方向控制
把手
方向控制
連結器
滑雪板
驅動
台車驅動輪
避震器
滑板
軌道
履帶橫切
台車

強，必須以雙腳支撐身體。此外曲線行進時，不可完全依賴方向控制器，必須以身體重心左右移動的方式增加平衡度。

雪上摩托車做為雪上交通工具，不僅能聯絡業務、急救，另外也是運動競技的工具。4WD（四輪驅動）汽車固然十分便利，越過冰隙等高難度動作，還是要履帶裝置的雪上摩托車才能。

除了摩托車型之外，另有以履帶裝置為主體的各種雪上車。在滑雪場上常見的交通工具、南極探險作業車、輸送台車，以及可搭乘數十名觀光客的雪上巴士等，都是屬於雪上車。

雪上摩托車是一般摩托車的近親，另外還有一種腳踏車式的雪上車。沒有旋轉踏板的雪上滑行車，以方向控制把手，可改變下滑的方向，腳上穿著短滑雪板，做平衡及移動控制。

6-16 汽車模擬駕駛器

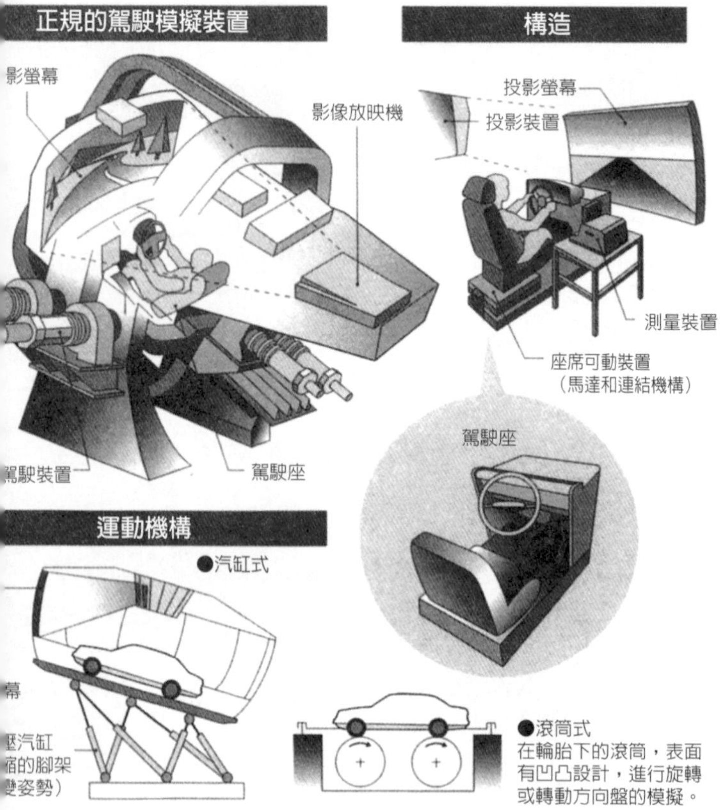
正規的駕駛模擬裝置
影螢幕
影像放映機
駕駛座
構造
投影螢幕
投影裝置
測量裝置
座席可動裝置
（馬達和連結機構）
駕駛座
運動機構
●汽缸式
幕
●滾筒式
在輪胎下的滾筒，表面
有凹凸設計，進行旋轉
或轉動方向盤的模擬。

▼交通工具的駕駛必要條件，是靈敏的判斷及準確的操作，若不必實際在道路上行駛，也能原地做測試訓練，這就要藉由汽車模擬駕駛器來完成。此項裝置包含了駕駛座、視野顯示器及計測裝置等部分。

行進中，汽車會前後左右移動，因此身體也隨之搖搖晃晃，使身體感受晃動的是「運動機構」，它可設計為只有座椅晃動，或整個車體都晃動，可利用馬達或汽缸、滾筒形零件來產生搖晃效果。

在駕駛座前面可看到投影在螢幕上的景色，稱為「視界顯示器」，現在一般都使用電子式的影像放映機，加上引擎、剎車聲等電子音響。

模擬駕駛器對於安全駕駛教育十分有用，它不限於一人使用，可以由數台駕駛座圍繞共同的投影螢幕，排成駕駛訓練教室，然後將個別駕駛成績集中到教官席上，以做考評。

6-17 GPS衛星導航裝置

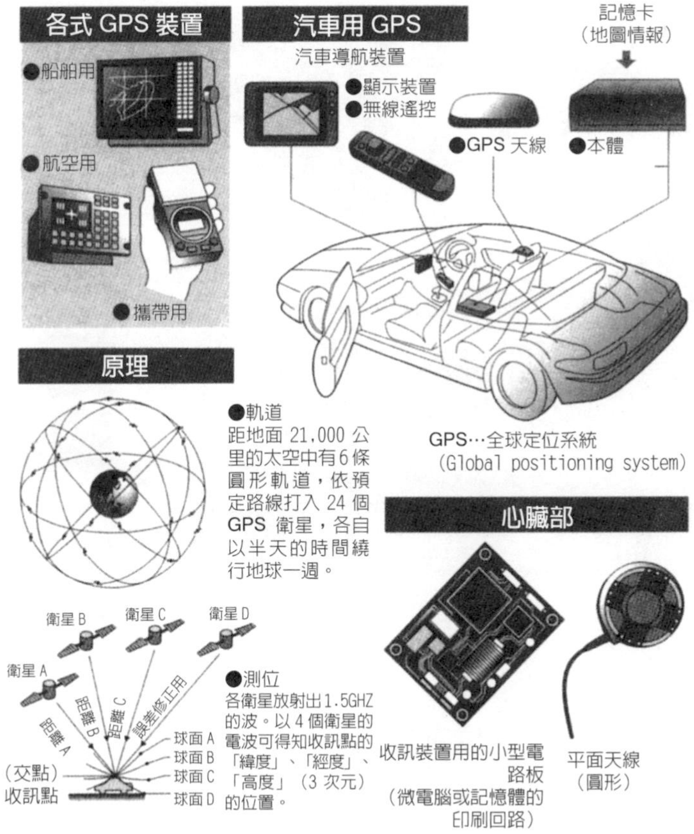
各式 GPS 裝置
●船舶用
●航空用
●攜帶用
汽車用 GPS
汽車導航裝置
●顯示裝置
●無線遙控
記憶卡
（地圖情報）
●GPS 天線
●本體
GPS…全球定位系統
（Global positioning system）
原理
●軌道
距地面 21,000 公里的太空中有6條圓形軌道，依預定路線打入 24 個 GPS 衛星，各自以半天的時間繞行地球一週。
衛星 A
衛星 B
衛星 C
衛星 D
距離 A
距離 B
距離 C
誤差修正用
球面 A
球面 B
球面 C
球面 D
（交點）
收訊點
●測位
各衛星放射出1.5GHZ的波。以 4 個衛星的電波可得知收訊點的「緯度」、「經度」、「高度」（3 次元）的位置。
心臟部
收訊裝置用的小型電路板
（微電腦或記憶體的印刷回路）
平面天線
（圓形）

▼繞行地球的人造衛星，可隨時通報你身在何方，並引導你到達目的地，這種裝置稱為ＧＰＳ衛星導航裝置。它不僅可引導交通工具安全抵達目的地，另有土木測量及登山道路的指引等功能。

以各衛星發出的電波到達目的地的時間差，計算所在位置，並以經度、緯度、高度三種數字或圖形來顯示結果，故需配合液晶或電視收訊螢幕顯示。

特別是汽車專用的ＧＰＳ，稱為汽車導航裝置。此裝置記憶道路地圖，在地圖上指示現在位置，甚至有電子語音說明，加強引導效果。

而其弱點是在山洞或建築物中有電波中斷的現象，必須以其他方法補救。另外若分心注意顯示器上的影像，會增加駕駛危險性，故擬開發前方玻璃面上的投影方式，即所謂抬頭型。

6-18 水上摩托車

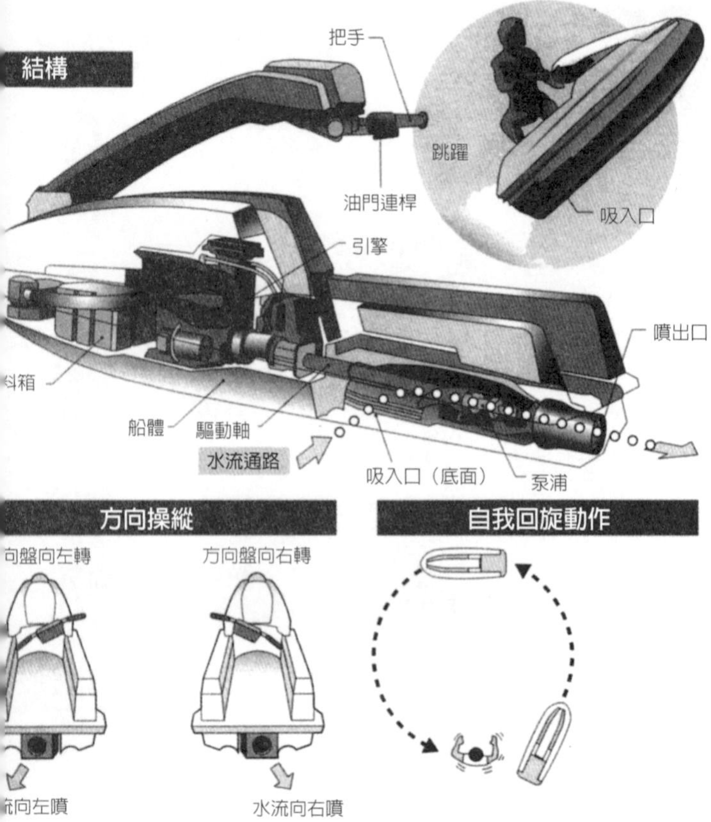
結構
把手
跳躍
油門連桿
引擎
吸入口
噴出口
船體
驅動軸
水流通路
吸入口（底面）
泵浦
方向操縱
自我回旋動作
方向盤向右轉
水流向右噴

▼水上摩托車可如陸上摩托車一般輕巧地在水面上來回行駛。轉動方向控制把手，則行進方向可變換自如，油門連桿控制著速度變化，而省去了一般船隻使用的螺桿裝置。

「水的噴射推進」是一般採用的動力，設計是將風扇轉輪裝置於圓筒中使其旋轉，是以水流取代空氣的一種噴射引擎動力。在行進過程中可調整水流，故較一般的推進效率要高得多。

在方向操控方面，是採左右搖動噴出口，使水流方向改變。引擎有強力的水冷式二行程或四行程汽油引擎，附加電池馬達及電池。引擎的功能在使風扇轉輪高速旋轉。

由於不具有船隻轉軸裸露的設計，因此安全性較高，沒有捲入異物的危險，能安全進入淺灘地區。但仍可能吸入微小的垃圾或異物造成堵塞，應加以留意。

噴流的反作用

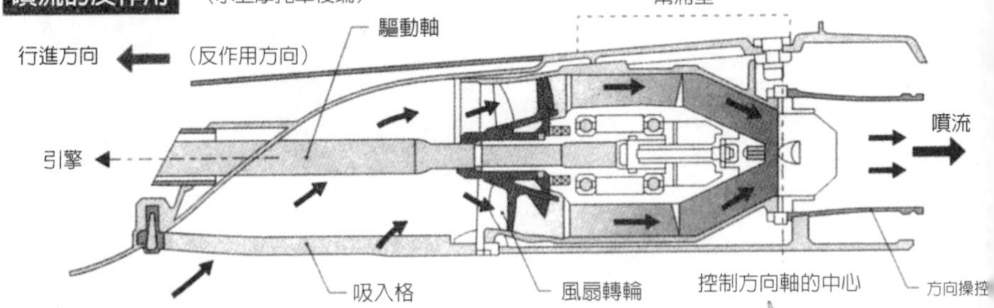
(水上摩托車後端)
幫浦室
驅動軸
行進方向
(反作用方向)
噴流
引擎
吸入格
風扇轉輪
控制方向軸的中心
方向操控

河流觀光船

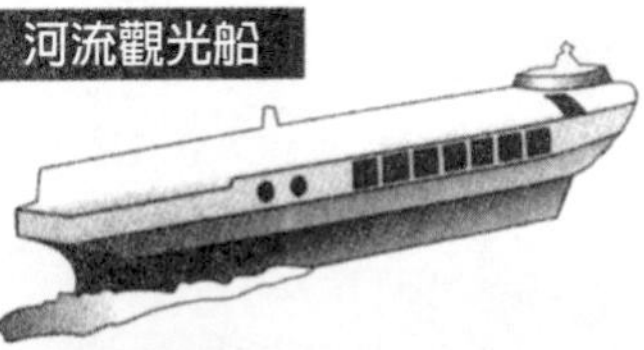

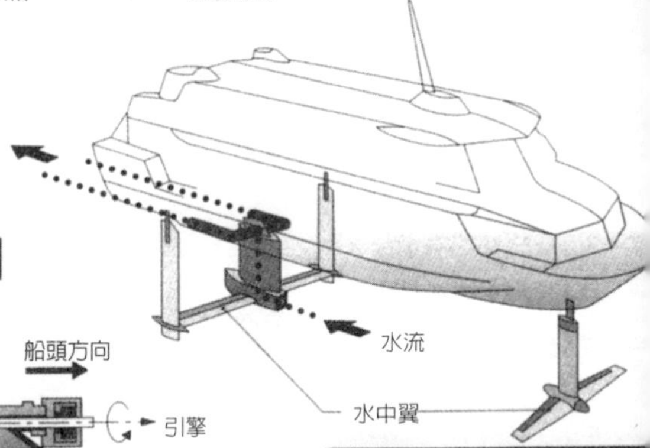
水流
水中翼

噴射水翼船

「瓦斯渦輪」驅動加上「水的噴射」進方式，利用水中翼使船速提高。

推進裝置

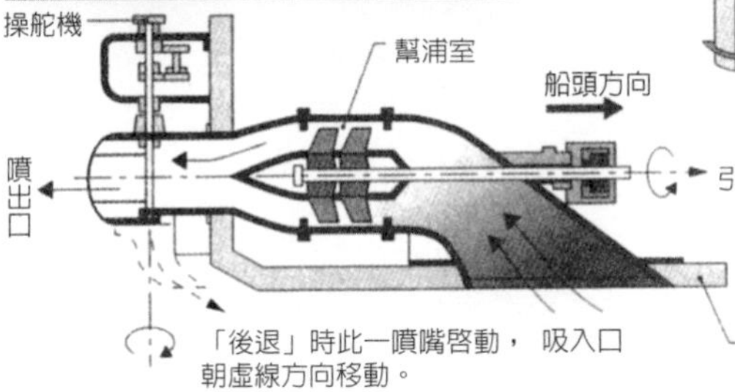
操舵機
幫浦室
船頭方向
噴出口
引擎
「後退」時此一噴嘴啓動，朝虛線方向移動。
吸入口
船底

重心設在較低的位置，即使翻覆也容易扶正。當駕駛者落海，船上無人，引擎會自動轉為低轉速，並能在原地慢慢回轉。

水上摩托車因為缺乏剎車器，停止時，要利用水的阻力以抵抗運動慣性。可做技巧性的動作，例如油門最大時，可以瞬間向上飛跳；或者藉體重移動，做靈巧的旋轉動作。

水上摩托車在法律上是與船舶同類，故操作者必須持有執照，另外在海上通行依國際規定以靠右通行為原則，這些都是駕駛水上摩托車必須注意的「海上規則」。

水的噴射推進方式，不僅用在水上摩托車，許多實用的船隻也多採這種方式，特別是以瓦斯渦輪引擎做噴射推進，與水中翼結合的船型，不但輕巧，航行又快速。

6-19 氣墊船

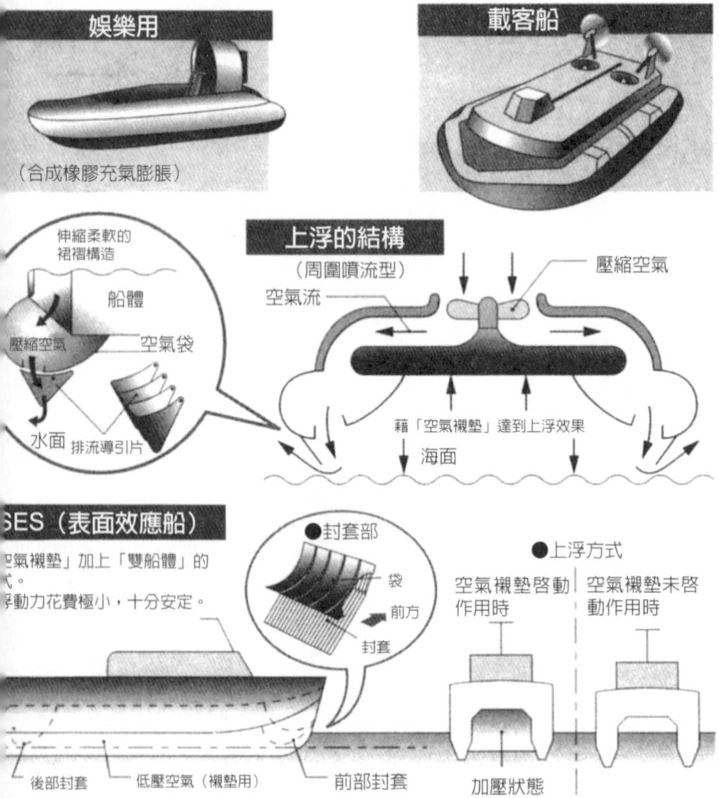
娛樂用
（合成橡膠充氣膨脹）
載客船
伸縮柔軟的
裙褶構造
船體
壓縮空氣
空氣袋
水面
排流導引片
上浮的結構
（周圍噴流型）
空氣流
壓縮空氣
藉「空氣襯墊」達到上浮效果
海面
SES（表面效應船）
空氣襯墊」加上「雙船體」的
式。
動力花費極小，十分安定。
●封套部
袋
前方
封套
●上浮方式
空氣襯墊啓動作用時
空氣襯墊未啓動作用時
加壓狀態
後部封套
低壓空氣（襯墊用）
前部封套

▼氣墊船以空氣的壓力在地面或水面浮行，可以說是航空飛機的近親。以螺旋槳推進，適合作為水陸兩用的交通工具，無論在沼澤地行走或登陸都十分便利。

船體周圍是噴流體的構造，以柔軟的材料如圍裙般繞在周圍，排出加壓的空氣，此外有兩個系統的動力裝置分別驅動上浮用的風扇及推進用的螺旋槳。

空氣具有避震、緩衝功能，並可使摩擦力減小，適於高速行進，能輕鬆地達到時速一〇〇公里以上。但缺點是噪音大，灰塵或水霧易被捲起。

以同樣的原理，結合空氣避震裝置及雙船體而成的SES備受矚目。SES多採水的噴射推進方式，這種方式具不再是水陸兩用，而是水上專用，浮起所需的動力極小，是穩定而實用性高的交通工具。

6-20 LNG載運船

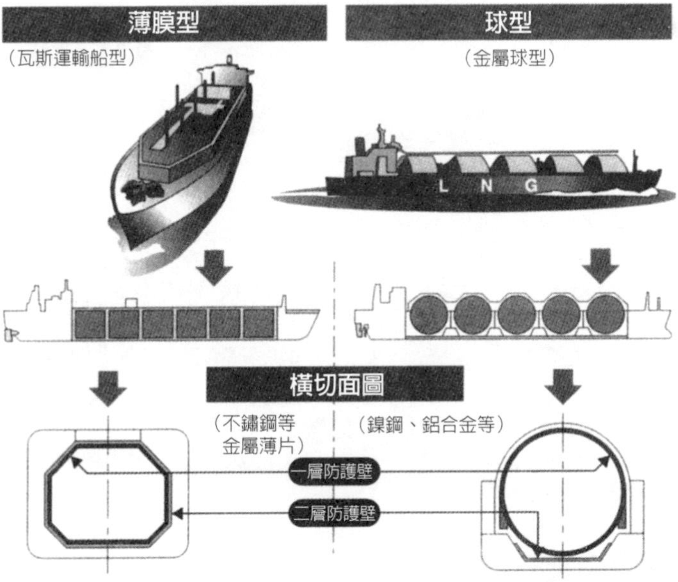
薄膜型
（瓦斯運輸船型）
球型
（金屬球型）
L N G
橫切面圖
（不鏽鋼等
金屬薄片）
（鎳鋼、鋁合金等）
一層防護壁
二層防護壁

●LNG（液化天燃氣）…將天然氣加壓冷卻，成液體狀。

成分	沸點（在一大氣壓下的液化溫度）	氣體比重（空氣＝1）	液體比重（沸點／4℃水）	氣體容積／液容積	爆發極限（對空氣混合比%）	發熱量（Kcal/kg）
甲烷	−161.5℃	0.555	0.425	630 倍	5～15	13.270
（備註）	極低溫	較空氣輕	較水輕	汽化之後大量膨脹	可燃性氣體	高能量

【注意】「家庭用液化石油氣」為丙烷 LPG（*$CH_3CH_2CH_3$），與 LNG 不同，LPG 液化石油氣比重較空氣重。

▼現代都市中用的天然氣或火力發電的LNG（Liquefied Natural Gas 液化天然氣）用量十分大，從國外輸入時是用LNG專用運輸船。LNG是低溫的物質，因此必須有低溫特殊設備。

天然氣槽內面使用耐低溫的不鏽鋼或鋁合金，船體為雙層船殼的設計，以確保隔熱及防爆。LNG船可分為兩種，由數個並排的球型天然氣槽或金屬膜密閉的天然氣槽。

LNG船若發生事故，液外天然氣流到海面上容易蒸發，不會造成原油類的海水污染。在載運途中會漏出的少量天然氣，可以收集起來引導至汽鍋處做為燃料，可以使蒸氣渦輪機轉動。

近來正研發利用燃料電池的LNG載運船，以直接轉換為電力的方法使馬達轉動，產生推進力。馬達船具有容易控制、節省人力的優點。

6-21 深海潛艇

構造

「深海 6500」
(日本海洋科學技術中心）的內部
(最大潛水深…6500m
乘人數…3　耐壓殼…內徑 2m）

…耐壓球體

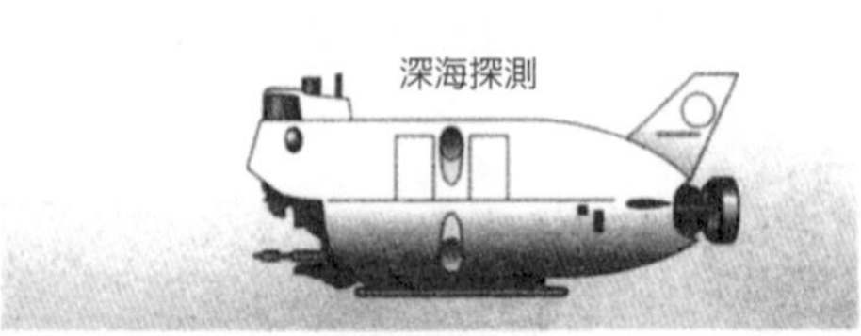
深海探測

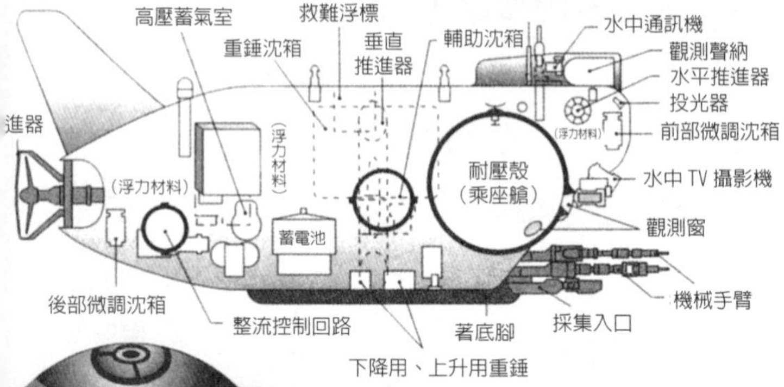
高壓蓄氣室
救難浮標
重錘沈箱
垂直
推進器
輔助沈箱
水中通訊機
觀測聲納
水平推進器
投光器
前部微調沈箱
(浮力材料)
進器
(浮力材料)
(浮力材料)
耐壓殼
（乘座艙）
水中 TV 攝影機
蓄電池
觀測窗
機械手臂
後部微調沈箱
整流控制回路
著底腳
採集入口
下降用、上升用重錘

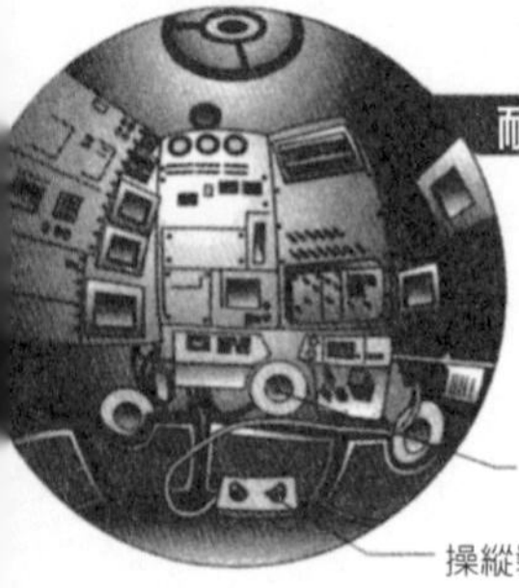
耐壓殼的內部
觀測窗
操縱裝置

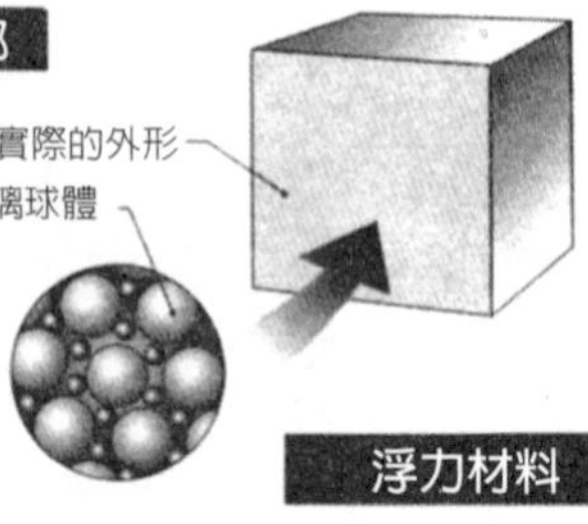
實際的外形
中空的微小玻璃球體
浮力材料

▼深海潛艇（探測船）與一般潛水艦比較，同樣是船重則下沈，船輕則上浮。不過潛艇的設計不是用來在海面航行，因此另外有許多獨特的設計，適合大量的重力堆積及海底作業。

深海底寒冷而漆黑，海底探測員必須將防寒用具固定在身上，以投光器照亮周圍，每增加深度10公尺，壓力就增加一大氣壓，因此一萬公尺的海底平均每一平公分都有一千公斤的重量加諸其上。因此搭載船員的耐壓殼必須以鈦合金等強力材料打造成球體。潛艇的動力是以電池及馬達帶動，做前後、左右、上下的動作。由於水中無法傳導電波，必須以超音波通訊器來聯絡。

進入深海區時，先以足夠的重錘使船體下沈，接近海底時，將下降用的重錘拋棄，等待重量與浮力平衡，就可開始工作，結束時再將上升用重錘拋棄，使船體重量變輕而浮起。

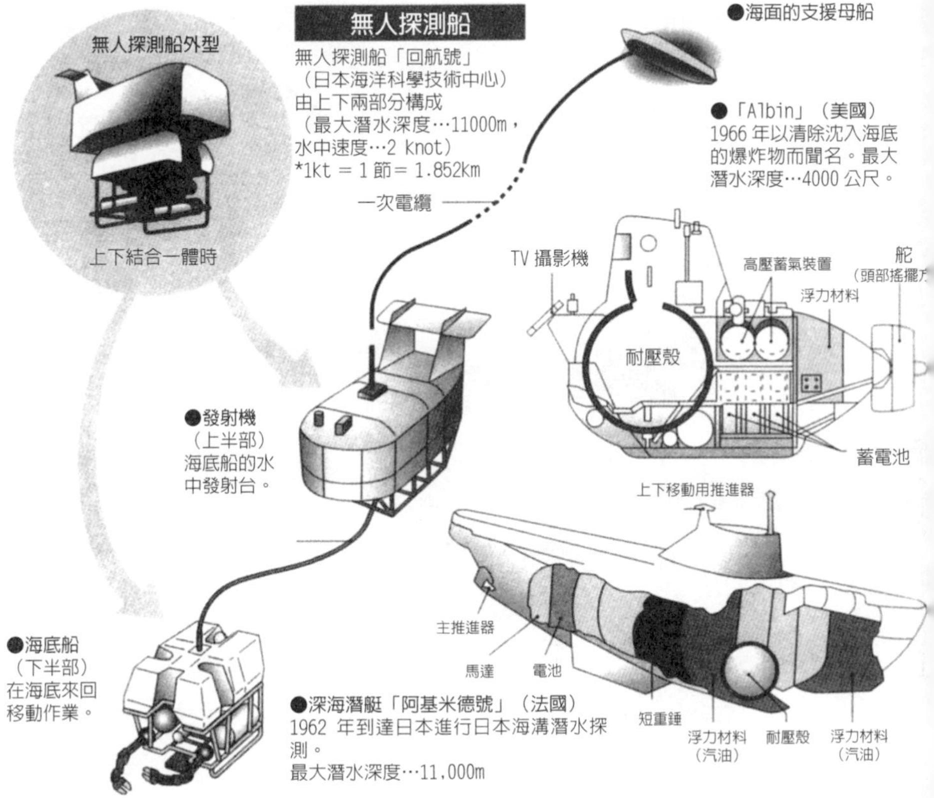
無人探測船
無人探測船「回航號」
（日本海洋科學技術中心）
由上下兩部分構成
（最大潛水深度…11000m，
水中速度…2 knot）
*1kt ＝ 1 節＝ 1.852km
無人探測船外型
上下結合一體時
一次電纜
●海面的支援母船
●「Albin」（美國）
1966 年以清除沈入海底的爆炸物而聞名。最大潛水深度…4000 公尺。
TV 攝影機
高壓蓄氣裝置
浮力材料
耐壓殼
蓄電池
●發射機
（上半部）
海底船的水中發射台。
上下移動用推進器
主推進器
馬達
電池
短重錘
浮力材料
（汽油）
耐壓殼
浮力材料
（汽油）
●海底船
（下半部）
在海底來回移動作業。
●深海潛艇「阿基米德號」（法國）
1962 年到達日本進行日本海溝潛水探測。
最大潛水深度…11,000m

下降及上升時用的重錘，稱為Shot Ballast，大多使用球型或箱型。另外還有深度微調整用的輔助沈箱，調整船體姿勢的平艙裝置，以及改變吃水程度的重錘沈箱等。

從前的深海潛艇常使用汽油做為浮力材料，近來將灌入空氣的玻璃球（中空的微小玻璃球）以樹脂固定作為浮力材料，輕便、浮力強、效果大大提高。

有人員搭乘的潛艇，可監視周圍環境，但安全上則較難把關，而無人的機器探測船則無此顧慮。載人潛艇深度可達六千公尺，而無人潛艇則可達一萬公尺。

深海潛艇的用途廣泛，包括海底探測標本採集、礦物資源開挖、深海生物及海洋生態研究等等，特別對於調查海溝斷層，海底環境分析，以及預測地震等等，可以說是一大利器。

6-22 自給式潛水呼吸裝備

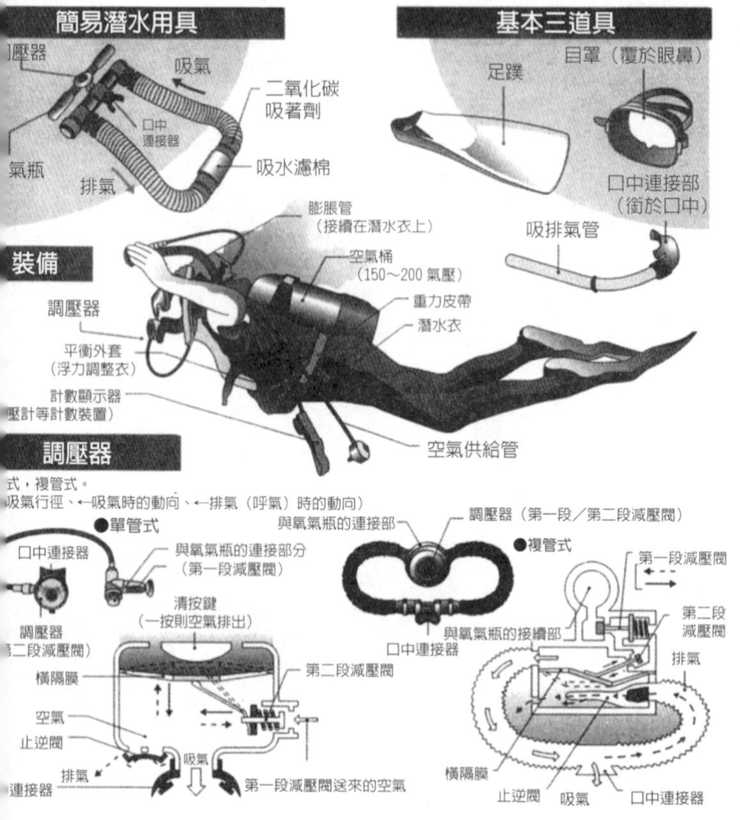
簡易潛水用具
吸氣
二氧化碳
吸著劑
口中
連接器
吸水濾棉
氣瓶
排氣
基本三道具
足蹼
目罩（覆於眼鼻）
口中連接部
（銜於口中）
吸排氣管
裝備
膨脹管
（接續在潛水衣上）
空氣桶
（150～200 氣壓）
重力皮帶
潛水衣
調壓器
平衡外套
（浮力調整衣）
計數顯示器
空氣供給管
調壓器
●單管式
口中連接器
與氧氣瓶的連接部分
（第一段減壓閥）
調壓器
清按鍵
（一按則空氣排出）
橫隔膜
第二段減壓閥
空氣
止逆閥
吸氣
排氣
第一段減壓閥送來的空氣
與氧氣瓶的連接部
調壓器（第一段／第二段減壓閥）
口中連接器
●複管式
第一段減壓閥
第二段
減壓閥
與氧氣瓶的接續部
排氣
橫隔膜
止逆閥
吸氣
口中連接器

▼自給式潛水呼吸裝備（scuba），是以一個裝有壓縮空氣的氣桶，及一個調整空氣與周圍水壓相同的壓力調整器兩者為主體。

壓力調整器由兩部分所構成，一為裝置彈簧的第一段減壓閥，另一為利用橫隔膜構成的第二段減壓閥。吸氣則閥門開啟，輸入空氣，呼氣則因壓力作用，使排氣被壓送至水中。

海裡溫度寒冷，因此必須穿著保溫用的潛水衣，而為使浮力與重力兩者保持平衡，一般多使用重力皮帶（附重錘的腰環）或平衡外套（浮力調整衣）。

另外也有不需背負空氣桶的正式潛水用具，其原理是：不排掉呼出氣體，而將其中的二氧化碳成分以吸著劑加以吸收，不足的氧氣再以附屬的小氣瓶來補給。這種裝備小而輕巧，在海中工作時能輕鬆穿戴。

6-23 雷達裝置

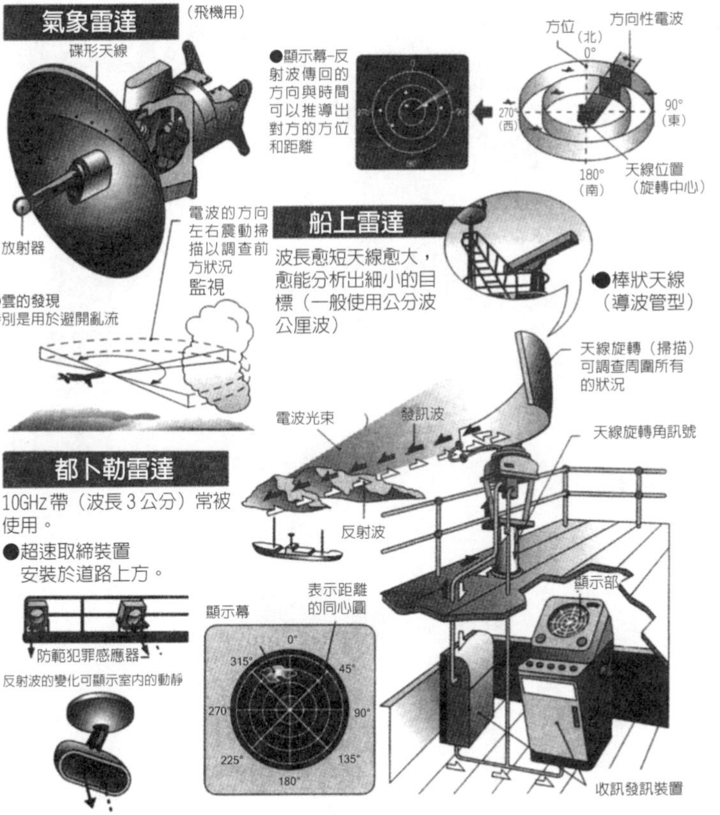

氣象雷達
（飛機用）
碟形天線
放射器
●顯示幕–反射波傳回的方向與時間可以推導出對方的方位和距離
方位（北）0°
方向性電波
270°（西）
90°（東）
180°（南）
天線位置（旋轉中心）
電波的方向左右震動掃描以調查前方狀況
監視
●雲的發現
特別是用於避開亂流
船上雷達
波長愈短天線愈大，愈能分析出細小的目標（一般使用公分波公厘波）
●棒狀天線（導波管型）
天線旋轉（掃描）可調查周圍所有的狀況
電波光束
發訊波
天線旋轉角訊號
反射波
都卜勒雷達
10GHz 帶（波長 3 公分）常被使用。
●超速取締裝置
安裝於道路上方。
防範犯罪感應器
反射波的變化可顯示室內的動靜
顯示幕
表示距離的同心圓
0°
45°
90°
135°
180°
225°
270°
315°
顯示部
收訊發訊裝置

▼雷達會發射波長較短的電波，從反射波能得知探測物的位置及狀況。在夜間不受雨、霧的影響，可以利用來作為近距離的地下遺跡調查，或行星表面的探查。

結構由天線收訊、發訊裝置、顯示部所構成。對方的反射波以光點的方式投射在顯示幕上，可以得知目標物的方向與距離。

雷達的用途多發揮在航空航海方面，「發問電波」被接收後，可傳回「答覆電波」者，稱為二次雷達，多用於飛機距離測定裝置（DME）。從大氣水滴傳回來的反射波，可探測雲朵天象的氣象雷達，以及測定著陸前高度的電波高度計，都是航空必需的設備。

從移動物體的反射波，計算速度的都卜勒雷達，可以應用在汽車超速取締裝置或棒球發球槍。這些領域使用的電波都在10 giga 赫茲左右。

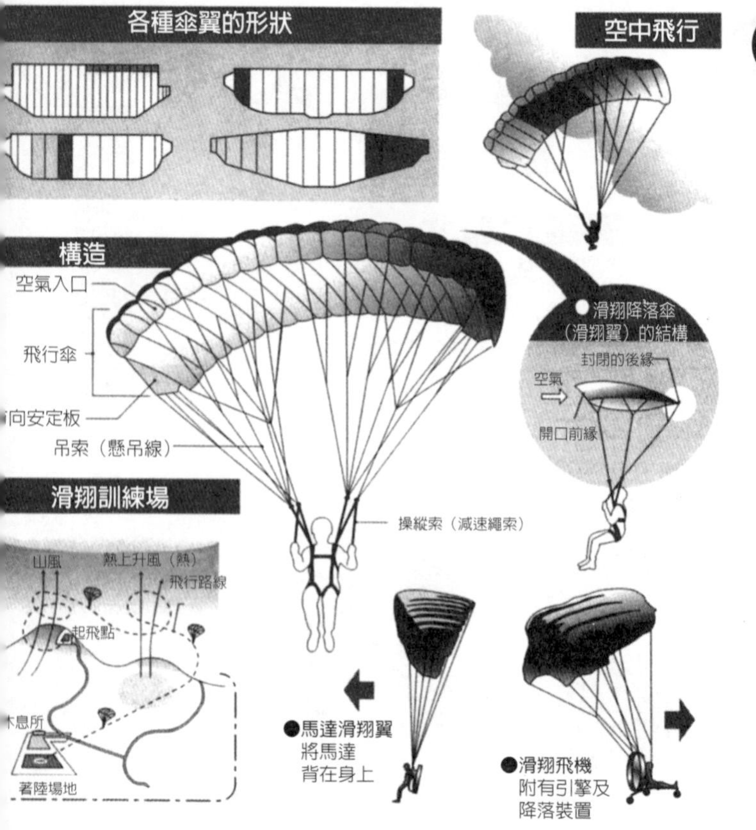
各種傘翼的形狀
空中飛行
構造
空氣入口
飛行傘
向安定板
吊索（懸吊線）
操縱索（減速繩索）
滑翔降落傘
（滑翔翼）的結構
封閉的後緣
空氣
開口前緣
滑翔訓練場
山風
熱上升風（熱）
飛行路線
起飛點
休息所
著陸場地
馬達滑翔翼
將馬達
背在身上
滑翔飛機
附有引擎及
降落裝置

6-24 滑翔降落傘

▼滑翔降落傘可以說是飛行運動中安全性最高者，因此風靡了許多同好。長方形的滑翔降落傘在操縱上並不困難，重量大約六公斤左右，可以由一人背負。

傘的部份以尼龍布製成，質地柔軟，具有飛機翅膀一般的功能。其外形前緣是開口的，後緣則閉合，因此流入的空氣可以保留，前進時由於空氣壓力使傘頂膨脹，保持翼型的平行。

柔軟的飛行翼使滑翔降落傘浮起，在天空中滑行，傘下的吊索集結在飛行者身上，拉其中的某一操縱索則可以做旋轉等各種動作。

滑翔降落傘若加上引擎螺旋槳，便成為與飛機相近的裝置。滑翔降落傘與金屬製機械之別，在於不以高速為追求，不過，慢速飛行同樣也需嚴格要求安全飛行！這就是技術研究的重點。

6-25 直升機

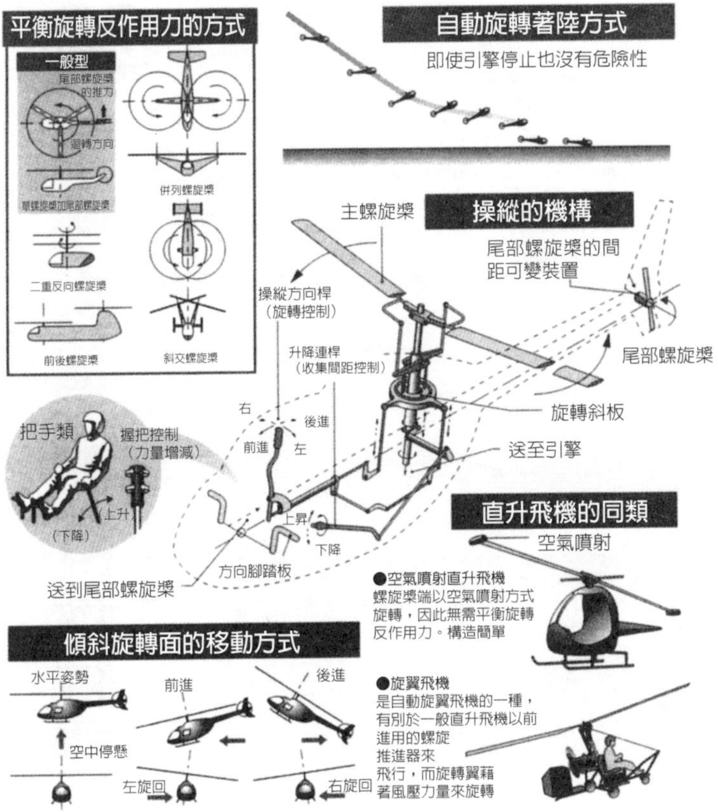
平衡旋轉反作用力的方式
一般型
尾部螺旋槳的推力
迴轉方向
單螺旋槳加尾部螺旋槳
併列螺旋槳
二重反向螺旋槳
前後螺旋槳
斜交螺旋槳
自動旋轉著陸方式
即使引擎停止也沒有危險性
主螺旋槳
操縱的機構
尾部螺旋槳的間距可變裝置
操縱方向桿（旋轉控制）
升降連桿（收集間距控制）
尾部螺旋槳
旋轉斜板
送至引擎
右
後進
前進
左
把手類
握把控制（力量增減）
上升
（下降）
上昇
下降
方向腳踏板
送到尾部螺旋槳
直升飛機的同類
空氣噴射
●空氣噴射直升飛機
螺旋槳端以空氣噴射方式旋轉，因此無需平衡旋轉反作用力。構造簡單
傾斜旋轉面的移動方式
水平姿勢
前進
後進
空中停懸
左旋回
右旋回
●旋翼飛機
是自動旋翼飛機的一種，有別於一般直升飛機以前進用的螺旋推進器來飛行，而旋轉翼藉著風壓力量來旋轉

▼直升機機體上的螺旋槳快速旋轉，就能像竹蜻蜓一般飛起來。可以垂直上升，在空中停止，無論散佈藥劑、山難營救、物資輸送、監視、電視攝影都是它擅長的任務，用途很廣。

大型的螺旋槳快速旋轉，會使機體做反方向的旋轉，為了平衡這樣的反作用力，在機體部設有小型的橫向螺旋槳，有的還裝置兩個大型螺旋槳。

螺旋槳的橫切面打斜，則直升飛機會朝著此一方向前進。旋轉同時做傾斜動作，是靠著旋轉斜板，控制旋轉斜板的中央方向盤，及升降用的左側連桿，使機身左右搖擺的腳踏板等等，可完成全機的操控。

螺旋槳不由中心軸帶動旋轉，而以螺旋槳端的噴射器或火箭來旋轉，可避免螺旋槳的反作用力。現在一人操縱直升機已出現。這種旋翼飛機的不同點在於藉著前進的風壓使螺旋槳旋轉而飛行。

6-26 垂直／短場起降飛行器（V／STOL）

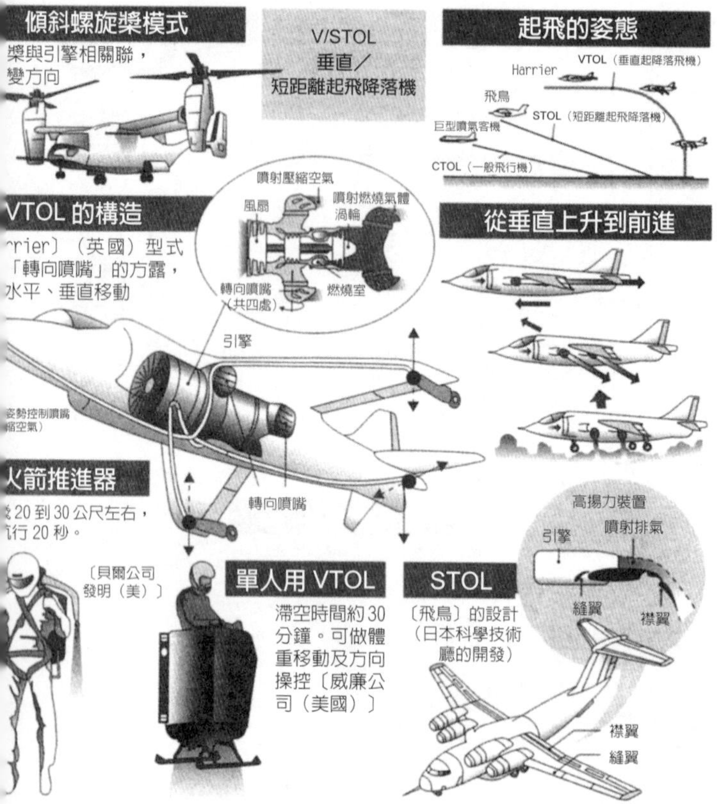
傾斜螺旋槳模式
槳與引擎相關聯，
變方向
V/STOL
垂直／
短距離起飛降落機
起飛的姿態
Harrier
VTOL（垂直起降落飛機）
飛鳥
STOL（短距離起飛降落機）
巨型噴氣客機
CTOL（一般飛行機）
VTOL 的構造
rier〕（英國）型式
「轉向噴嘴」的方露，
水平、垂直移動
噴射壓縮空氣
風扇
噴射燃燒氣體
渦輪
轉向噴嘴
（共四處）
燃燒室
引擎
姿勢控制噴嘴
縮空氣）
轉向噴嘴
從垂直上升到前進
火箭推進器
20 到 30 公尺左右，
行 20 秒。
〔貝爾公司
發明（美）〕
單人用 VTOL
滯空時間約 30
分鐘。可做體
重移動及方向
操控〔威廉公
司（美國）〕
STOL
〔飛鳥〕的設計
（日本科學技術
廳的開發）
高揚力裝置
引擎
噴射排氣
縫翼
襟翼
襟翼
縫翼

▼螺旋槳及噴射器產生的強大氣流，可由上下轉為前後方向飛行的飛行工具，即為垂直／短場起降飛行器。從狹小區域起飛，可做高速飛行，是飛行者的夢想。許多飛行方式正積極開發。

「Harrier」英空軍獵鷹式垂直起降戰鬥機，以一部渦輪引擎製造排氣及風扇擾動，空氣氣流由左右四個變向噴嘴噴出。噴嘴方向改變，則垂直上升、前進後退等動作都可任意完成，早已被實際應用於飛行。

日本已開發的實驗機「飛鳥」備有特殊的高揚力裝置，可大幅縮短滑行距離。將引擎裝置於機翼上，以噴射排氣的氣流轉為直角方向，朝著地面噴出。

無機翼的飛行體VTOL在設計上，是搭乘者乘坐在渦輪噴射引擎上，構造較為簡單。此外在表演活動中很受矚目的火箭推進器，則是以過氧化氫為燃料，噴出水蒸氣。這些簡易的飛行器操縱都不太容易。

6-27 熱汽球、飛艇

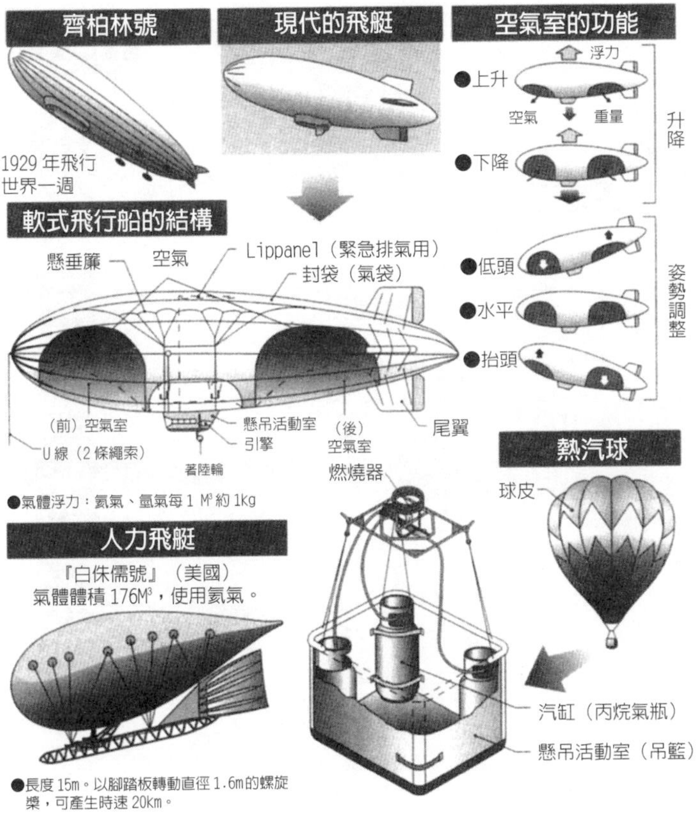
齊柏林號
1929 年飛行
世界一週
現代的飛艇
空氣室的功能
浮力
●上升
空氣
重量
●下降
升降
●低頭
●水平
●抬頭
姿勢調整
軟式飛行船的結構
懸垂簾
空氣
Lippanel（緊急排氣用）
封袋（氣袋）
（前）空氣室
懸吊活動室
引擎
（後）空氣室
尾翼
U 線（2 條繩索）
著陸輪
●氣體浮力：氦氣、氫氣每 1 M³ 約 1kg
人力飛艇
『白侏儒號』（美國）
氣體體積 176M³，使用氦氣。
●長度 15m。以腳踏板轉動直徑 1.6m的螺旋槳，可產生時速 20km。
熱汽球
球皮
燃燒器
汽缸（丙烷氣瓶）
懸吊活動室（吊籃）

▼熱汽球或飛艇常使用氦氣等較輕氣體的浮力，稱為ＬＴＡ（較空氣輕的飛行機）。從前以類似齊伯林號的硬式大型豪華飛艇較盛行，而今已趨向軟式小型飛艇。

飛艇的前後空氣室，將空氣灌入或放出，可調整飛艇船體的浮力或位置。另外，螺旋槳主軸可隨引擎傾斜，因此無論水平方向或上升下降等動作都難不倒它。

以合成纖維製成的大型熱汽球，是高空科學觀測不可或缺的角色。而熱汽球的運用範圍更擴大到運動領域，以丙烷燃燒器將內部空氣加熱，調整燃燒器的燃燒程度可使浮力增減。

人力飛艇可供一人乘坐，踩動腳踏板，使螺旋槳快速轉動，則可前進。另外還有競賽用的無線遙控飛艇。ＬＴＡ可飛行或停留在某處，停留時間從數小時到數日，不需燃料，因此廣受利用。

6-28 飛行自動駕駛系統

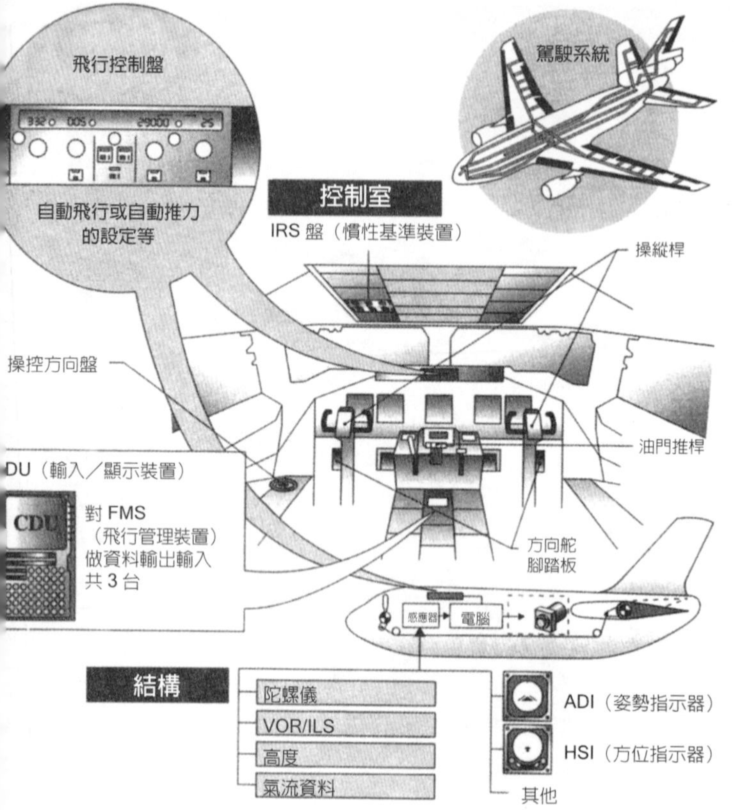
飛行控制盤
自動飛行或自動推力的設定等
駕駛系統
控制室
IRS 盤（慣性基準裝置）
操縱桿
操控方向盤
油門推桿
DU（輸入／顯示裝置）
CDU
對 FMS（飛行管理裝置）做資料輸出輸入 共 3 台
方向舵 腳踏板
感應器
電腦
結構
陀螺儀
VOR/ILS
高度
氣流資料
ADI（姿勢指示器）
HSI（方位指示器）
其他

▼目前噴射客機多以自動控制來飛行，起飛後不久即切換按鍵，以無線通訊和慣性裝置來飛行。飛行員的工作不是操縱方向桿，而是以監視飛行及控制按鍵為主。

取代人為操縱，由自動控制裝置控制飛行方向，自動推力控制裝置調節推力。若是大型客機，則此類裝置的開關控制鈕都連接在計算器盤與方向桿上。

自動化的設計是以陀螺儀為準。高速回轉的陀螺儀有保持一定水平的特性，因此以陀螺儀為準，可使各裝置維持自動平衡的狀態。此外，裝置陀螺儀的固定台上必須做加速度的測定。

測得的加速度傳入電子回路，可以計算得知速度和距離，無需外界傳訊，在機內便能得知現在的位置、高度及速度。這是以INS（慣性導航裝置）的原理得到資訊，故在一望無際的大海上也能正確無誤地飛行。

決戰
半導體
解讀大數據時代的
強勢版塊，
掌握未來投資趨勢
半導体産業のすべて
世界の先端企業から日本メーカーの展望まで
菊地正典——著
展望未來最重要的趨勢
解析全球新賽局
透徹晶片戰爭謀略
世茂出版／定價480元
網羅商務人士、投資人想知道的眾多主題
看現今最關鍵技術半導體如何影響、改變世界！

三種舵的功能

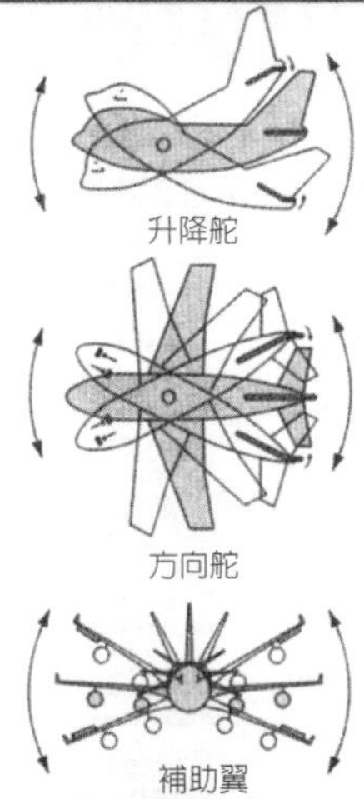
升降舵
方向舵
補助翼

以陀螺儀為基準

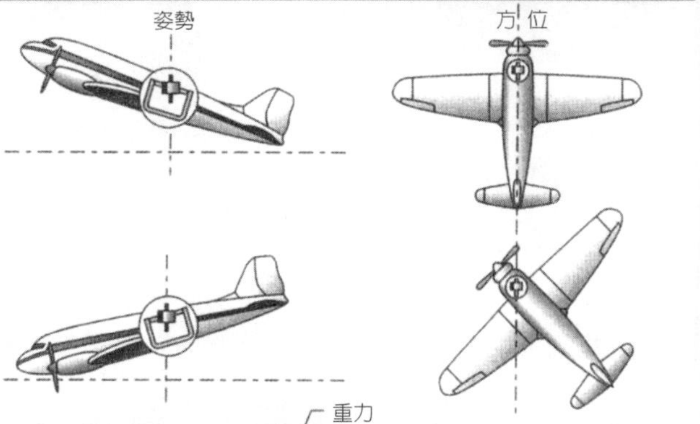
姿勢
方位

計算加速度

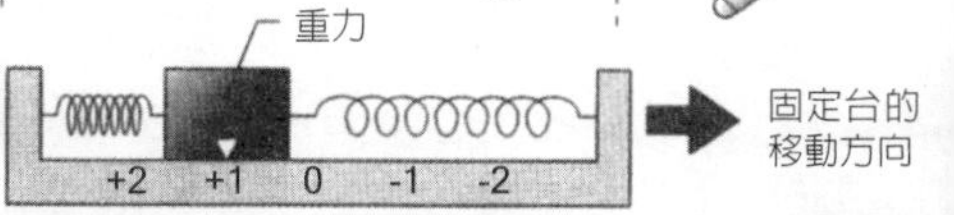
重力
+2
+1
0
-1
-2
固定台的
移動方向

計算器降落裝置

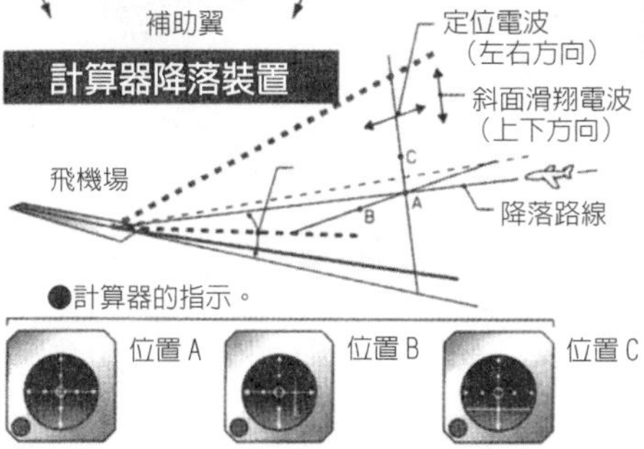
定位電波
（左右方向）
斜面滑翔電波
（上下方向）
飛機場
降落路線
C
B
A
●計算器的指示。
位置 A
位置 B
位置 C

小型飛機用 INS（慣性導航裝置）

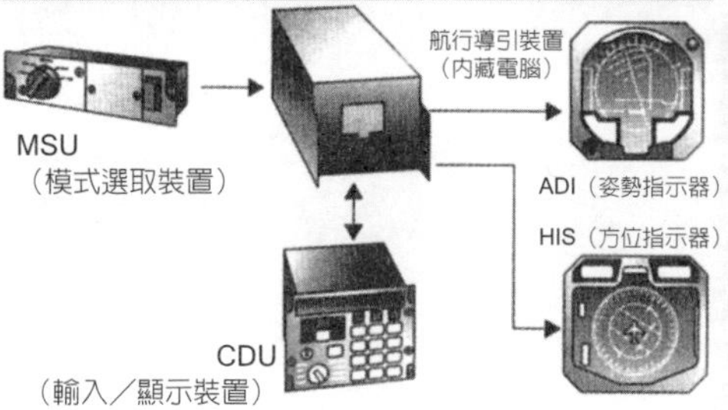
MSU
（模式選取裝置）
航行導引裝置
（內藏電腦）
ADI（姿勢指示器）
HIS（方位指示器）
CDU
（輸入／顯示裝置）

小型飛機的ＩＮＳ設有配備加速度計與電腦的專用裝置，而大型飛機則與機內的電腦連結。所謂的ＩＲＳ（慣性基準裝置）即指以上功能，最主要的部分則是加速度計。

電腦與資訊的傳送接收裝置稱為ＣＤＵ（輸入／顯示裝置），它就像是口袋型電腦，可輸入飛行地的資料，便能自動轉換、改變高度繼續飛行。

接近目標機場，飛機會根據ＩＬＳ（計算器降落裝置）的電波，計算下降高度（最終降落時），接近地面時則拉起機首。現在有了自動降落裝置，必要時有可能完成全自動降落動作。

現代電子資訊發達之餘，連帶飛機降落也有明顯的自動化趨勢。目前已開發不須依賴慣性導航裝置，而利用ＧＰＳ（衛星導航裝置）即可飛往世界各地的飛行方式。

6-29 飛機玻璃座艙

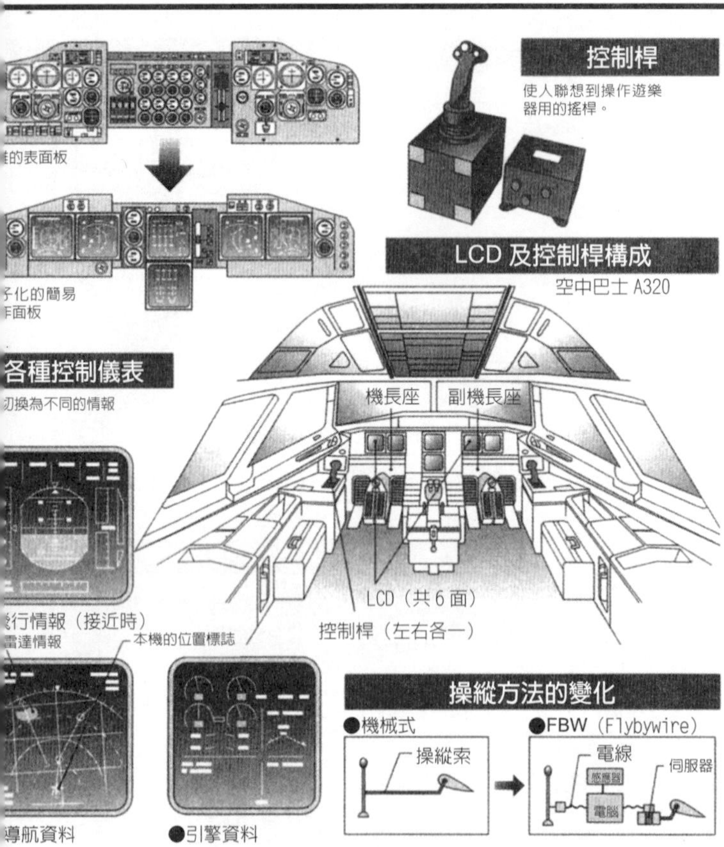
控制桿
使人聯想到操作遊樂器用的搖桿。
LCD 及控制桿構成
空中巴士 A320
機長座
副機長座
LCD（共 6 面）
控制桿（左右各一）
機的表面板
子化的簡易
作面板
各種控制儀表
切換為不同的情報
飛行情報（接近時）
雷達情報
本機的位置標誌
導航資料
●引擎資料
操縱方法的變化
●機械式
操縱索
●FBW（Flybywire）
電線
伺服器
感應器
電腦

▼操控室的儀表面板十分複雜，近年開發的高科技飛機已改用液晶螢幕的映像顯示方式。因有玻璃包圍的感覺，故被稱為「飛機玻璃座艙」。

現代玻璃座艙主要由六個或以上的LCD組成配置在艙內，提供航行及導航資訊。在機長與副機長的兩側各有一台LCD，中間兩個成直排的螢幕則是用來顯示引擎與空調等狀況訊號。

升降舵等的移動，不需機械式的操縱索，而是以電子控制的FBW（Fly by wire）方式。如此則不需以腕力操縱飛行，各按鍵的功能以小型控制桿操縱，信號以電線來傳送。

這些技術革新使得高科技飛機的操控室比以前更寬廣多彩，FBW也改為光纖式的FBL（Fly by Light），朝技術革新的方向前進。

6-30 起落架機輪結構

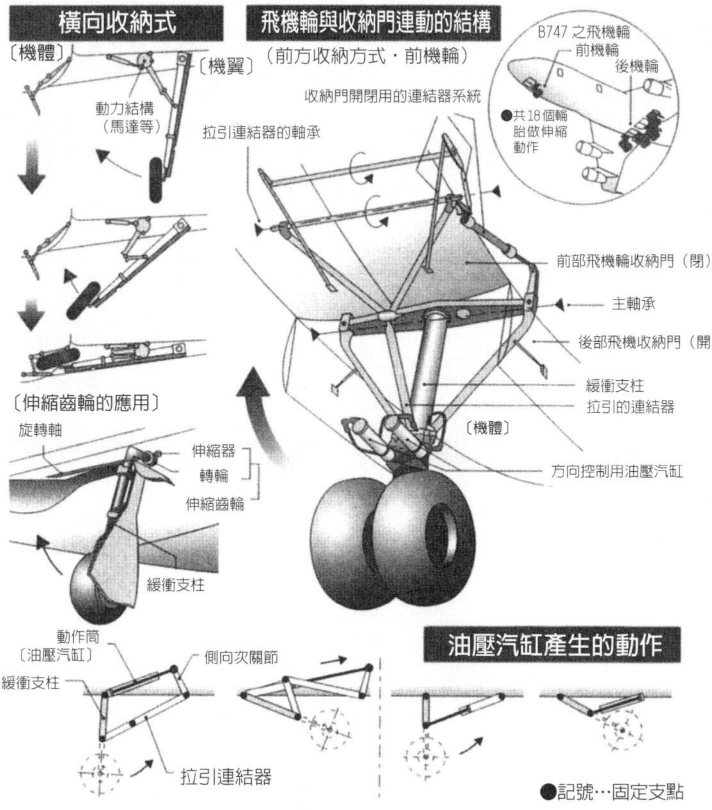
橫向收納式
〔機體〕
〔機翼〕
動力結構
（馬達等）
〔伸縮齒輪的應用〕
旋轉軸
伸縮器
轉輪
伸縮齒輪
緩衝支柱
飛機輪與收納門連動的結構
（前方收納方式・前機輪）
收納門開閉用的連結器系統
拉引連結器的軸承
前部飛機輪收納門（閉）
主軸承
後部飛機收納門（開）
緩衝支柱
拉引的連結器
〔機體〕
方向控制用油壓汽缸
B747 之飛機輪
前機輪
後機輪
●共 18 個輪胎做伸縮動作
動作筒
〔油壓汽缸〕
側向次關節
緩衝支柱
拉引連結器
油壓汽缸產生的動作
●記號…固定支點

▼飛機機輪的伸縮腳架以連結器在飛行中折疊收納於機腹。如此能減少空氣阻力，達成高速化目標。前機輪與主機輪的位置都很集中，若需支撐更大的重量，則輪胎數量增多。

起落架收納方向有前方、後方、外側、內側等，由於必需收納在狹小的空間內，故須先折九十度再倒成平面收納。

動力是使用油壓或馬達，中大型飛機常用油壓汽缸，小型則使用電動式。

當飛機無動力，機輪結構會以自身重量下降，這是基於安全考量的設計，而前方收納方式可藉風力協助。

機輪的出入收納空間，有專用的門使其收納處閉合，而此門為了與機輪上下的動作連動，使用連結器感應的方式，而前機輪更加設方向控制的構造。

低噪音化

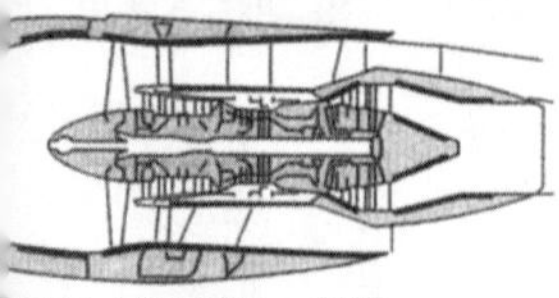
「吸音墊片」位置

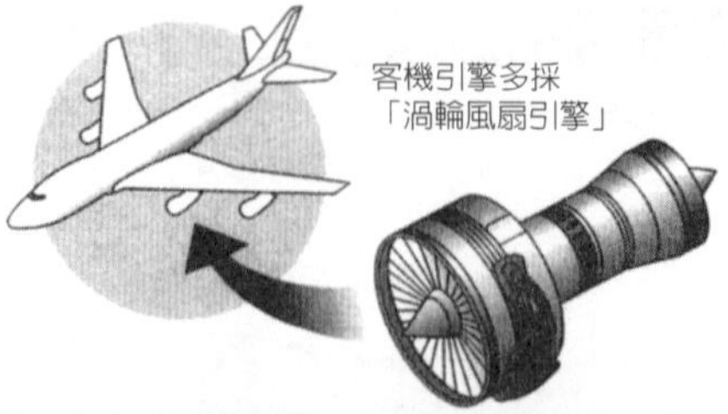
客機引擎多採
「渦輪風扇引擎」

6-31 噴射引擎

種 類

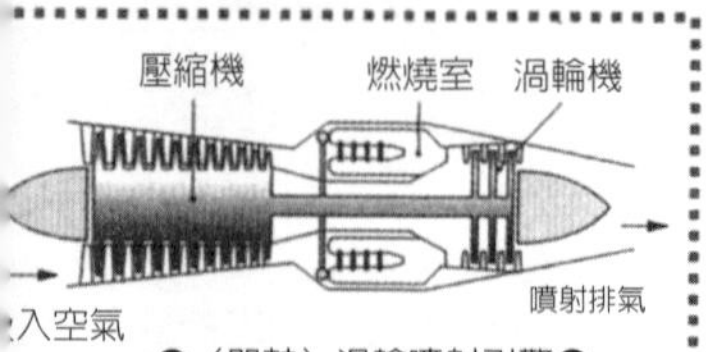
壓縮機
燃燒室
渦輪機
入空氣
噴射排氣

●（單軸）渦輪噴射引擎●
（軸心引擎）

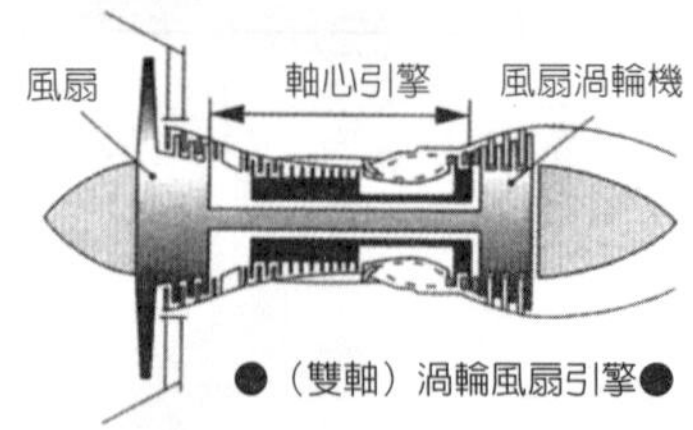
風扇
軸心引擎
風扇渦輪機

●（雙軸）渦輪風扇引擎●

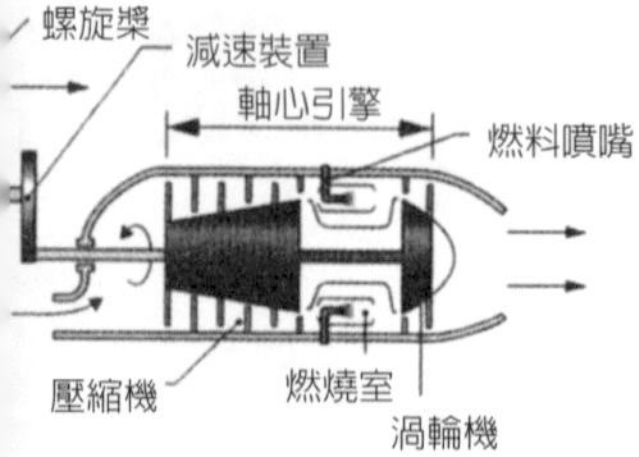
螺旋槳
減速裝置
軸心引擎
燃料噴嘴
壓縮機
燃燒室
渦輪機

●渦輪螺旋槳●

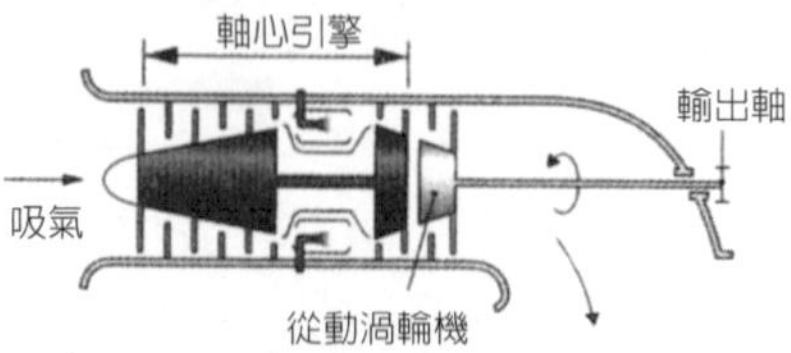
軸心引擎
輸出軸
吸氣
從動渦輪機

●渦輪傳動軸引擎●
（氣體渦輪機）

▼將吸入的空氣加熱後噴出而產生動力的方式，稱為噴射引擎。由於內部為高溫狀態，因此採用耐高溫的鎳合金。因燃料使用煤油類，排出氣體有臭味。

「渦輪噴射引擎」又稱為軸心噴射引擎。主體可分為壓縮機、燃燒室、渦輪機，是由排氣渦輪機所驅動的壓縮機。因為噴出大量氣體，引擎部分須採用高速且輸出力量大者。

軸心引擎包在中間，前面有大口徑風扇，後面有渦輪機旋轉帶動，此種構造即稱為「渦輪風扇引擎」。其設計在熱排氣周邊以冷空氣包圍，因此能降低噪音及燃料消耗。其中以航空用的渦輪風扇引擎特別受到矚目。

另一種設計將引擎的軸加以延長，裝上螺旋槳，如此可與排氣噴射部位同時作用，這便是「渦輪螺旋槳引擎」。其排氣可以轉換成迴轉力的形式加以利用，又稱為氣體渦輪引擎，

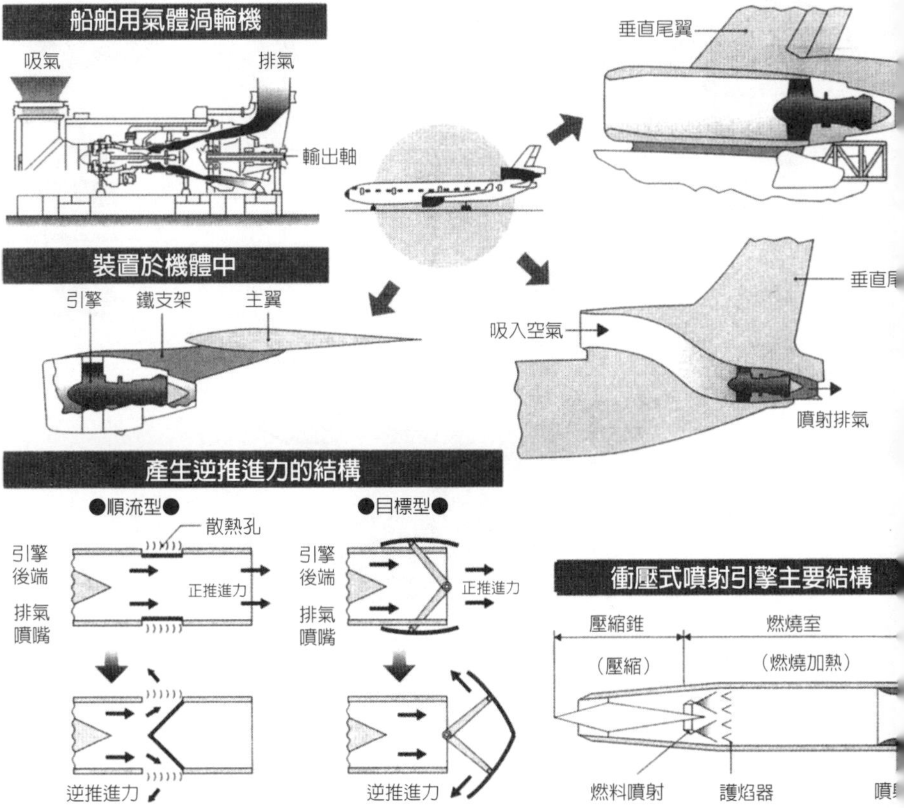

船舶用氣體渦輪機
吸氣
排氣
輸出軸
裝置於機體中
引擎
鐵支架
主翼
垂直尾翼
吸入空氣
噴射排氣
產生逆推進力的結構
●順流型●
散熱孔
引擎後端
排氣噴嘴
正推進力
逆推進力
●目標型●
引擎後端
排氣噴嘴
正推進力
逆推進力
衝壓式噴射引擎主要結構
壓縮錐
（壓縮）
燃燒室
（燃燒加熱）
燃料噴射
護焰器

也被廣泛使用於直升飛機及高速船等。

氣體渦輪引擎的優點在高速推進，天候寒冷時不需預熱，可以迅速開始全力運轉。並以重量較輕而取勝，在特殊用途上是很適合的一種引擎。

飛機在滑行時的剎車作用，是位於噴射引擎上的逆推進力產生裝置，因為有特別導流板，使噴射排氣的方向變為相反方向，將正推進力的三成到五成轉換為逆推進力，因此相當有效。

此外，所採用的渦輪風扇經過設計上的改革，首先引擎低噪音化，已有了各種改善的方案，例如機身裝置的改進，構造上的形狀、材質的研究，內部吸音材等都有積極的發展。

噴射引擎之中有一種「衝壓式噴射引擎」，構造簡單，省去了迴轉結構，有些直升飛機的迴轉部就是使用這類型的引擎，而作為極超音速飛行的引擎，是最受矚目的挑戰。

6-32 太空梭

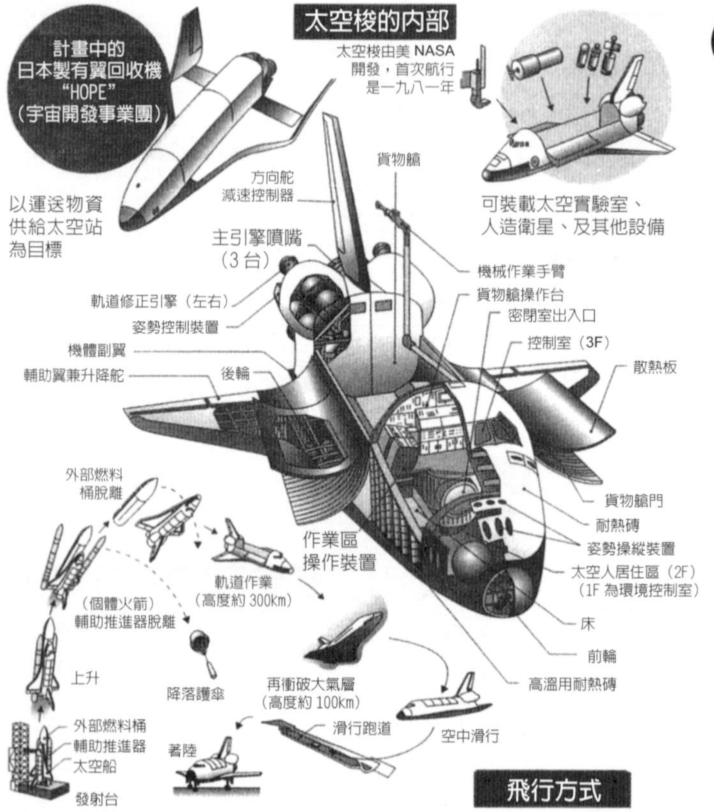
太空梭的內部
太空梭由美 NASA
開發，首次航行
是一九八一年
計畫中的
日本製有翼回收機
“HOPE”
（宇宙開發事業團）
以運送物資
供給太空站
為目標
可裝載太空實驗室、
人造衛星、及其他設備
貨物艙
方向舵
減速控制器
主引擎噴嘴
（3台）
機械作業手臂
貨物艙操作台
密閉室出入口
軌道修正引擎（左右）
姿勢控制裝置
控制室（3F）
機體副翼
輔助翼兼升降舵
後輪
散熱板
貨物艙門
耐熱磚
姿勢操縱裝置
太空人居住區（2F）
（1F 為環境控制室）
床
前輪
高溫用耐熱磚
外部燃料
桶脫離
作業區
操作裝置
軌道作業
（高度約 300km）
（個體火箭）
輔助推進器脫離
上升
降落護傘
再衝破大氣層
（高度約 100km）
外部燃料桶
輔助推進器
太空船
發射台
著陸
滑行跑道
空中滑行
飛行方式

▼太空梭由火箭搭載，受火箭推進力進入太空中滑行，完成行程後返回地面。這是一種可回收使用的多次型太空運輸船，能搬運30噸左右的重物，因此成為宇宙開發的利器。

發射時，結合軌道巡迴船及固體燃料火箭的補助推進器兩支，液體氫與液體氧的外部燃燒桶一支，一併上升進入太空。

到達預定的軌道後，以九十分鐘繞地球一圈的速度，一邊繞行一邊使用貨物艙的設備進行各項計劃。哈伯太空望遠鏡進入太空發射，就是藉由這個方式。

回程的難關在於再度衝破大氣層，與空氣摩擦將造成溫度上升達一千二百度，因此在機艙外部需貼附特別矽石材料的耐熱磚作為保護。

美國等各國都有太空船的計畫，以建設多個太空站，達成可多次往返的目標。未來以水平方式發射、登陸的

第7章

產業機械

7-1 NC機械

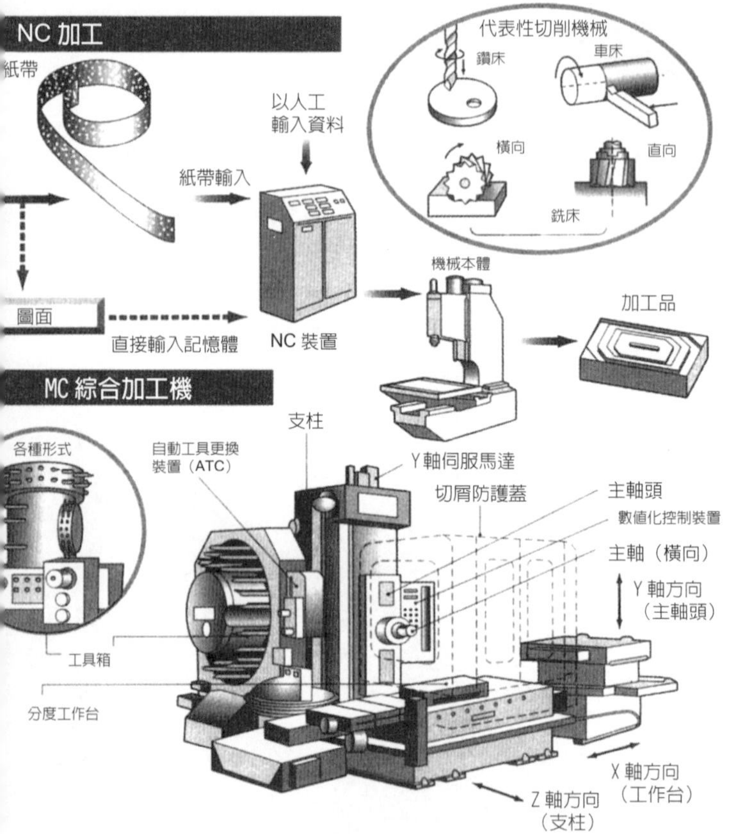
NC 加工
紙帶
以人工輸入資料
紙帶輸入
代表性切削機械
鑽床
車床
橫向
直向
銑床
機械本體
加工品
圖面
直接輸入記憶體
NC 裝置
MC 綜合加工機
支柱
各種形式
自動工具更換裝置（ATC）
Y軸伺服馬達
切屑防護蓋
主軸頭
數值化控制裝置
主軸（橫向）
Y 軸方向（主軸頭）
工具箱
分度工作台
X 軸方向（工作台）
Z 軸方向（支柱）

▼不以方向轉輪做控制，改由數值或符號（數值資料）的輸入來操作機械，這便是NC（數值控制）工作機械。有了它，無論任何人操作機械，都能妥善處理作業內容，特別是多種類、少量生產時，NC工作機械最能發揮優越性，在工廠中極為普遍。

舊型的設計是依據數值資料，將打有指定孔的紙帶（NC紙帶）以讀紙帶機讀取，依其資料來控制生產。例如：以迴轉工具一點一點地控制，削磨產生製作物輪廓。

近來NC機械在設計上大量擴充記憶體容量，使更多數值資料可用來控制機器運作，也就是使機械與電腦結合，如此一來，無需經由紙帶機，可利用電腦指令直接使機械運轉。

NC機械由機械本體與NC裝置兩個部分所構成。機械本體是實際作業的部分，而NC裝置則是負責資訊的處理。處理完成之後再將控制命令傳送出去，使伺服馬達起動。

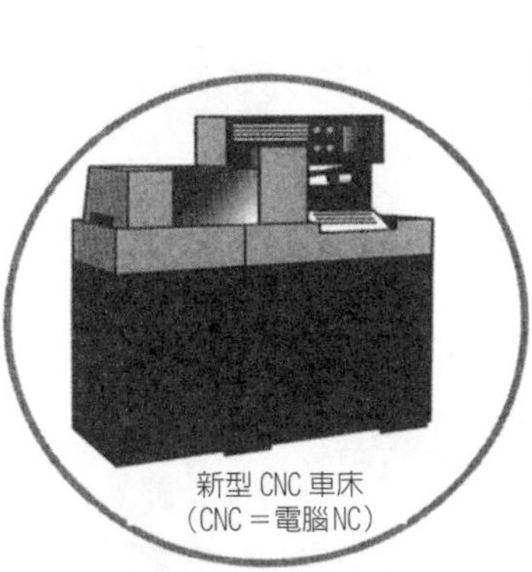
新型 CNC 車床
（CNC＝電腦 NC）

折損檢測

（在 S 段推進中若無接觸則視為折斷）

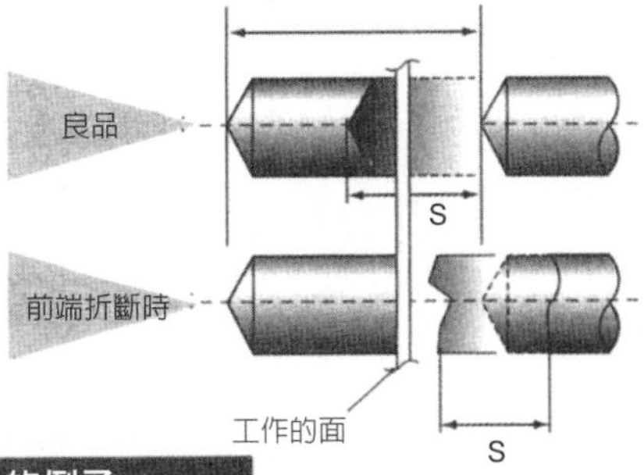
良品
S
前端折斷時
工作的面
S

資料
圖面

FMS（彈性製造系統）的例子

（多種類少量生產線）

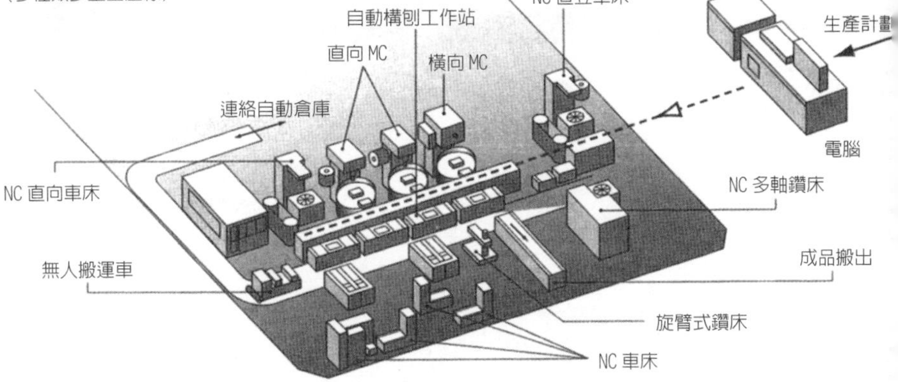
NC 直立車床
自動構刨工作站
直向 MC
橫向 MC
連絡自動倉庫
生產計畫
電腦
NC 直向車床
NC 多軸鑽床
成品搬出
無人搬運車
旋臂式鑽床
NC 車床

NC裝置中的代表首推MC（綜合加工機）。以一台機械可以連續製作多種類多方面的加工，集固有的銑床、鏜床、鑽床等功能於一機，使生產性能提高。

MC機械上更附加了自動工具更換裝置，提高作業自動化的水準。許多工廠已利用它進行無作業員的24小時運轉。

此外，機械上加裝各式感應器，可執行生產檢查及診斷的功能。例如工具折斷時，可經由非接觸狀況的檢測而感知異常狀況，立即進行對應，這些無人的管理功能在技術上是精密又確實的。

多種類卻少量的生產，在經濟面上較不利，也是高難度的生產技術。然而以這些MC技術為基礎，以電腦控制統整各種自動倉庫、無人搬運車等等，設計成為FMS（彈性製造系統），可逐漸達成最佳的生產狀態。

7-2 雷射加工機

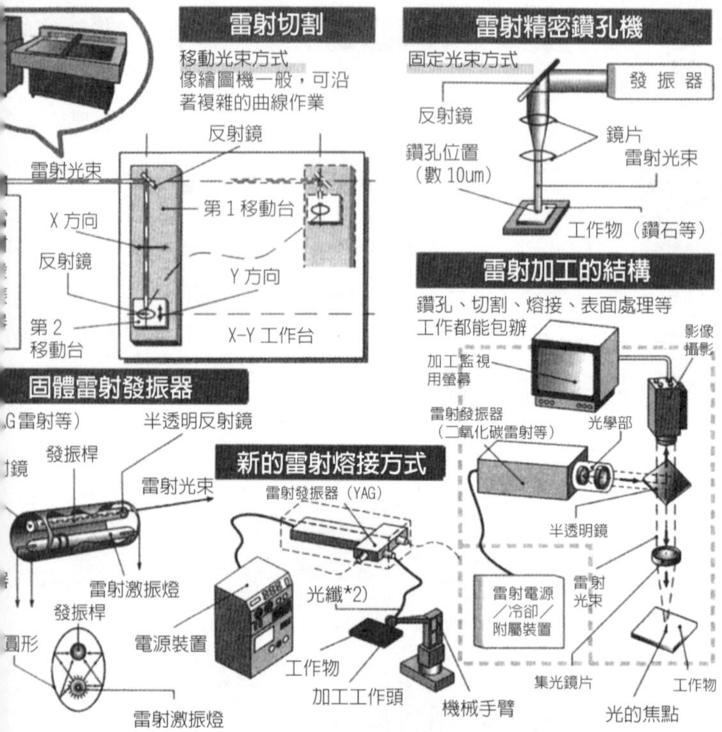
雷射切割
移動光束方式
像繪圖機一般，可沿著複雜的曲線作業
反射鏡
雷射光束
X 方向
第 1 移動台
反射鏡
Y 方向
第 2 移動台
X-Y 工作台
雷射精密鑽孔機
固定光束方式
發 振 器
反射鏡
鏡片
鑽孔位置（數 10um）
雷射光束
工作物（鑽石等）
雷射加工的結構
鑽孔、切割、熔接、表面處理等工作都能包辦
影像攝影
加工監視用螢幕
雷射發振器（二氧化碳雷射等）
光學部
半透明鏡
雷射電源／冷卻／附屬裝置
雷射光束
集光鏡片
工作物
光的焦點
固體雷射發振器
G雷射等）
半透明反射鏡
發振桿
雷射光束
雷射激振燈
發振桿
圓形
雷射激振燈
新的雷射熔接方式
雷射發振器（YAG）
光纖*2)
電源裝置
工作物
加工工作頭
機械手臂

1)YAG：
AG 即以釔鋁石的單結晶為
體，做成固態雷射，能發
近紅外線光。

*2)光纖：YAG 雷射的發振波長很短，因此能利用光纖傳送。而若是二氧化碳雷射，因為波長較長故中途會被吸收，無法以光纖傳送。

▼雷射加工機的作業，是以強光的能量集中於一點，將該部分熔蝕、蒸發，特徵在無接觸的加工方式，鑽石鑽孔或布料裁割等工作都能輕鬆完成。

雷射光是單色光在固體或氣體、半導體的發振之下形成。加工用的雷射光需要很大的輸出，例如碳酸氣（二氧化碳）雷射及YAG雷射都很合適，而後者近年來多應用於精密作業技術。

加工機的結構包括雷射發振器、反射器，以及雷射光傳送部、加工台等部分。作業方式可分為兩種，一為使光的焦點固定而移動工作物的固定光束方式；另一為工作物不動，而改變焦點位置的移動光束方式。

在這一領域中也開發了NC（數值控制）加工機，未來的發展性極大。此外YAG雷射可藉光纖傳送，若結合工廠的產業用機器手臂，可開發自動雷射熔接機。

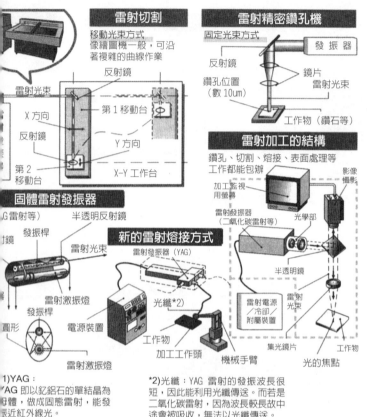

7-3 射出成型機

射出成型機的結構

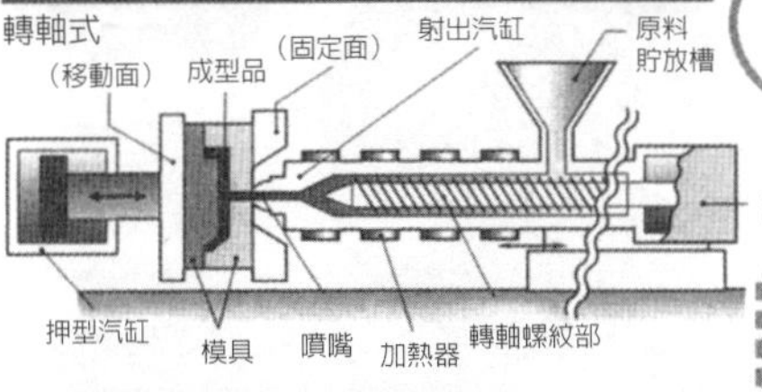
轉軸式
（移動面）
成型品
（固定面）
射出汽缸
原料
貯放槽
油壓馬達
押型汽缸
模具
噴嘴
加熱器
轉軸螺紋部

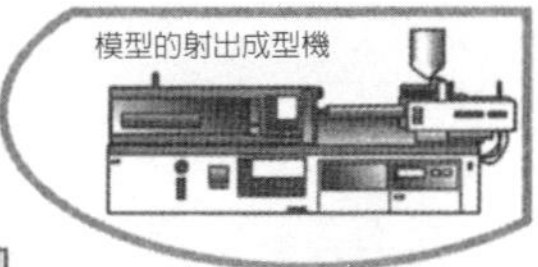
模型的射出成型機

各種成型法

（製品例）

壓縮成型…以類似沖壓的方式加壓（碗、車體等）
射出成型…一般量產品。（日用雜貨、家電、工業製品）
押出成型…扭力孔或模具方式定形。（棒、管、板、片）
吹入成型…吹入空氣於管內。（瓶、中空製品等）
真空成型…在模具中吸出空氣使貼附成形。（商品包裝、薄杯等）
膨脹成型…成形機以空氣使其膨脹，再捲成筒狀。（膠片筒）

用語

＊1）熱可塑性樹脂：
加熱則軟化，遇冷則固化，且能無限次數反覆溶解、固化的樹脂（例…聚氯乙烯、保麗龍、壓克力樹脂、合成纖維《尼龍》等）

＊2）熱硬化性樹脂：
加熱則軟化，冷卻則固化，然而一但固化則再加熱亦不能軟化，反而更加硬化的樹脂
（例…石炭酸、尿酸樹脂、三聚氰胺、多元脂等等）

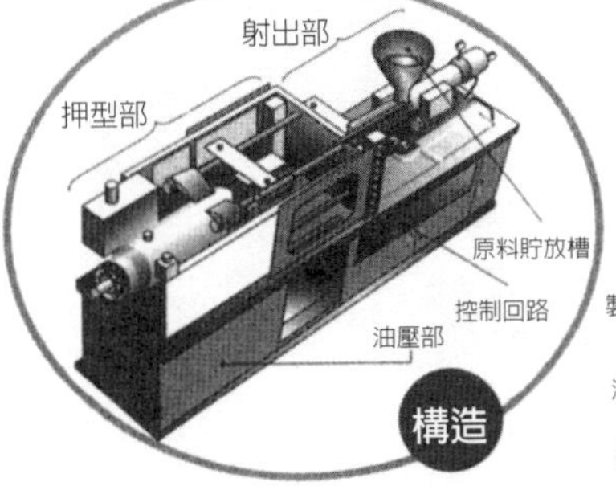
射出部
押型部
原料貯放槽
控制回路
油壓部
構造

模具及成型品

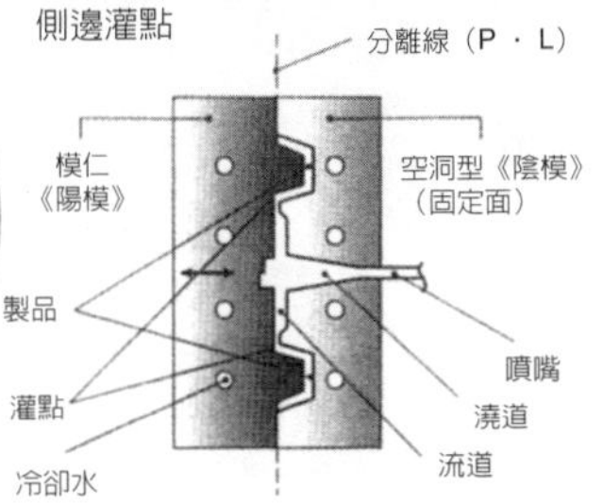
側邊灌點
分離線（P・L）
模仁
《陽模》
空洞型《陰模》
（固定面）
製品
灌點
冷卻水
噴嘴
澆道
流道

▼塑膠的主要成分是合成樹脂，製品輕、不生鏽，且價格便宜。合成樹脂的種類可分為熱可塑性，及熱硬化性兩種，依其性質的不同，有許多不同的成型方式。而若要大量生產則可使用射出成型加工的熱可塑性樹脂。

射出成型機以樹脂粒等原料加熱熔解，再利用高壓力向模具內擠出，模具在冷水中冷卻，則樹脂立即固化，便可將製品取出，再複雜的形狀也能在一次作業中迅速完成。

成型製品的質感受模具的影響，模具的結構由陽模及陰模組成，手雕方式、或NC（數值控制）機械加工方式都能製造精密的模具。此外，押型部的動力完全是以油壓的方式來完成。

射出成型機原來就是無人控制自動化的機械，近來更結合了成型取出、保護包裝、裝箱自動機械手臂等，開發出更精細的自動化生產機械。

7-4 產業用機械手臂

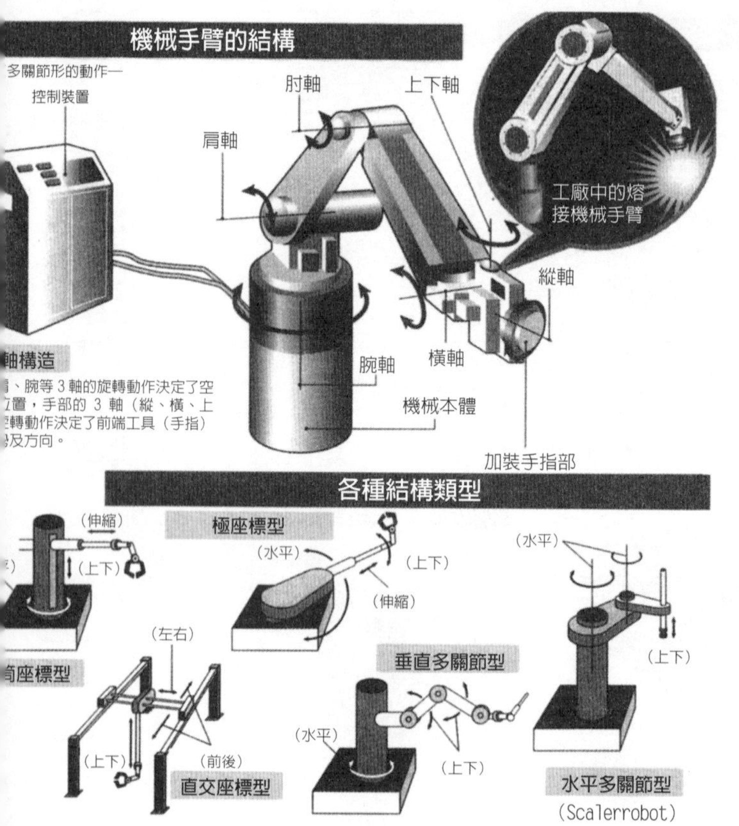
機械手臂的結構
多關節形的動作—
控制裝置
肘軸
上下軸
肩軸
工廠中的熔
接機械手臂
縱軸
軸構造
、腕等 3 軸的旋轉動作決定了空
位置，手部的 3 軸（縱、橫、上
轉動作決定了前端工具（手指）
及方向。
腕軸
橫軸
機械本體
加裝手指部
各種結構類型
（伸縮）
（上下）
極座標型
（水平）
（上下）
（伸縮）
（水平）
（上下）
（左右）
筒座標型
垂直多關節型
（水平）
（上下）
（前後）
直交座標型
（上下）
水平多關節型
(Scalerrobot)

▼產業用機械手臂，即工廠使用的機械手臂，可進行工廠的工作物放置、移取、塗漆、熔接、組裝等工作。由熟練的操作者將作業順序輸入控制裝置，則能重覆無數次正確的操作。構造上是以完成「腕部及手部」動作為主的機械。

動作時，首先移至立體空間中的指定位置，將手上的工具以必要的方向（指定姿勢）靠近工作物，這些動作必須以各種結構類型來完成。

圓筒座標型與照相機的三腳架固定位置、捕捉目標的動作方式相仿，而極座標型則使人聯想到水管灑水的動作。另外直交座標形則與遊樂場中的「抓娃娃」起重機抓贈品的方式相仿。

特別是垂直多關節型的結構，包含了大型及小型的機械手臂，這種結構在定位時完全靠軸承部分的三處迴轉運動，無需滑動伸縮的來回運動部

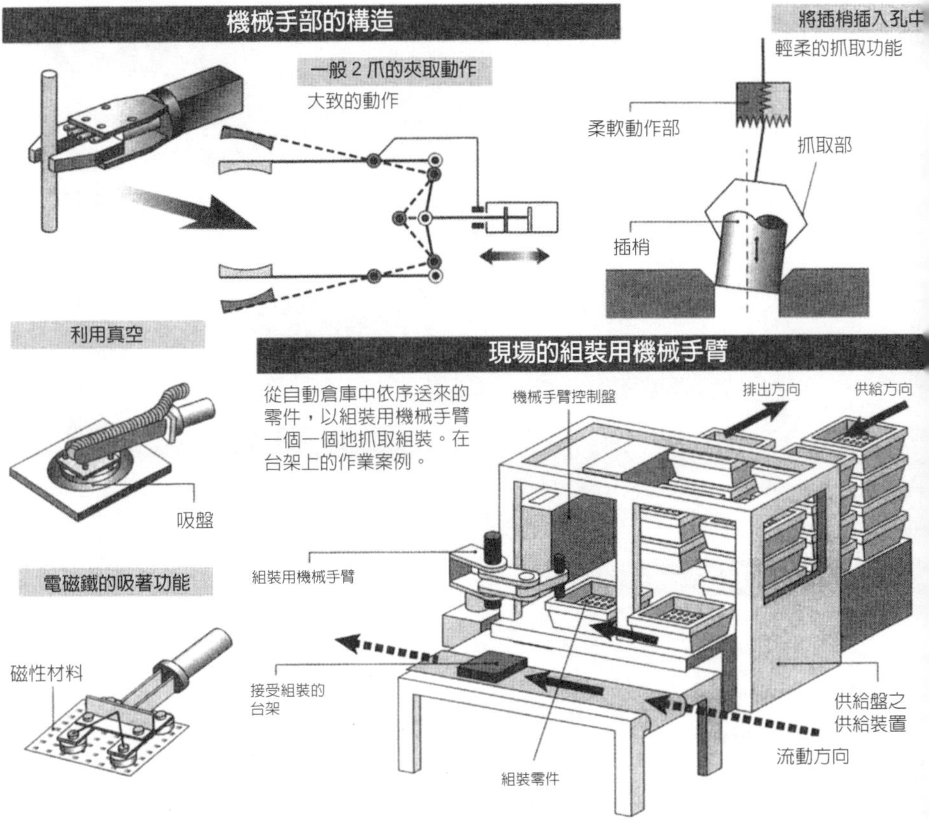
機械手部的構造
一般 2 爪的夾取動作
大致的動作
將插梢插入孔中
輕柔的抓取功能
柔軟動作部
抓取部
插梢
利用真空
吸盤
電磁鐵的吸著功能
磁性材料
現場的組裝用機械手臂
從自動倉庫中依序送來的零件，以組裝用機械手臂一個一個地抓取組裝。在台架上的作業案例。
機械手臂控制盤
排出方向
供給方向
組裝用機械手臂
接受組裝的台架
組裝零件
供給盤之供給裝置
流動方向

分，可說是人類手臂原理的延伸。

另外，腕部屈曲的方向可做90度改變的水平多關節型結構正快速增加，耐用且便利。小件組裝大多採用此種類型。

機械的手部附加了能握持物品並進行加工的各式工具，這些設計是模仿人類手指的精巧機能，目前正高度發展中，已經開發出輕柔接觸，可依對象的條件做應變等人工感應機能。

機械手臂的動力有油壓式、電氣式、空氣壓力式等。重物搬送加工等工作則需要油壓式的構造。一般最普遍且易於控制的屬電氣式，各種伺服馬達都被廣為應用。空氣壓力式則有動作快速、體積小等優點。

機械手臂可提供便利，但若失控則可能造成很大的損失，因此要限制機械手臂的動作安全範圍，例如地面鋪設感應板以檢測人員接近，緊急停止開關的設置等安全對策。

7-5 自動包裝機

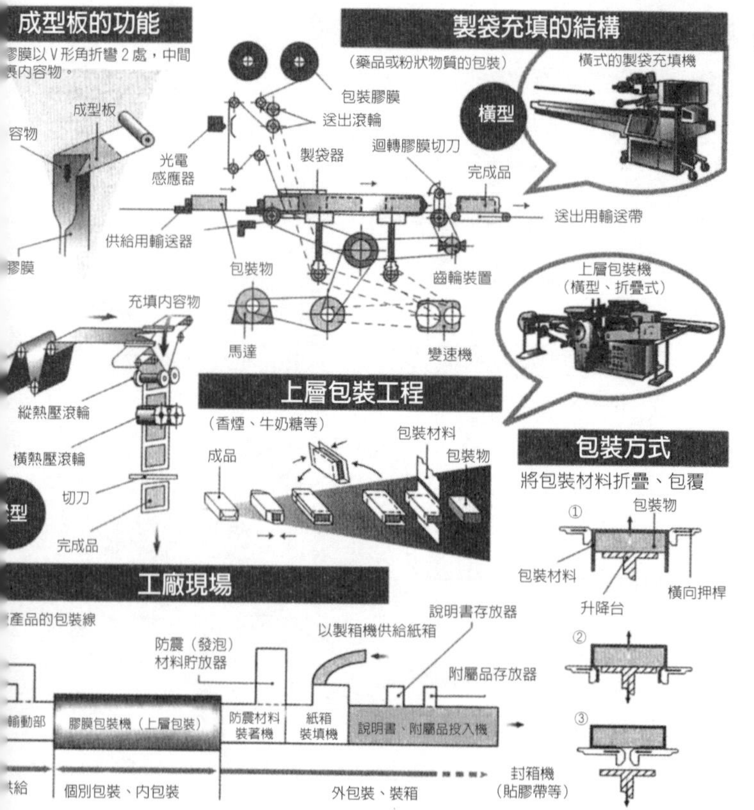

成型板的功能
膠膜以V形角折彎2處，中間
裹內容物。
成型板
容物
膠膜
製袋充填的結構
（藥品或粉狀物質的包裝）
包裝膠膜
送出滾輪
光電
感應器
製袋器
迴轉膠膜切刀
完成品
送出用輸送帶
供給用輸送器
包裝物
齒輪裝置
馬達
變速機
橫型
橫式的製袋充填機
上層包裝機
（橫型、折疊式）
充填內容物
縱熱壓滾輪
橫熱壓滾輪
切刀
完成品
上層包裝工程
（香煙、牛奶糖等）
成品
包裝材料
包裝物
包裝方式
將包裝材料折疊、包覆
①
包裝物
包裝材料
升降台
橫向押桿
②
③
工廠現場
產品的包裝線
防震（發泡）
材料貯放器
以製箱機供給紙箱
說明書存放器
附屬品存放器
輸動部
膠膜包裝機（上層包裝）
防震材料
裝著機
紙箱
裝填機
說明書、附屬品投入機
封箱機
（貼膠帶等）
供給
個別包裝、內包裝
外包裝、裝箱

▼將紙盒或製品以紙張或膠膜等包裝材料自動做包裝，這樣的機械就是自動包裝機。包裝機械可大致分為兩種：個別入袋、個別打包的內包裝機機，以及綁包裝帶等外箱的外包裝機械。

製袋充填機在藥品的包裝上經常被使用。於輪狀的膠膜間置入製品，封裝成型。而香煙盒則是以外包裝機打包，將透明膠膜套上去，摺疊後以熱力封黏起來。

包裝材料的疊放處，可以真空手臂或摩擦輪一件件分離以備使用。包裝機械構造包括許多密集的要素，如馬達動力、連結器、凸輪等串連結構而成，有如機器人一般的精巧。

包裝作業的工作變換，以及傳遞物品時需要的機械手臂已被開發出來，工廠的包裝機與多種相關機械連結而成，進行生產線工作，對於生產的最終階段是十分重要的機械。

7-6 無人搬運車AGV

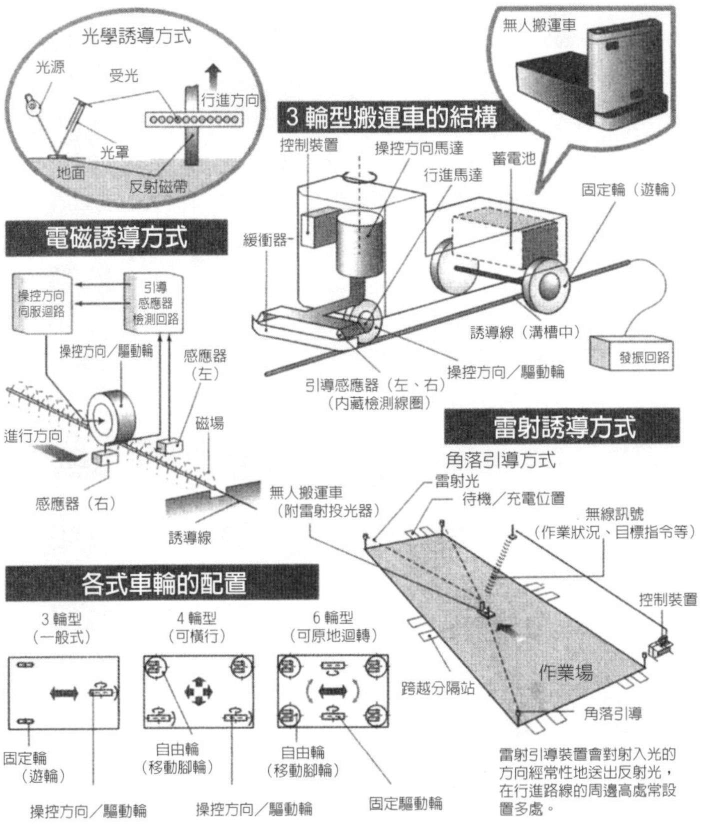
光學誘導方式
光源
受光
行進方向
光罩
地面
反射磁帶
無人搬運車
3 輪型搬運車的結構
控制裝置
操控方向馬達
蓄電池
行進馬達
固定輪（遊輪）
緩衝器
誘導線（溝槽中）
發振回路
操控方向／驅動輪
引導感應器（左、右）
（內藏檢測線圈）
電磁誘導方式
操控方向
伺服迴路
引導
感應器
檢測回路
操控方向／驅動輪
感應器
（左）
磁場
進行方向
感應器（右）
誘導線
雷射誘導方式
角落引導方式
雷射光
待機／充電位置
無人搬運車
（附雷射投光器）
無線訊號
（作業狀況、目標指令等）
控制裝置
跨越分隔站
作業場
角落引導
雷射引導裝置會對射入光的
方向經常性地送出反射光，
在行進路線的周邊高處常設
置多處。
各式車輪的配置
3 輪型
（一般式）
4 輪型
（可橫行）
6 輪型
（可原地迴轉）
固定輪
（遊輪）
自由輪
（移動腳輪）
自由輪
（移動腳輪）
操控方向／驅動輪
操控方向／驅動輪
固定驅動輪

▼工廠中常可見無人操縱、專供資材運送的台車，在一般人行通道來回走動，這就是無人搬運車。與輸送帶不同，近來在倉庫、醫院都能看到這樣的設備。

在自動方向盤貼有磁帶，可利用磁鐵的常見電磁引導方式，先在地板下的溝槽中埋設電線，通以高周波電流，使台車上的感應器可偵測左右兩側位置偏移量，以操控方向。

台車的車輪配置多採前一後二的3輪型式，也有4輪、6輪型式，以完成獨特的動作設計。此外也經常使用反射式光電轉換器來偵側障礙物，是防止撞擊的安全裝置。

然而以溝槽或磁帶來決定台車行進路線，這樣的方式對於路線變更很不方便，因此另有在地板上不設任何引導的「無設定路線方式」。例如使用雷射，一邊判斷自我位置，一邊前進，這個方式已成為趨勢。

7-7 半導體製造裝置

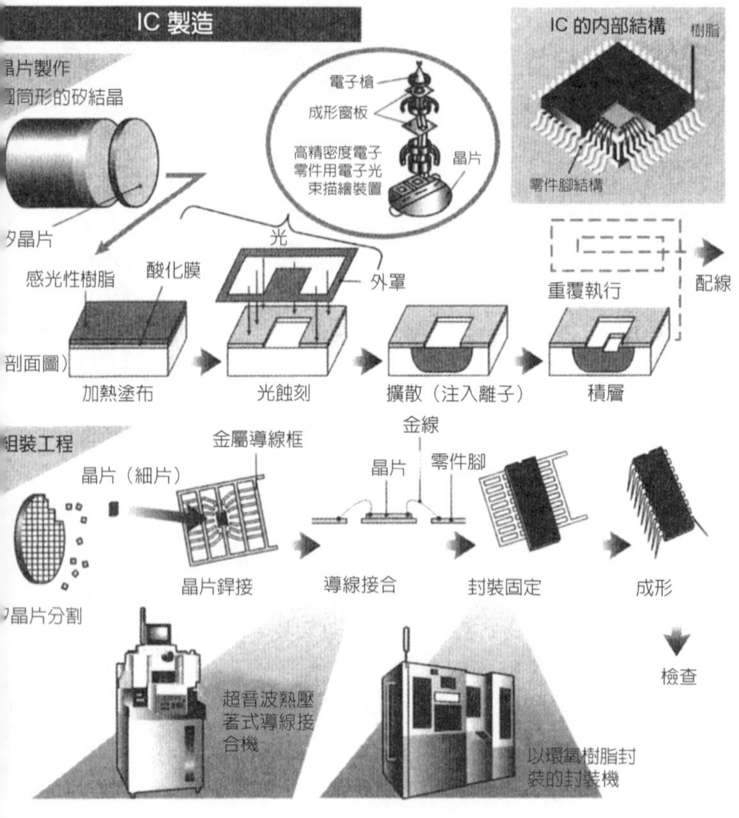
IC 製造
晶片製作
圓筒形的矽結晶
矽晶片
電子槍
成形窗板
高精密度電子
零件用電子光
束描繪裝置
晶片
IC 的內部結構
樹脂
零件腳結構
光
外罩
感光性樹脂
酸化膜
剖面圖）
加熱塗布
光蝕刻
擴散（注入離子）
積層
重覆執行
配線
組裝工程
金屬導線框
晶片（細片）
矽晶片分割
晶片銲接
金線
晶片
零件腳
導線接合
封裝固定
成形
檢查
超音波熱壓
著式導線接
合機
以環氧樹脂封
裝的封裝機

▼在電視上常可見到微小的半導體晶片在生產線上快速生產的景象，這是高度科技的象徵。

目前以矽為主的半導體，是將灰色硬石般的結晶做為電晶體等電子零件的基礎，被稱為產業界的糧食，極具重要性。

IC（積體電路）是在數厘米見方的矽基板上，有許多零件及電子回路堆積重疊。

IC製程可分為半導體元件製造及封裝組裝，半導體元件製程須先描繪IC設計圖在塊狀的表面上，再將必要的離子貼附上去，這些基本程序是使用照相及電子光束的技術，處理時必須重覆數次將電路重疊起來。

一體加工而成的晶片，經過切割可製成數百個小晶片，在小晶片上，高速銲接金線，周圍以樹脂包覆，便完成了所謂的IC電子零件封裝。

半導體製造是超精密作業，必須嚴

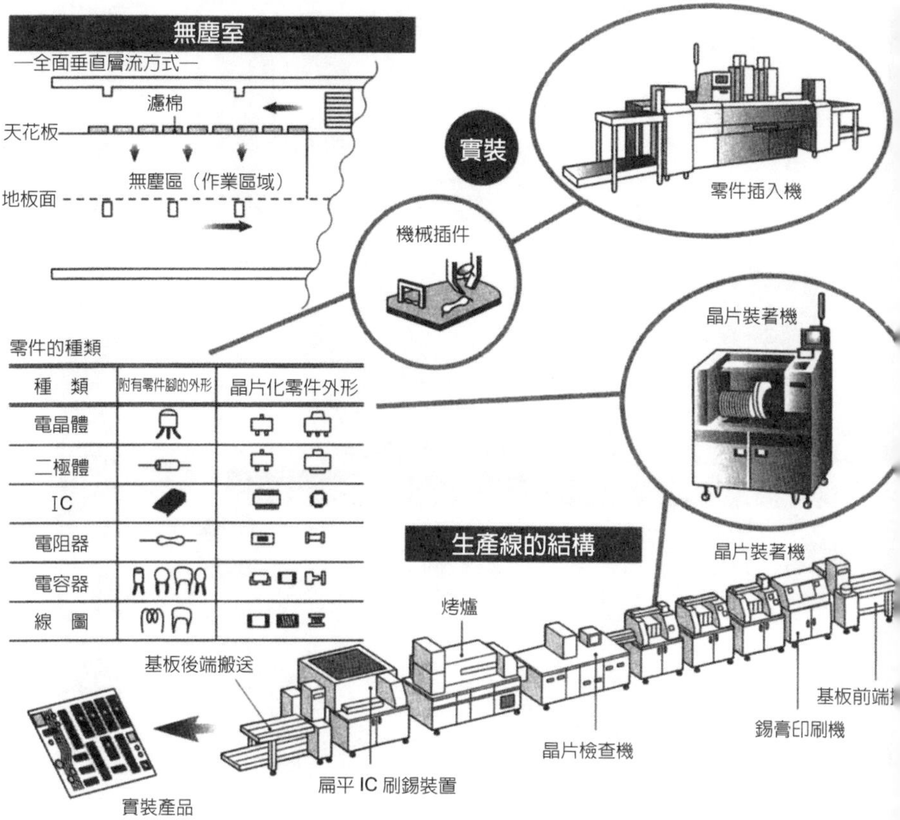
無塵室
一全面垂直層流方式一
濾棉
天花板
無塵區（作業區域）
地板面
實裝
機械插件
零件插入機
晶片裝著機
零件的種類
種　類
附有零件腳的外形
晶片化零件外形
電晶體
二極體
IC
電阻器
電容器
線　圈
生產線的結構
晶片裝著機
烤爐
基板後端搬送
基板前端搬
錫膏印刷機
晶片檢查機
扁平 IC 刷錫裝置
實裝產品

密監控，防止塵埃沾附，因此必須在無塵室中加工。清淨空氣方式有兩種，一為從天花板上朝地面排出清淨的空氣，一為風道式。

IC等電子零件都是接裝在印刷基板上（印刷電路板）。於絕緣板的表面上銲接銅等金屬細線，形成複雜的回路。近來多層板越來越多，使各種電子裝置都因而變得更精巧袖珍。

電子零件已經從以前的腳形零件轉型到印刷基板上，加熱焊接即能將晶片元件焊接上去。這就是實體電路板的製作過程，這樣的變革對工廠生產線的自動化有很大的催化效果。

在新技術方面，近來已開發出混合式積體電路（hybrid IC），能將半導體晶片與單體零件集中於一個電子封裝零件中，使得電子技術更加高積體化、高密度化。

7-8 CAD電腦輔助設計

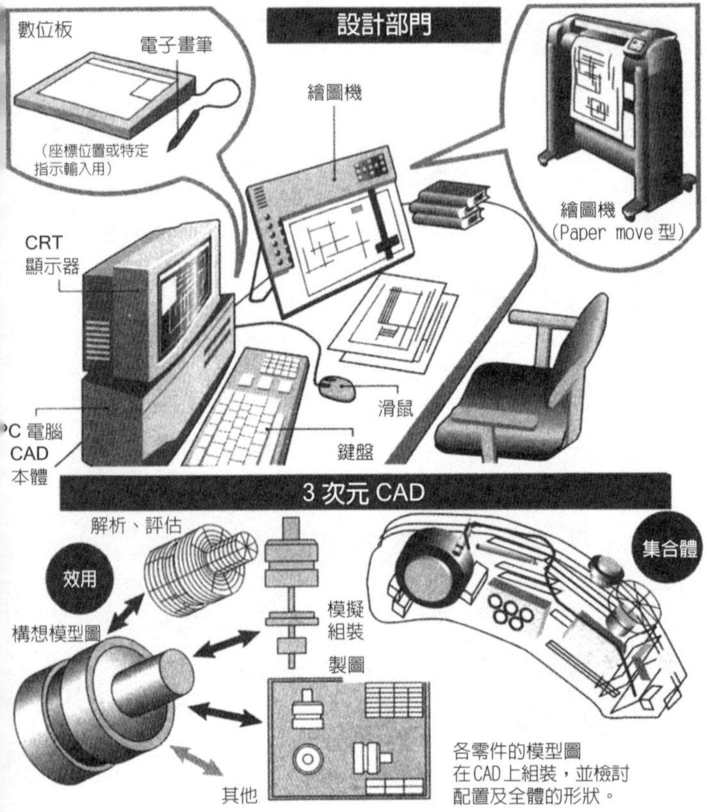
設計部門
數位板
電子畫筆
（座標位置或特定指示輸入用）
繪圖機
繪圖機
(Paper move 型)
CRT
顯示器
PC 電腦
CAD
本體
滑鼠
鍵盤
3 次元 CAD
解析、評估
效用
構想模型圖
模擬
組裝
製圖
集合體
其他
各零件的模型圖
在CAD上組裝，並檢討
配置及全體的形狀。

▼設計工作室中常見的PC電腦之外，另有一種製圖機械，配置繪圖機（Plotter），不以從前的繪圖工具定規尺、量角器等工具為主，稱為CAD（電腦輔助設計）設備。

這種繪圖設計大大提高圖面製作的速度，再多資料也能正確無誤地管理，將設計指示以鍵盤或滑鼠輸入電腦，在畫面上會出現視窗以輔助作業。

繪圖機可分為：將紙張固定，以畫筆橫豎移動的平板型，及將紙張直向移動、畫筆橫向移動的移紙型。紙張固定方式則是採用磁鐵板或靜電吸著。

CAD的設計作業已從二次元（平面式）進化到三次元（立體式）。這種立體的CAD設備可旋轉構想中的模型圖，也可以和其他零件組合，以檢討繪圖。使設計圖能快速完成，輔助設計功能極佳。

7-9 汽電共生

使用氣體渦輪引擎的汽電共生設備

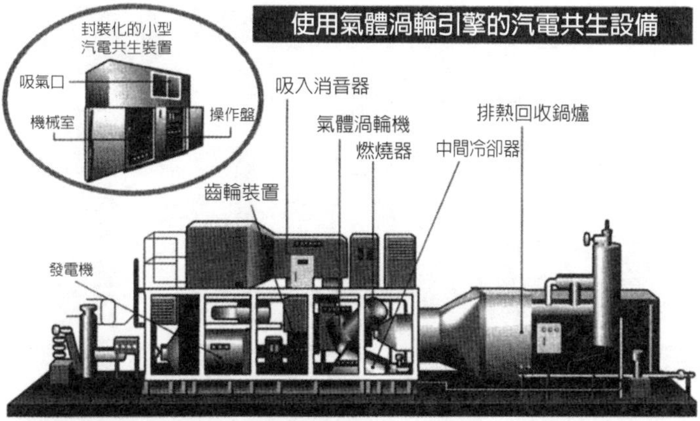
封裝化的小型
汽電共生裝置
吸氣口
機械室
操作盤
吸入消音器
氣體渦輪機
燃燒器
排熱回收鍋爐
中間冷卻器
齒輪裝置
發電機

引擎的比較

種類	氣體渦輪機	氣體引擎	柴油引擎
規模	中等規模以上 (500~10萬KW)	中小規模 (20~1000KW)	中規模 (200~1萬KW)
發電效率	20～30%	25～35%	25～40%
總合效率	約 80%	約 80%	約 80%
燃料	都市瓦斯、燈油、柴油	都市瓦斯	A重油、輕油
公害性 (大氣污染等)	小	中	大
熱電比*	22～30	12～22	1.1～1.9
特徵	超動快速 熱主電從型	小型化傾向 電主熱從型	消費燃料少 電主熱從型

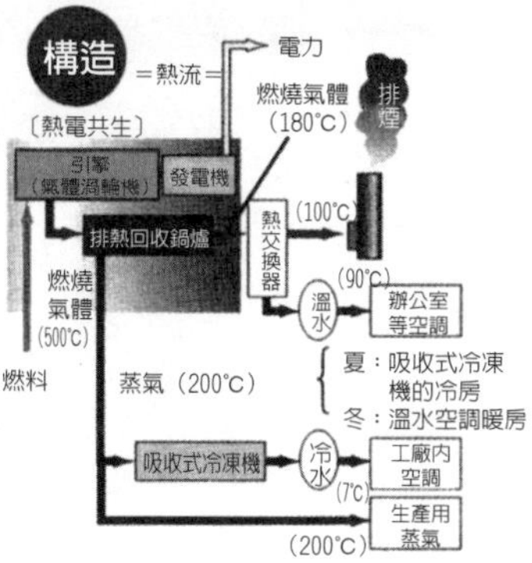
構造
=熱流=
電力
〔熱電共生〕
引擎（氣體渦輪機）
發電機
燃燒氣體（180°C）
排煙
排熱回收鍋爐
熱交換器
(100°C)
(90°C)
溫水
辦公室等空調
燃燒氣體(500°C)
燃料
蒸氣（200°C）
夏：吸收式冷凍機的冷房
冬：溫水空調暖房
吸收式冷凍機
冷水
(7°C)
工廠內空調
生產用蒸氣
(200°C)

▼在發電的同時，又能供給熱能的汽電共生系統，是將引擎帶動發電機旋轉產生的電力，排氣中的熱產生的蒸氣，以及殘餘的熱，使水溫升高，可將燃料中的能源徹底運用。

因此其節約能源的效果卓著，效率極佳。在工廠、辦公室或集會場所中都可以看到此種設備。

汽電共生設備由引擎、發電機、煮沸器、熱交換器等構成，氣體渦輪引擎可連續運轉，適於24小時供應服務。

從遠處傳送來的電力，常在途中發生耗損，而汽電共生方式可在需要能源的場所直接供給，減少中途耗損。除了發電機之外，都市型的燃料電池也適合汽電共生系統，燃料電池在發電的同時能產生熱，是熱能的來源。

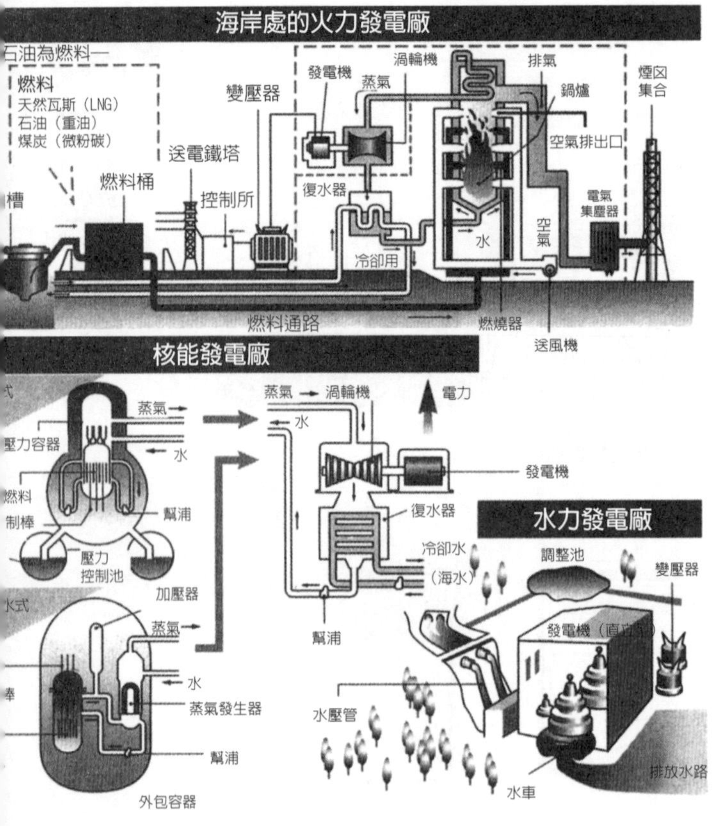
海岸處的火力發電廠
石油為燃料—
燃料
天然瓦斯（LNG）
石油（重油）
煤炭（微粉碳）
槽
燃料桶
送電鐵塔
變壓器
控制所
發電機
蒸氣
渦輪機
復水器
冷卻用
排氣
鍋爐
空氣排出口
水
空氣
電氣集塵器
煙囪集合
燃料通路
燃燒器
送風機
核能發電廠
蒸氣
壓力容器
水
燃料
制棒
幫浦
壓力控制池
加壓器
水式
蒸氣
水
蒸氣發生器
幫浦
外包容器
蒸氣
渦輪機
電力
發電機
復水器
冷卻水（海水）
幫浦
水力發電廠
調整池
變壓器
水壓管
水車
排放水路

7-10 發電設施

▼日本的電力供應約60%來自火力發電所，25%左右來自核能電廠，其他則來自水力發電廠等。

火力發電的燃料主要為天然氣及石油，其他來自煤炭，佔石油燃料的二分之一。

火力發電廠以鍋爐製造蒸氣，使渦輪機運轉，繼而帶動發電機產生電力。天然氣使用LNG（液化天然氣）氣體的形式，加以利用，因為發熱量高、污染少而快速普及。

核能發電利用核分裂反應產生熱，帶動蒸氣渦輪機而發電。核子反應爐一般是採水循環的「輕水反應爐」形式，其熱取出的方式有兩種，一為沸水式，一為加壓水式。

水力發電以水流帶動水車旋轉以產生電力。因為天然水資源無污染，是十分理想的能源。但水力發電廠逐漸往深山中移，新的開發點越來越少。

使用太陽能電池的太陽能發電設備較簡單，因此在小規模、獨立的或緊

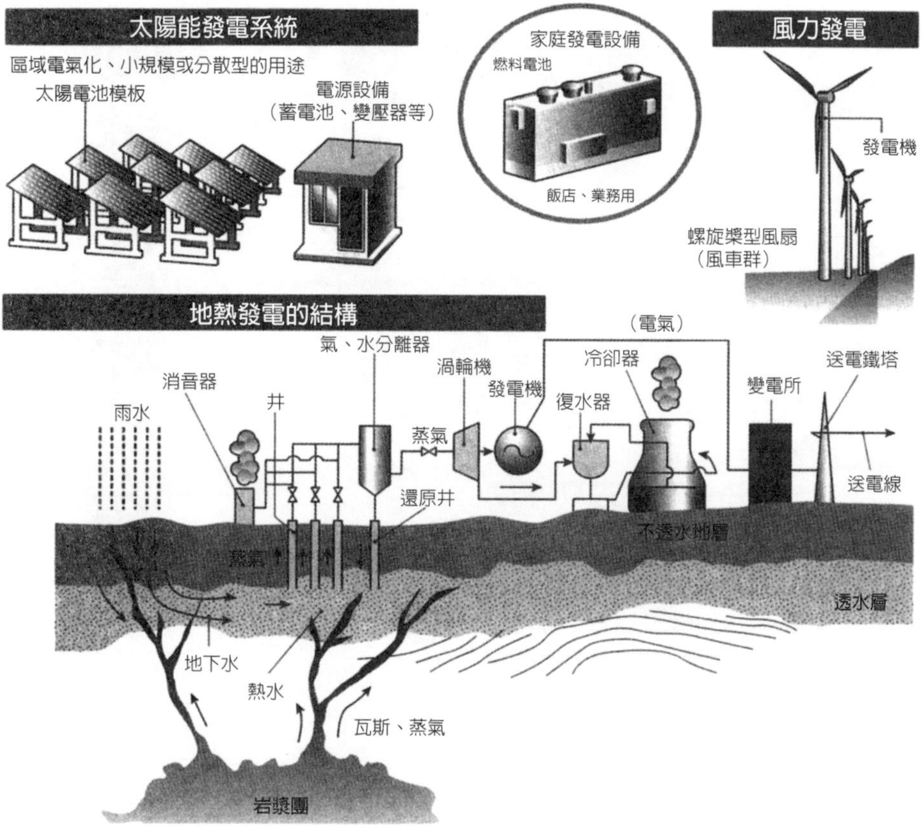
太陽能發電系統
區域電氣化、小規模或分散型的用途
太陽電池模板
電源設備
（蓄電池、變壓器等）
家庭發電設備
燃料電池
飯店、業務用
風力發電
發電機
螺旋槳型風扇
（風車群）
地熱發電的結構
（電氣）
氣、水分離器
消音器
渦輪機
冷卻器
送電鐵塔
發電機
復水器
變電所
雨水
井
蒸氣
還原井
送電線
不透水地層
蒸氣
透水層
地下水
熱水
瓦斯、蒸氣
岩漿團

急的使用場合中越來越常見。風力也是太陽能的一種連帶效應，利用多個螺旋槳的風車並排發電，在世界各地都很常見。

地熱發電是利用地球內部沸騰而從火山地帶噴出的蒸氣或熱水，使電熱器旋轉而驅動發電機。因天然蒸氣中含有各種成分，設計上多以抗腐蝕性強的材料。

都市的垃圾燃燒發電是另一種型式，燃燒垃圾能減少體積，餘熱可利用來發電。燃燒都市垃圾一噸能產生二仟仟卡的熱量，相當於燃燒煤炭三分之一的能量，棄置相當可惜。

而家庭發電為防備突然停電的需要，一般採用柴油引擎與交流發電機組合，近來也使用瓦斯為燃料。另外，燃料電池發電常被日本家庭採用。

7-11 郵件處理系統

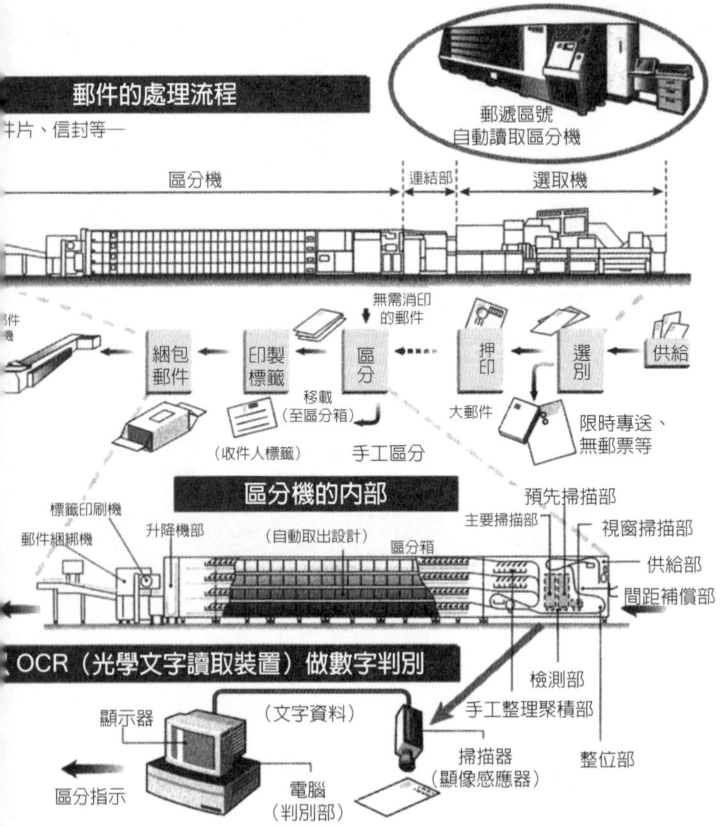
郵件的處理流程
郵遞區號
自動讀取區分機
區分機
連結部
選取機
無需消印
的郵件
綑包
郵件
印製
標籤
區
分
押
印
選
別
供給
移載
（至區分箱）
大郵件
限時專送、
無郵票等
（收件人標籤）
手工區分
區分機的內部
標籤印刷機
郵件綑綁機
升降機部
（自動取出設計）
區分箱
預先掃描部
主要掃描部
視窗掃描部
供給部
間距補償部
OCR（光學文字讀取裝置）做數字判別
顯示器
（文字資料）
檢測部
手工整理聚積部
掃描器
（顯像感應器）
整位部
區分指示
電腦
（判別部）

▼郵局將大量郵件集中，處理的要領一為分類、二為運送。特別是分類工作已經由手工作業發展為自動化設備的高速處理。

要依照每個不同的收件區域來打包，必須先做「整理」的前處理工作，因此「選取機」便負責整理作業，而本來的人工分類作業則由「區分機」負責執行。

以明信片或信封等一般的郵件而言，選取機（郵件自動選取押印）依照形狀固定／不固定的區別，再以寬度、厚度、異物等原則執行分類、郵票檢測、蓋郵戳等工作。

從選取機送出的郵件一件件被分離出一定的間隔，送到區分機（郵遞區號自動讀取裝置），郵件分類完成後，經過整理被送出。

區分機的檢測部設有監視照相機等掃描裝置，郵件通過時OCR（光學文字讀取裝置）能讀取郵遞區號。讀

郵票消印作業的結構

押印機
押印（消印）工作頭
厚度檢測器
光源檢測
收集
吸著皮帶
供給

以一定的間距及方向分發郵件

連結部
單面押出
自選取機轉
送到區分機
上浮
接收
整位部
轉位部（反轉）
皮帶
吸著皮帶
取出部

區分箱

區分機
檢測部

15 14 13　5 4 3 2 1 Ⓔ
15 14 13　5 4 3 2 1 Ⓓ
15 14 13　5 4 3 2 1 Ⓒ
15 14 13　5 4 3 2 1 Ⓑ
15 14 13　5 4 3 2 1 Ⓐ 段

依郵遞區號判別結果分別走不同的通路，導入特定區分箱。

區分箱

綑包

綑包機
郵件綑綁後加以包裝，貼上條碼識別標籤。

貼附條碼
郵件
條碼標籤
郵件綑包狀態。

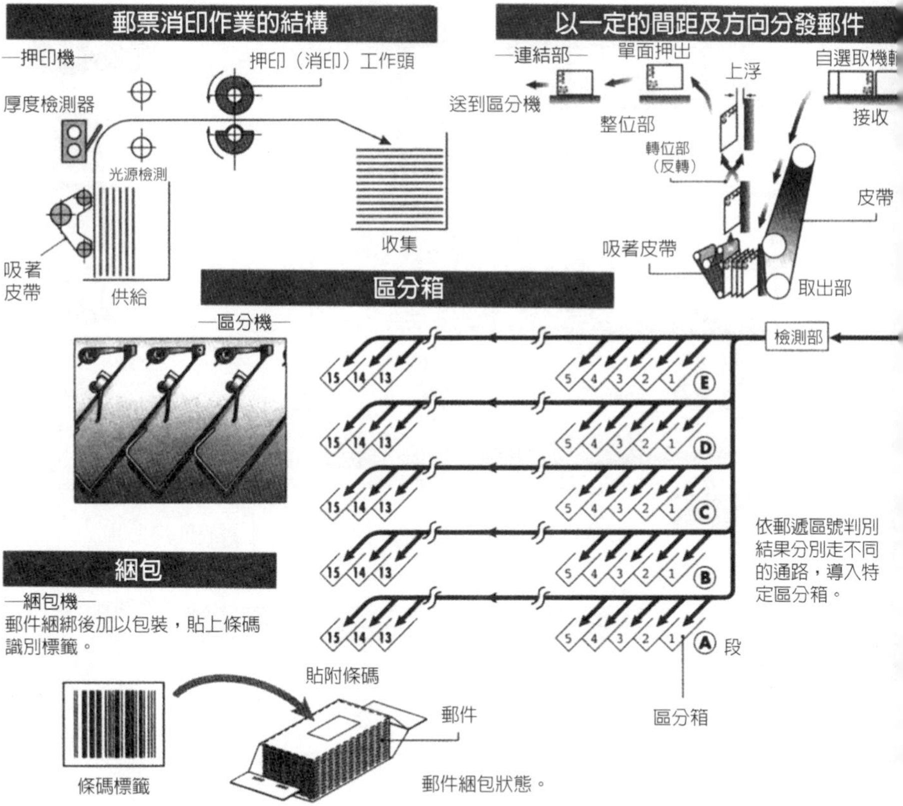

取到的文字資料傳送給判別部的電腦，以判讀內容。

郵遞區號書寫清楚可加速區分收件區域，郵件便能被投入特定的區分箱中。區分箱積滿郵件，會藉由下方的輸送帶送到整理機，將郵件捆綁打包。

接著在打包郵件上貼收件區域的條碼，使接續的處理程序可以讀取條碼的方式完成。條碼可記錄正確情報，加速讀取速度，使郵件流通更有效率。掛號信等個別郵件的處理也能運用條碼。

郵件處理系統以本國郵遞區號為主，而歐美等外國則稍有差異。郵遞區號及住址被讀取後另轉為條碼，印刷在郵件表面，郵件的分類及處理是以條碼化為主流。

7-12 食品加工機

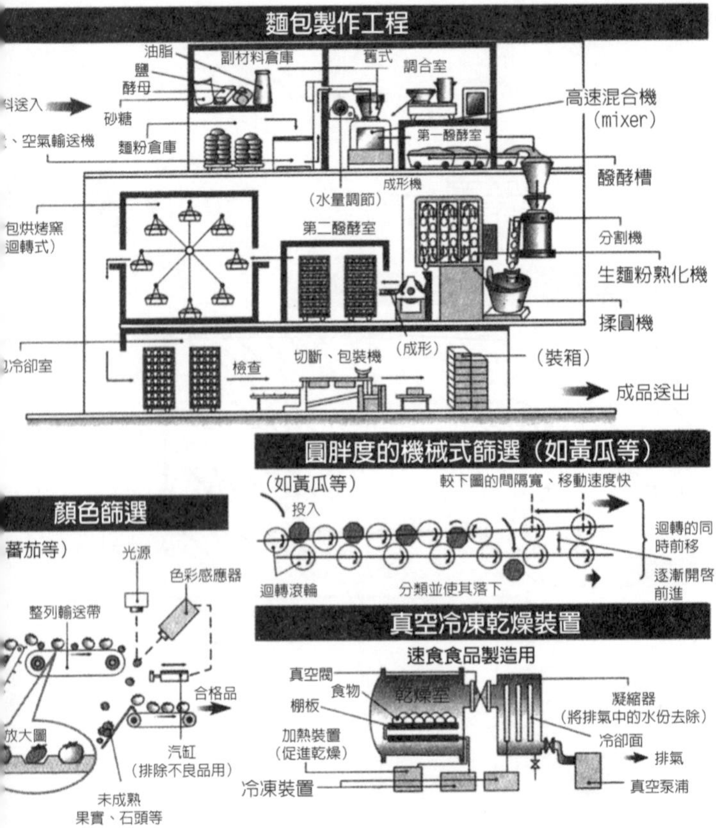
麵包製作工程
油脂
鹽
酵母
副材料倉庫
舊式
調合室
料送入
砂糖
、空氣輸送機
麵粉倉庫
高速混合機
(mixer)
第一醱酵室
醱酵槽
(水量調節)
成形機
包烘烤窯
迴轉式)
第二醱酵室
分割機
生麵粉熟化機
揉圓機
(成形)
(裝箱)
冷卻室
檢查
切斷、包裝機
成品送出
圓胖度的機械式篩選（如黃瓜等）
(如黃瓜等)
較下圖的間隔寬、移動速度快
投入
迴轉的同
時前移
逐漸開啓
前進
迴轉滾輪
分類並使其落下
顏色篩選
蕃茄等)
光源
色彩感應器
整列輸送帶
合格品
放大圖
汽缸
(排除不良品用)
未成熟
果實、石頭等
真空冷凍乾燥裝置
速食食品製造用
真空閥
食物
乾燥室
棚板
加熱裝置
(促進乾燥)
凝縮器
(將排氣中的水份去除)
冷卻面
排氣
冷凍裝置
真空泵浦

▼食品加工機與一般工業產品的製造方式不同，處理的多是柔軟、易損傷的天然原料。而處理的方式也五花八門，例如將植物性或動物性材料製成粉末，或利用微生物使食品材料產生變化，或使其發生化學反應等等。

在小麥磨成的麵粉中添加酵母、砂糖等副材料，經過混合、發酵、燒烤等過程，則因醱酵的效果能烤出膨脹的麵包。農產品等天然原料沒有代用品，都是獨一無二的，故加工過程中選擇適合的原料是十分重要的工作。利用機械做原料分類是一般常見的，近來則使用各式光感應器做電子式的篩選。

速食食品除了一般的乾燥，也常以真空冷凍乾燥方式處理，因此必須防止加熱變質，保持味道及香氣，確保加入熱水便能立即復原成食用狀態，這是在加工的技術上必須研究的課題，可使食品加工更加進步。

7-13 平版印刷機

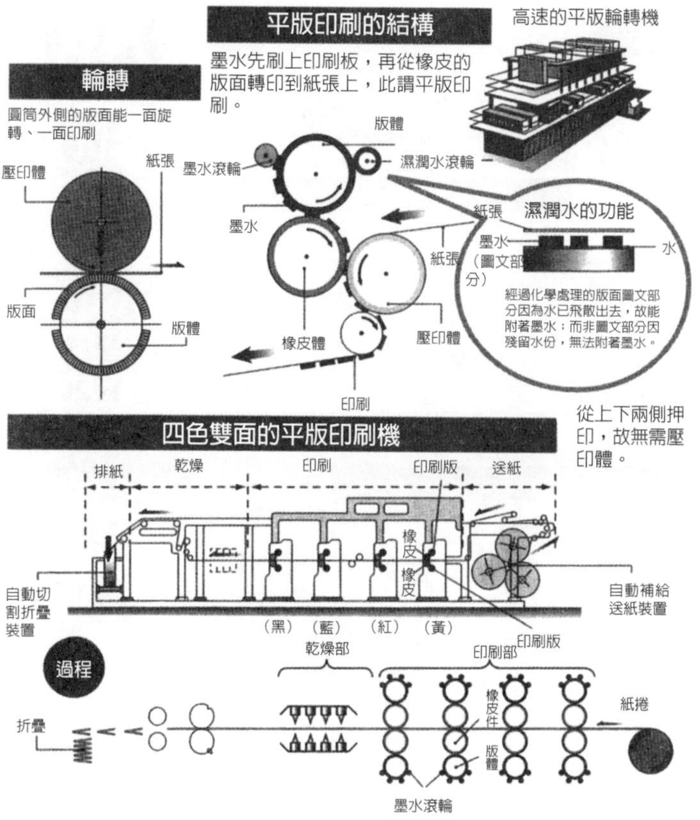
平版印刷的結構
墨水先刷上印刷板，再從橡皮的版面轉印到紙張上，此謂平版印刷。
高速的平版輪轉機
輪轉
圓筒外側的版面能一面旋轉、一面印刷
壓印體
紙張
版面
版體
版體
墨水滾輪
濕潤水滾輪
墨水
紙張
橡皮體
壓印體
印刷
濕潤水的功能
紙張
墨水
（圖文部分）
水
經過化學處理的版面圖文部分因為水已飛散出去，故能附著墨水；而非圖文部分因殘留水份，無法附著墨水。
從上下兩側押印，故無需壓印體。
四色雙面的平版印刷機
排紙
乾燥
印刷
印刷版
送紙
橡皮
橡皮
自動切割折疊裝置
自動補給送紙裝置
（黑）（藍）（紅）（黃）
印刷版
過程
乾燥部
印刷部
折疊
紙捲
橡皮件
版體
墨水滾輪

▼平版印刷不是直接印在紙張上，而是先印刷在橡皮面上，再轉印，採取間接的印刷方式。印刷可於布面、罐瓶等多種表面上，因為特別適於彩色印刷，是報紙、雜誌等平面的印刷主力。

平版印刷使用沒有凹凸的平版印刷方式，表面經過特殊化學處理，以「濕潤水」處理之後，能使塗有墨水的「圖文部分」與乾燥的「非圖文部分」兩者分離。

輪轉機可分為版體、橡皮體、與壓印體三部分，三者構成整個印刷部。版面是附在圓筒的外側，先印刷到橡皮體上，再藉著壓印的力量，將紙張押在橡皮的印刷面上完成轉印。

一般的平版印刷機都是輪轉式的。彩色印刷的印刷墨水採用「色彩三原色」的黃、紅、藍三色，再加上黑色，四色重疊印刷，調出各種微妙的色彩。

7-14 道路鋪設機械

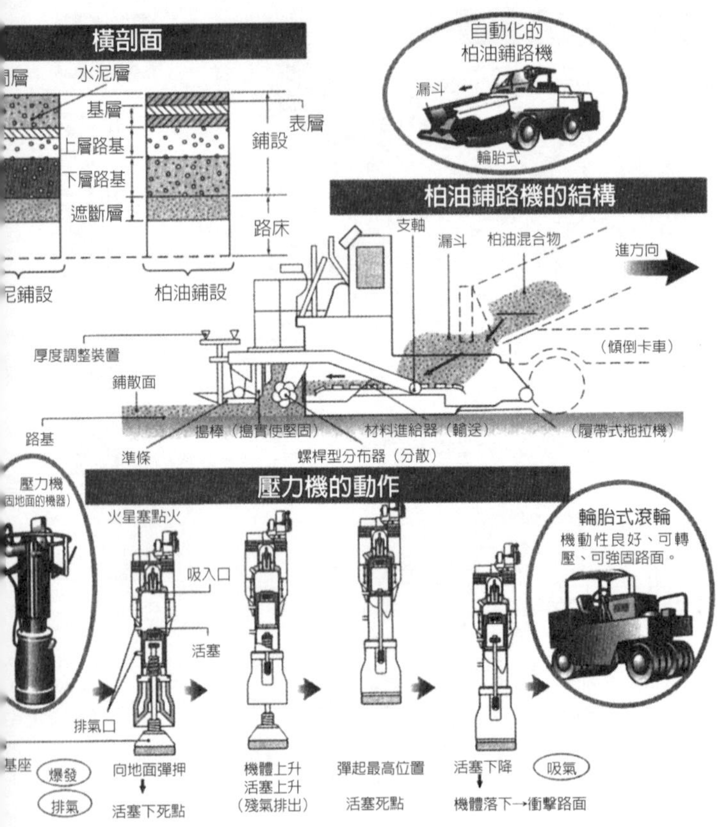

橫剖面
水泥層
基層
上層路基
下層路基
遮斷層
表層
鋪設
路床
柏油鋪設
自動化的
柏油鋪路機
漏斗
輪胎式
柏油鋪路機的結構
支軸
漏斗
柏油混合物
進方向
厚度調整裝置
鋪散面
(傾倒卡車)
路基
搗棒(搗實使堅固)
材料進給器(輸送)
(履帶式拖拉機)
準條
螺桿型分布器(分散)
壓力機的動作
壓力機
火星塞點火
吸入口
活塞
排氣口
基座
爆發
排氣
向地面彈押
活塞下死點
機體上升
活塞上升
(殘氣排出)
彈起最高位置
活塞死點
活塞下降
吸氣
機體落下→衝擊路面
輪胎式滾輪
機動性良好、可轉壓、可強固路面。

▼道路鋪設依材料可分為兩類，一為柏油類，一為水泥類。而近年來柏油鋪設則有壓倒性增加的現象。因為在鋪設工程結束後，能快速乾固使用，較水泥鋪設的方式更為便捷。

鋪設材料採用砂礫或碎石為骨材，而以柏油或水泥為結合材，相加成混合物。柏油等物質能凝聚、結合骨材，形成的混合物可支撐重力。

柏油鋪設路面時，先將加熱的柏油混合物運往現場，以「鋪路機」均勻鋪散，再利用「滾輪機」壓平，鋪路機的準條能自動調節鋪設的厚度。

滾輪可分為鐵製車輪的壓置型滾輪、振動型滾輪、輪胎型滾輪等。在道路上工作的壓力機壓頭以跳躍的方式將地面壓硬固定，採用二行程自由活塞型引擎，藉機體的重量產生衝擊。

7-15 隧道挖掘機

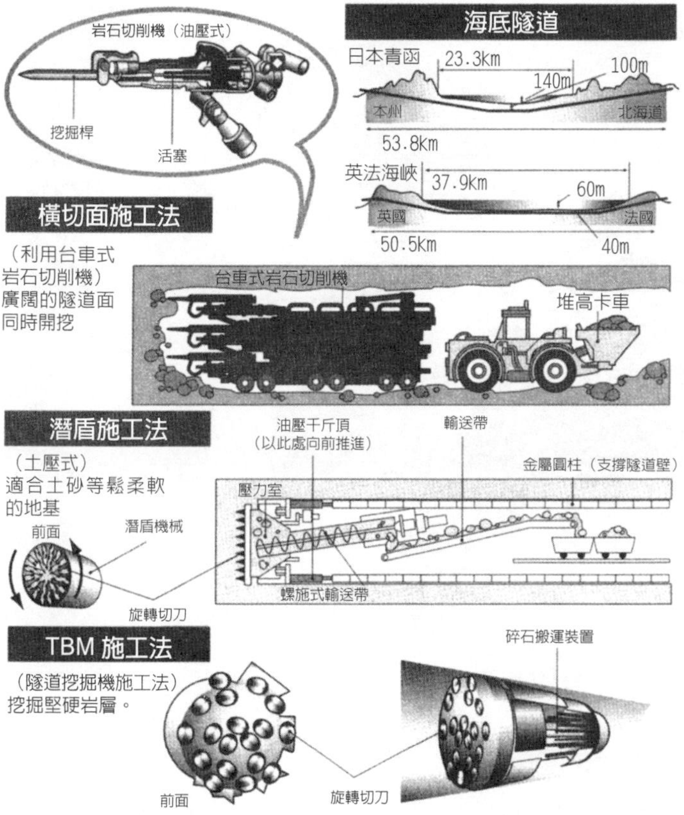
岩石切削機（油壓式）
挖掘桿
活塞
海底隧道
日本青函
23.3km
140m
100m
本州
北海道
53.8km
英法海峽
37.9km
60m
英國
法國
50.5km
40m
橫切面施工法
（利用台車式
岩石切削機）
廣闊的隧道面
同時開挖
台車式岩石切削機
堆高卡車
潛盾施工法
（土壓式）
適合土砂等鬆柔軟
的地基
油壓千斤頂
（以此處向前推進）
輸送帶
金屬圓柱（支撐隧道壁）
壓力室
前面
潛盾機械
螺施式輸送帶
旋轉切刀
TBM 施工法
（隧道挖掘機施工法）
挖掘堅硬岩層。
碎石搬運裝置
前面
旋轉切刀

▼開挖隧道的地基，有鬆軟含水份的土砂地基，也有山岳般堅硬的岩盤基，不同的地基，有不同的挖掘方式。此外因為來自周圍的強力地壓，所以隧道的橫切面大都設計成圓形。

岩石切削機對複雜的組合地質特別有效率，即使有岩石和泥土的混合地質也不成問題。多台挖掘機並排，一起工作、挖掘大型橫切面隧道的「台車式岩石切削機」常常出現在工地，從岩層上挖掘洞穴，置入火藥爆破的工程施工方法，稱為爆破法。

在河床下方或都市地下的鬆軟地基則必須使用潛盾施工法。這是以裝有旋轉挖掘刀的圓柱形機械向前推進，圓柱形機械有挖掘及支撐內壁的功能，前推進並慢慢挖開隧道。

ＴＢＭ（隧道鑽進機）施工法以金屬刀切削堅硬的岩層，同時向前推進，作業速度極快，在英法海峽的工程中，ＴＢＭ施工法與潛盾施工法同樣很重要。

7-16 插秧機

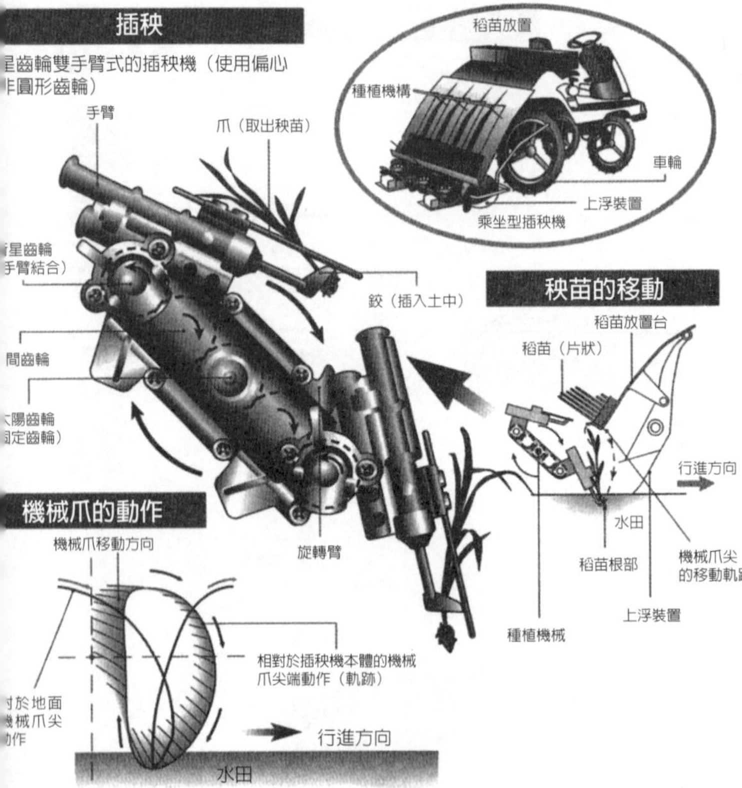
插秧
星齒輪雙手臂式的插秧機（使用偏心
作圓形齒輪）
手臂
爪（取出秧苗）
星齒輪
手臂結合）
間齒輪
太陽齒輪
固定齒輪）
鉸（插入土中）
旋轉臂
稻苗放置
種植機構
車輪
上浮裝置
乘坐型插秧機
秧苗的移動
稻苗放置台
稻苗（片狀）
行進方向
水田
稻苗根部
機械爪尖
的移動軌跡
上浮裝置
種植機械
機械爪的動作
機械爪移動方向
相對於插秧機本體的機械
爪尖端動作（軌跡）
對於地面
機械爪尖
動作
行進方向
水田

▼插秧機將稻苗植入稻田，是一種農業種植機械。則從特定的稻苗箱中取出成片的稻苗，以機械方式種植。

種植時首先以機械爪從苗床中取出數株稻苗，植入田中的泥土，為了保持對苗床與地面的角度為直角，機械爪的前端移動時，採取橢圓形的動作曲線。

插秧機的動作是藉由旋轉式或變形齒輪組成的行星機構來完成，引擎前進時可以帶動這些動作。插秧機在泥土中行進，必須有止滑的車輪及上浮裝置。

插秧機的開發從最早的人力推動前進型，發展到乘坐型，現在還開發出油壓式裝置，及四輪驅動（4WD），加上無段變速的裝置，插秧作業已經高度發展為速度快又便利的機械化作業。

7-17 植物工廠

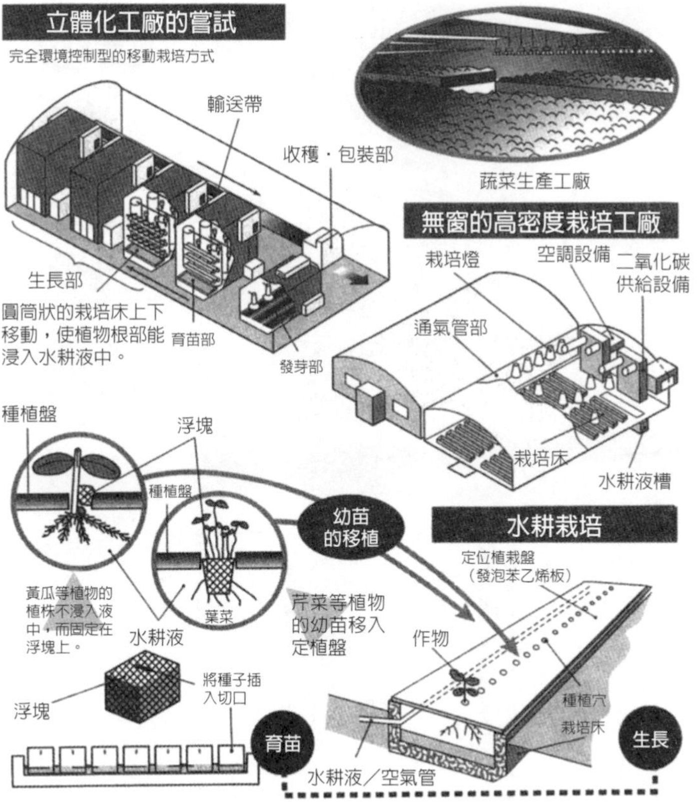
立體化工廠的嘗試
完全環境控制型的移動栽培方式
輸送帶
收穫・包裝部
生長部
圓筒狀的栽培床上下移動，使植物根部能浸入水耕液中。
育苗部
發芽部
蔬菜生產工廠
無窗的高密度栽培工廠
栽培燈
空調設備
二氧化碳供給設備
通氣管部
栽培床
水耕液槽
種植盤
浮塊
種植盤
幼苗的移植
黃瓜等植物的植株不浸入液中，而固定在浮塊上。
水耕液
葉菜
芹菜等植物的幼苗移入定植盤
水耕栽培
定位植栽盤（發泡苯乙烯板）
作物
種植穴
栽培床
浮塊
將種子插入切口
育苗
生長
水耕液／空氣管

▼植物工廠是採用無土栽培方式，因此又稱為無土農業。以電燈取代太陽光，樹脂板取代泥土，加上水耕栽培的培養液，控制二氧化碳濃度及溫濕度，以在人工環境下生產。

「水耕」是將必要的養分溶於水，使植物根在水中漂浮成長，這樣的技術已成為專業化的工廠作業。有些工廠利用太陽光，而大部份工廠是以人工光源為主，以達到完全的環境控制。

這樣的方法不受自然環境左右，一年無論任何時候都有穩定的收穫量，並且無需使用農藥，沒有殘毒危險的顧慮。新鮮的農作物可立即採收，供應市場需要，這是最大的優點。

目前沙拉蔬菜或青菜、花卉的栽培都常使用此種作業方式。但生產費用高是主要的問題。不過在沙漠、船上等無耕地的場所也能種植，已被規畫為宇宙太空基地不可或缺的設備。

7-18 剪枝機械

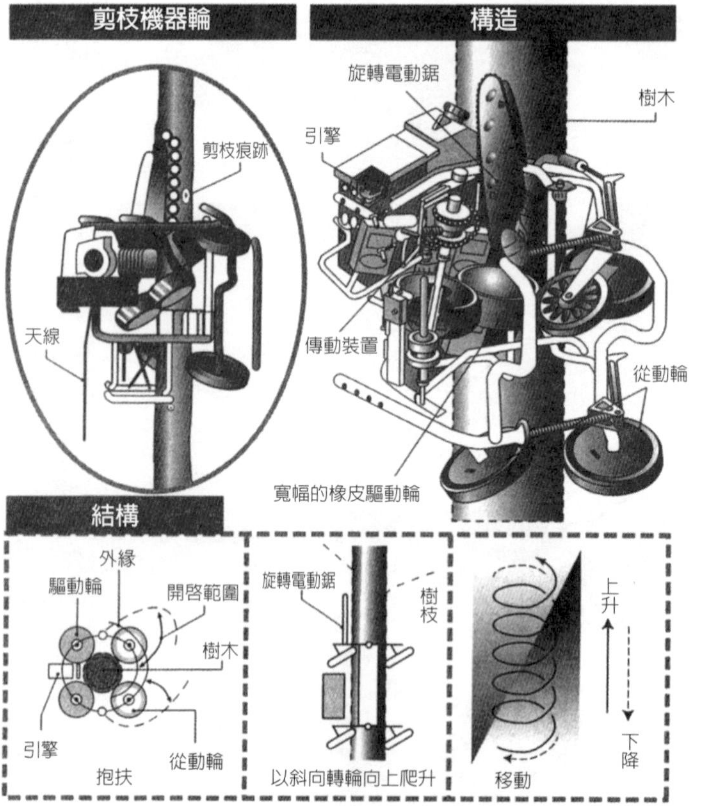
剪枝機器輪
剪枝痕跡
天線
構造
旋轉電動鋸
樹木
引擎
傳動裝置
從動輪
寬幅的橡皮驅動輪
結構
外緣
驅動輪
開啓範圍
樹木
引擎
從動輪
抱扶
旋轉電動鋸
樹枝
以斜向轉輪向上爬升
上升
下降
移動

▼在林業用的機械中，有一種攀爬樹幹剪枝的作業機械，抱扶攀爬的動作就像是猴子爬樹。另外也常見在樹木旁豎立架子來修剪的方法，但最有效率的仍屬爬樹的機器人。

首先必須將機械固定在樹上，因此機器人設有三個轉輪可以夾緊在樹幹上，接著重要的是必須有上下爬樹的能力。三個轉輪中的兩輪有固定支持與驅動能力，第三輪以彈力押附在樹上。

轉輪的裝設各有傾斜，如此一來驅動輪旋轉時，可使整台機械以樹幹為中心，螺旋狀的旋轉上升。而機械上端的旋轉電動鋸可切除橫生的枝條，並向上移動。

剪枝機械的上升高度有些是在預設程式中輸入，自動控制；有些則以遙控方式在地上操作。

第8章 夢想與未來機械

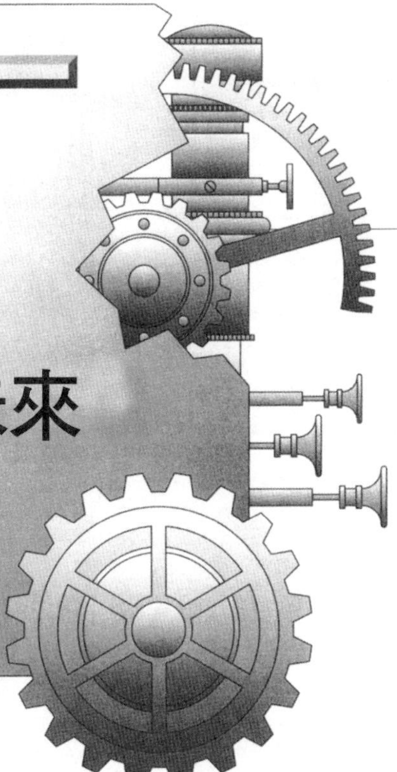

8-1 自動翻譯機

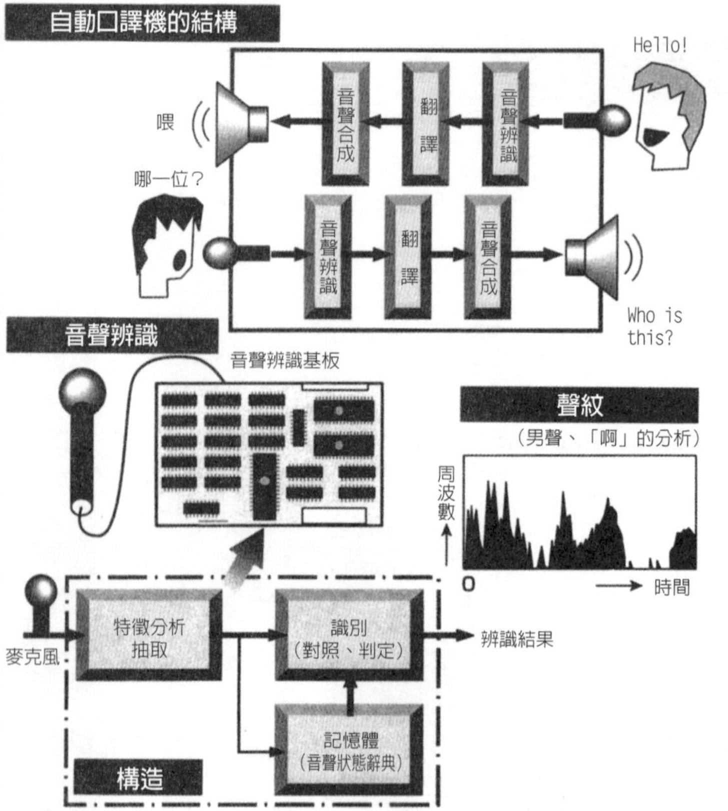
自動口譯機的結構
Hello!
音聲辨識
翻譯
音聲合成
喂
哪一位？
音聲辨識
翻譯
音聲合成
Who is this?
音聲辨識
音聲辨識基板
聲紋
（男聲、「啊」的分析）
周波數
0
時間
麥克風
特徵分析抽取
識別（對照、判定）
辨識結果
記憶體（音聲狀態辭典）
構造

▼可同步翻譯的機器，稱為自動翻譯機，這是人類的夢想與期待，然而語言實在很複雜，難以用機械來完全掌握。不過在旅館客房預約等的用途上，目前已經能加以運用。

自動翻譯機的構造可分為「音聲辨識」、「翻譯」、「音聲合成」三部份。最難的部份應屬音聲辨識，這部份的技術目前尚未成熟。由於人聲是由許多不同的周波數組合而成，必須加以區分，將人聲轉換為文字，這也是最大的問題所在。

從麥克風收到的音聲特徵，可做為識別基礎，若將接收的音聲限定在特定範圍（預先錄製）則音聲識別處理會變得較容易。

例如以既定的聲音發出命令來操作機械，這樣的音聲輸入方式有別於自動翻譯，早已進入實用化階段。

音聲合成可將聲波中的特徵加工，成為容易接受的自然音聲波形，再用

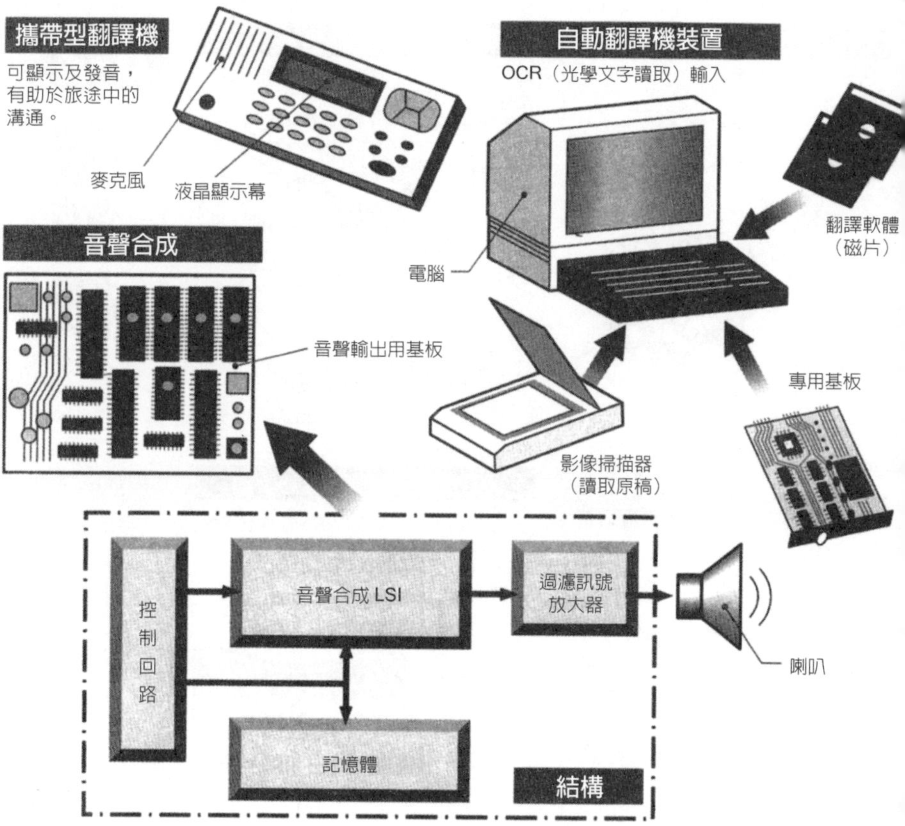
攜帶型翻譯機
可顯示及發音，
有助於旅途中的
溝通。
麥克風
液晶顯示幕
自動翻譯機裝置
OCR（光學文字讀取）輸入
翻譯軟體
（磁片）
電腦
音聲合成
音聲輸出用基板
專用基板
影像掃描器
（讀取原稿）
控
制
回
路
音聲合成 LSI
過濾訊號
放大器
記憶體
喇叭
結構

喇叭播放出來。使用儲存裝置，可以避免磁帶的缺點。近來在機械上附加的發聲機構大多都採用小型記憶卡。

自動翻譯機內建電子辭典，依照文法做處理，遇到語言偏義或曖昧不明的語彙則無法處理，不過既定內容的技術手冊翻譯，則可以利用自動翻譯裝置做初稿製作。大量譯文對時間要求快速，也可利用自動翻譯機。

攜帶型的翻譯機或軟體、APP，常在海外旅行時使用，翻譯機不同於「口譯機」，不過都負責意思傳達。

翻譯機仍有許多技術課題待解決，自動翻譯機的開發依然不斷向未來挑戰。首要的任務是國際電話或國際會議等專門領域的實用化。

8-2 微機械

分子機械的構想圖

以原子組合而成的軸承

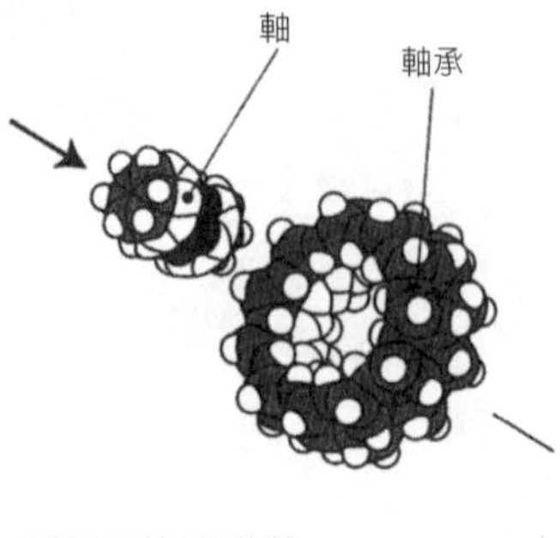

使軸穿入軸承而旋轉

靜電型馬達

轉子與定子之間的吸引、排斥作用使其旋轉。
（馬達直徑 0.12mm，每分鐘轉數 120）

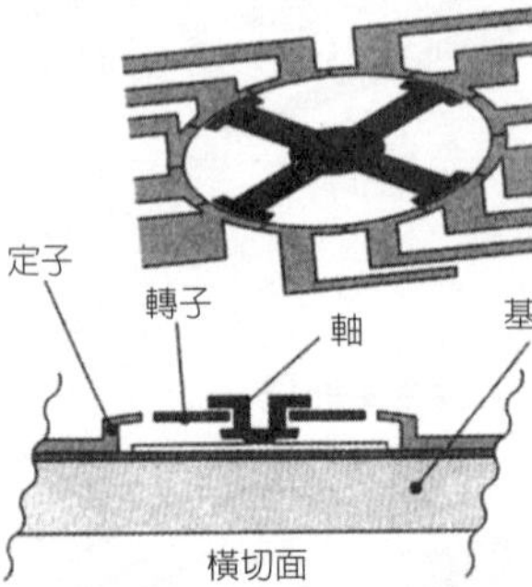

微夾鉗

夾取微小物質的傳動裝置

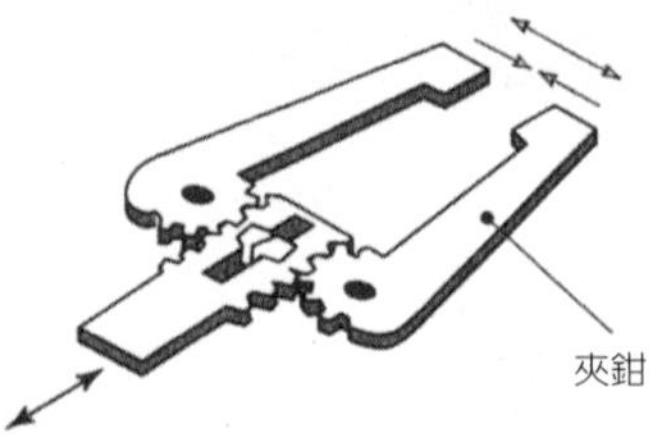

以光能作動的微傳動裝置

光纖引導下的光轉換成熱，使作動流體蒸發而將隔膜向上推。
此動作反覆進行即為幫浦。

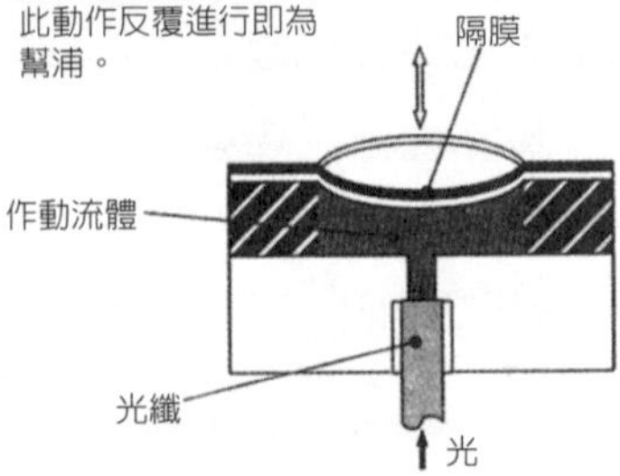

▼微機械是利用半導體的微加工技術，製造的顯微小型機械，例如可注射入血管清除血栓的醫療微機械，在工業上因為微機械的誕生而開啓了機械修理的新局面。

微機械的製作類似矽（硅）基板製作IC的方式，已開發出各式微機械，包括壓力感應器或馬達式的傳動裝置（將能量轉換成機械動作的構造）等。

在微小精密的機械領域中，吸引力的影響較重量的效果明顯，因此以低速成群移動的動物性機械，極適合作為微機械。而靜電的作動效果佳，故許多實驗中的馬達都是靜電型馬達，也有以光為動力的微機械。

在機械材料方面，蛋白質已被嘗試用來取代目前的矽。微機械發展到接近分子大小的超微狀態，將來的微機械可望成為分子生物領域中，獨一無二的構造。

8-3 極超音速運輸機

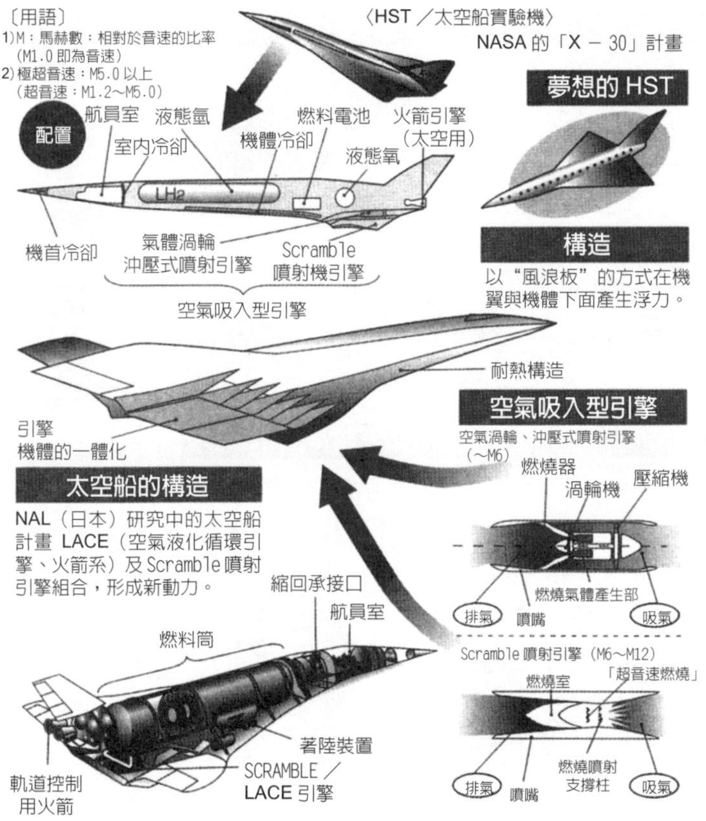
〔用語〕
1)M：馬赫數：相對於音速的比率
(M1.0 即為音速)
2)極超音速：M5.0 以上
(超音速：M1.2～M5.0)
〈HST ／太空船實驗機〉
NASA 的「X － 30」計畫
夢想的 HST
配置
航員室
液態氫
燃料電池
火箭引擎
(太空用)
室內冷卻
機體冷卻
液態氧
LH2
機首冷卻
氣體渦輪
沖壓式噴射引擎
Scramble
噴射機引擎
空氣吸入型引擎
構造
以“風浪板”的方式在機翼與機體下面產生浮力。
耐熱構造
引擎
機體的一體化
空氣吸入型引擎
空氣渦輪、沖壓式噴射引擎
(～M6)
燃燒器
渦輪機
壓縮機
燃燒氣體產生部
排氣
噴嘴
吸氣
太空船的構造
NAL（日本）研究中的太空船計畫 LACE（空氣液化循環引擎、火箭系）及 Scramble 噴射引擎組合，形成新動力。
縮回承接口
航員室
燃料筒
Scramble 噴射引擎（M6～M12）
「超音速燃燒」
燃燒室
著陸裝置
SCRAMBLE ／
LACE 引擎
軌道控制
用火箭
排氣
噴嘴
燃燒噴射
支撐柱
吸氣

▼HST（極超音速運輸機）計畫以音速的數倍（五～八馬赫）的速度飛行，從日本東京到美國華盛頓只要二小時，由於飛行高度在三萬公尺以上，故不會造成噪音問題。

廿五馬赫左右的加速，為宇宙太空的人造衛星速度，在不久的將來，往返宇宙基地的太空船也能採用類似HST的裝置，採平面式的滑行跑道，可經常性起降。

高速飛行時，空氣摩擦會產生高熱，故機體須使用耐熱構造，如碳系的新型複合材料。而引擎方面採取戰鬥噴射機的超音速燃料，若用於太空中則必須使用火箭。

開發中的LACE（空氣液化循環引擎）將吸入的空氣以燃料液態氫加以冷卻、液化，可做為火箭的氧化劑來使用，如此可以大量節省液態氧的儲存量，十分令人期待。

8-4 超導裝置

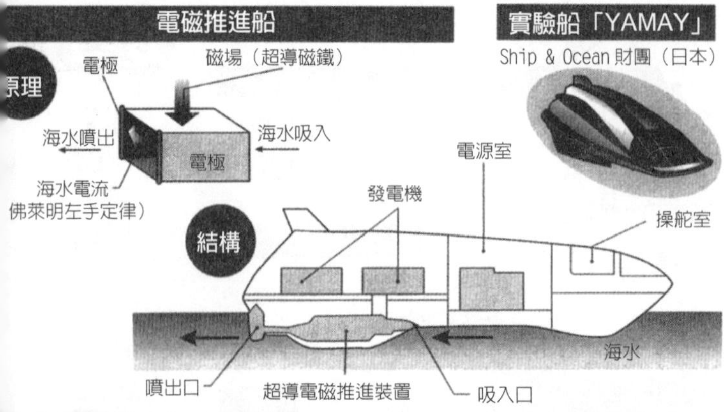
電磁推進船
原理
電極
磁場（超導磁鐵）
海水噴出
海水吸入
電極
海水電流
佛萊明左手定律）
實驗船「YAMAY」
Ship & Ocean 財團（日本）
電源室
發電機
結構
操舵室
海水
噴出口
超導電磁推進裝置
吸入口

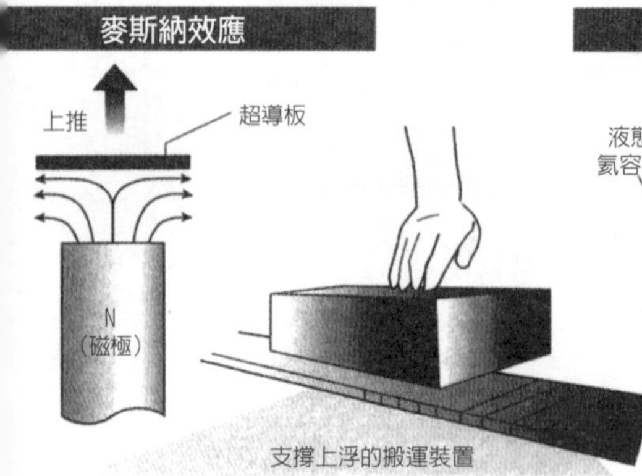
麥斯納效應
上推
超導板
N
（磁極）
支撐上浮的搬運裝置

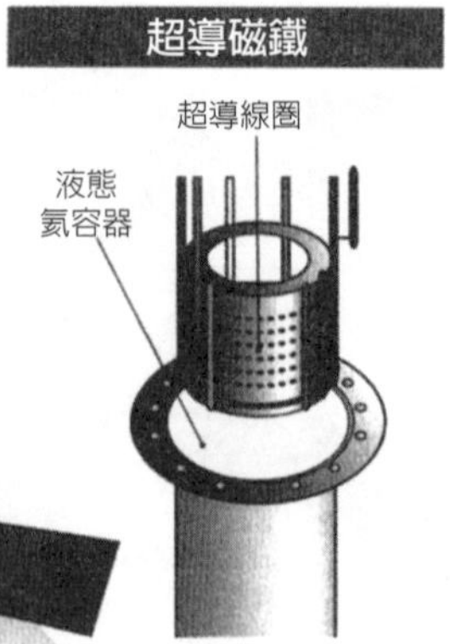
超導磁鐵
超導線圈
液態
氦容器

▼超導指的是電阻完全消除的狀態。若電阻消除後，電力可傳送到遠處。可從加拿大將較為便宜的電力經過遠距離傳送，毫無衰減地送到太平洋的另一端，如此一來，將對產業界有很大的影響。

超導是將鈮・鈦的特殊合金材料，以液態氦冷卻到極低溫度狀態而成。目前的開發研究多在探討是否能免除極低溫冷凍的需要。新開發的陶瓷系氧化物也因此特別受到注目。

超導體置於磁鐵上，會由於磁力線無法形成，產生反磁效果。超導體會保持上浮，這便是麥斯納振盪效應（Meissner）。利用這種效應可製造重物上浮支撐的搬運裝置，及磁力軸承等。

電線式的超導體產品多製成導線束或電纜的形式，超導體電纜捲成線圈，可流通高電流，但這樣的形式如何添加液態氦或液態碳酸呢？而蒸發

電力儲存的構想

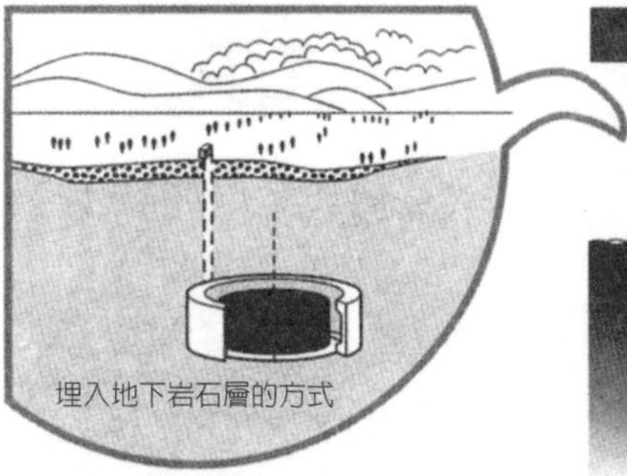
埋入地下岩石層的方式

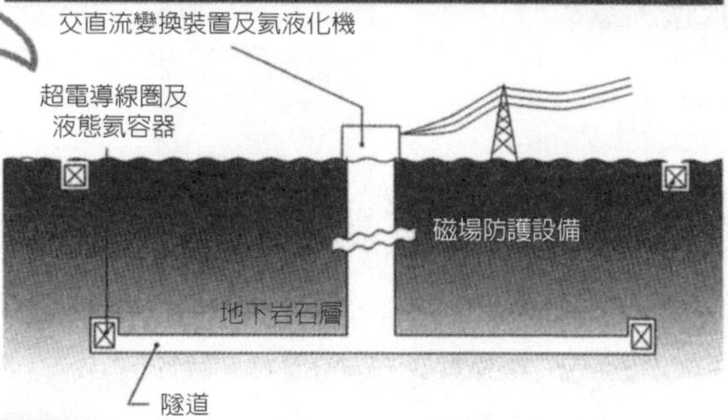
交直流變換裝置及氦液化機
超電導線圈及
液態氦容器
磁場防護設備
地下岩石層
隧道

超導線

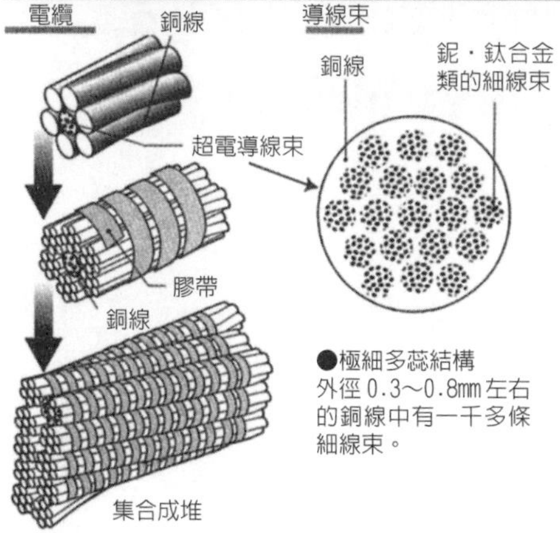
電纜
銅線
導線束
鈮・鈦合金
類的細線束
銅線
超電導線束
膠帶
銅線
●極細多蕊結構
外徑 0.3～0.8mm 左右
的銅線中有一千多條
細線束。
集合成堆

約瑟夫遜元件

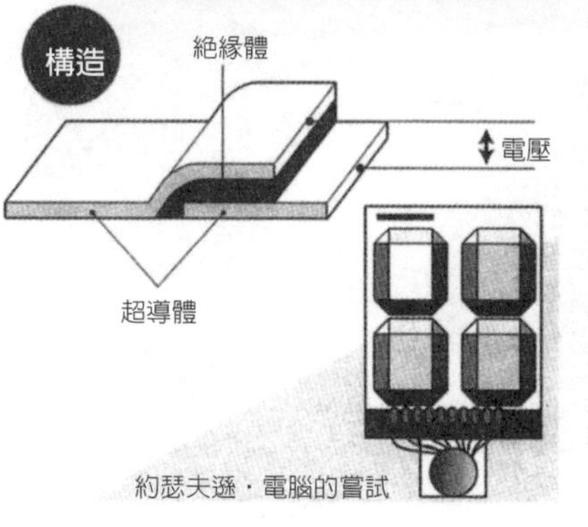
構造
絶緣體
電壓
超導體
約瑟夫遜・電腦的嘗試

掉的冷卻液該如何補給呢？這些都是必須解決的問題。

基本的裝置是一塊小型強力的超導磁鐵，線性馬達電車的磁力上浮（日本國鐵）就是利用超導電。醫療用的MRI（磁力共振影像診斷裝置）也是一種極重要的應用。

電磁推進船的動作原理與馬達旋轉的原理，同為「佛萊明左手定律」，對海水通以強磁場及電流，直接驅動海水。此種方式無需螺旋槳，故振動及噪音都大幅減小，被稱為無音化技術。

在超導線圈中流通的電流能持久流動，故可作為電力儲存的設備。大電力流通時，強烈的電磁力會使線圈向外側膨脹，因此考慮埋設在地層中。

除了使用矽半導體之外，使用超導體元件的電腦也在研究中，例如使用約瑟夫遜元件（Josephson）。這種方式可望使電腦處理速度飛躍性地增加，未來的夢想可望實現。

8-5 半永久運動

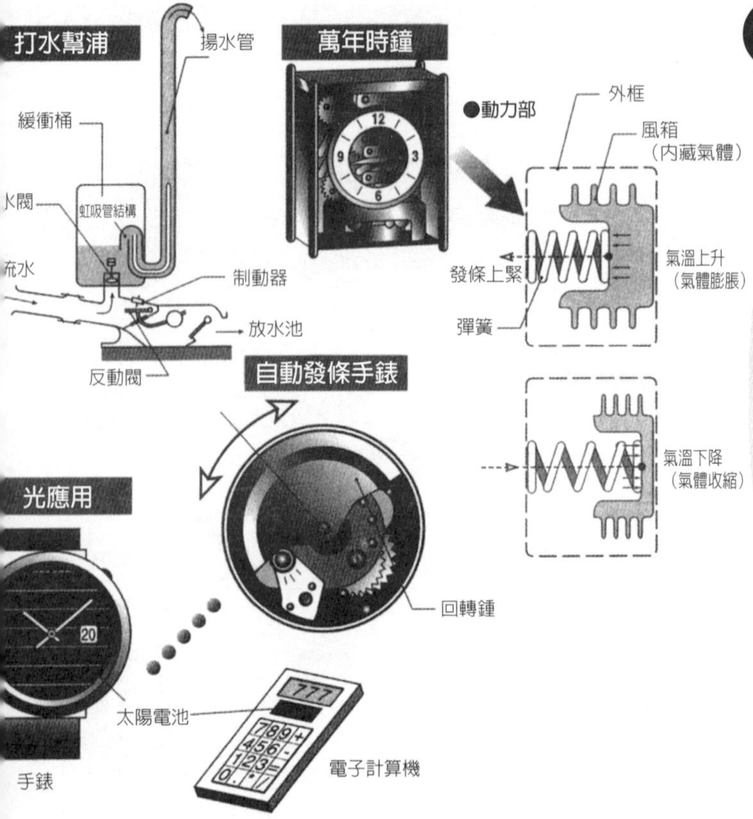
打水幫浦
揚水管
緩衝桶
虹吸管結構
制動器
放水池
反動閥
萬年時鐘
●動力部
外框
風箱
（內藏氣體）
氣溫上升
（氣體膨脹）
發條上緊
彈簧
氣溫下降
（氣體收縮）
自動發條手錶
回轉錘
光應用
20
太陽電池
777
電子計算機
手錶

▼所謂的「半永久」是指環境中的光能、熱能帶動下的運動。裝置起動後，不需要燃料或電池補充能量，就能自動動作，類似永久性運動。

例如所謂的「萬年時鐘」可將周圍溫度變化轉化為機械力，以旋緊發條，晝夜溫差假設為二度，則能蓄積兩天的能量，持續動作直到能量摩擦耗損完畢為止。

「打水幫浦」是利用水流的力量，使水向高處爬升的機械，利用脈動壓力的打水現象，管路壓力升高時，閥門則開啓，可提升到流水落差的數十倍高度。

而戴在手腕上，可在人們來回走動時作動的「自動轉錘手錶」，可說是「寄生」在活體上的裝置。另外，平常手錶都在明亮的地方使用，著眼於這個觀點而設計的太陽能電池手錶或電子計算機也受到市場肯定。

將太陽能直接轉變成機械旋轉力的

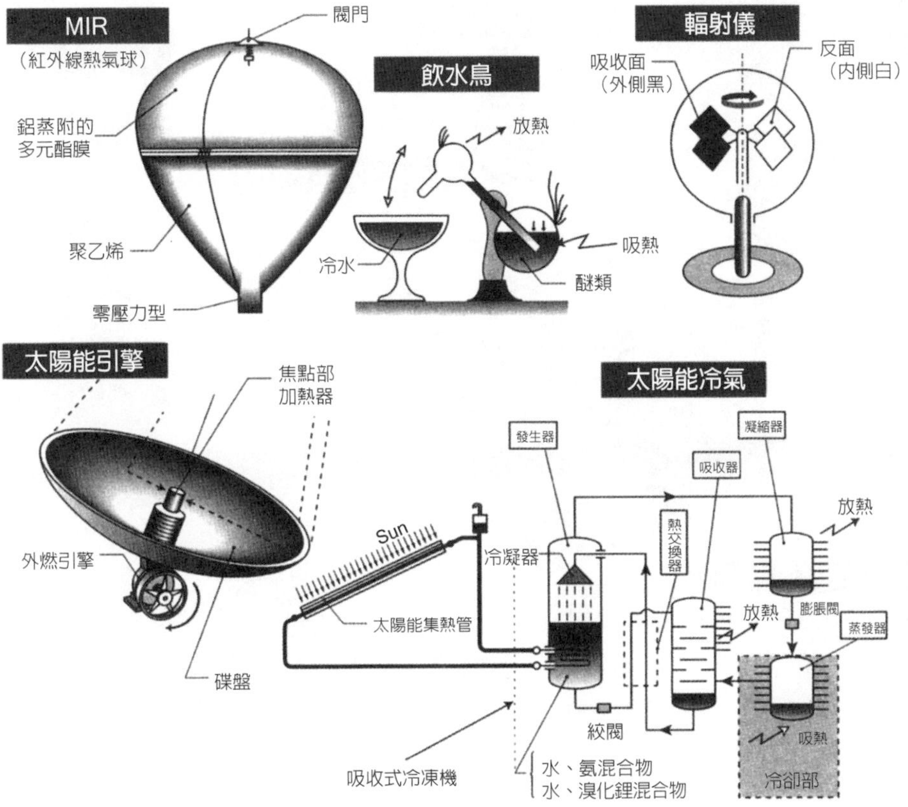

驅動裝置，稱為「太陽能引擎」，斯特林發動機利用熱空氣，因此不需要水及煮沸器，使用任何熱源皆可。

「太陽能冷氣機」可謂是以熱制熱的裝置，利用吸收式冷凍機，加熱其中的化學物質即可產生作用，無需其他的旋轉機械，利用自然能源來改善環境問題。

另外一種利用環境資源的有趣機械稱為MIR（紅外線熱氣球）。白天直接接受太陽光紅外線，而晚上也能獲得地面熱輻射而產生浮力，可以長年、長期間在高空浮遊，有助於融入環境中，持續觀測環境。

在商店櫥窗裡常見的「飲水鳥」或「輻射儀」是一種有趣的熱機械。其原理雖然可以理解，然而動作卻帶有神秘感，激起人們對於發明夢想的好奇心，這也是半永久運動的魅力所在。

8-6 宇宙探索

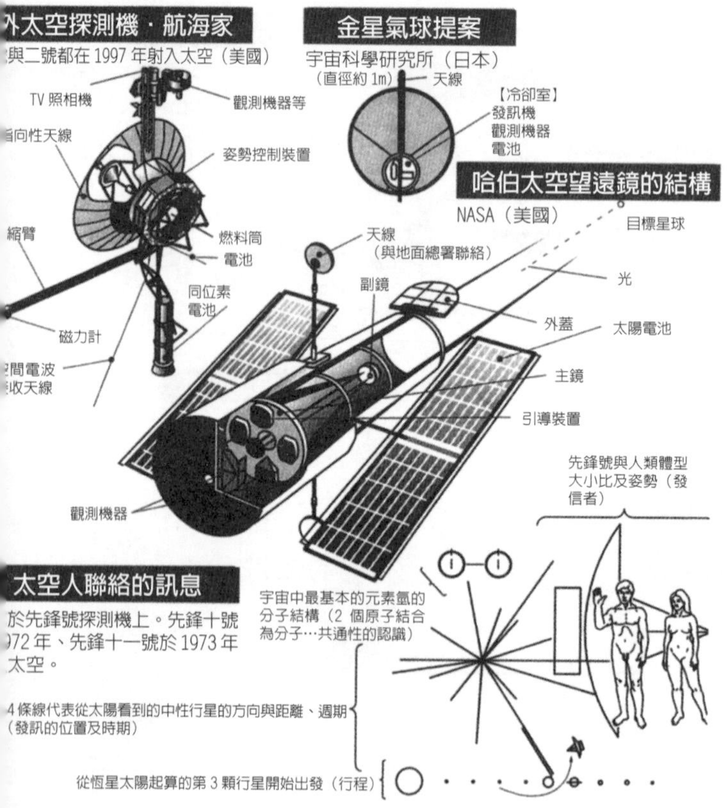
外太空探測機・航海家
與二號都在 1997 年射入太空（美國）
TV 照相機
觀測機器等
向性天線
姿勢控制裝置
縮臂
燃料筒
電池
同位素
電池
磁力計
間電波
收天線
金星氣球提案
宇宙科學研究所（日本）
（直徑約 1m）
天線
【冷卻室】
發訊機
觀測機器
電池
哈伯太空望遠鏡的結構
NASA（美國）
目標星球
天線
（與地面總署聯絡）
副鏡
光
外蓋
太陽電池
主鏡
引導裝置
觀測機器
太空人聯絡的訊息
於先鋒號探測機上。先鋒十號
972 年、先鋒十一號於 1973 年
太空。
宇宙中最基本的元素氫的
分子結構（2 個原子結合
為分子…共通性的認識）
先鋒號與人類體型
大小比及姿勢（發
信者）
4 條線代表從太陽看到的中性行星的方向與距離、週期
（發訊的位置及時期）
從恆星太陽起算的第 3 顆行星開始出發（行程）

▼宇宙探索從太陽系到銀河系，直到宇宙的終點。觀測使用的望遠鏡，從光到電波、紅外線、X光等都有廣泛運用。目前更進展到微中子或重力波觀測的領域。

一九九〇年，美國太空梭發射哈伯太空望遠鏡，主鏡的直徑約2.4公尺，運送至大氣層外觀察宇宙，將拍攝的景象傳回地球，大大地提高望遠鏡的解像力。

為探索觀測與地球近似的行星，各式探測機如航海家探測機被送上太空，還有金星氣球觀測等，都已經成功。在日本則使用特殊的鈦合金嘗試製造金星觀測氣球。

人們相信宇宙中可能具有智能生命（宇宙人）存在。離開太陽系在宇宙間飄泊的太空探測機若遇見ET，先鋒號及航海家探測機上都有記錄訊息的「信」，做為友好溝通的開始。

8-7 太空活動

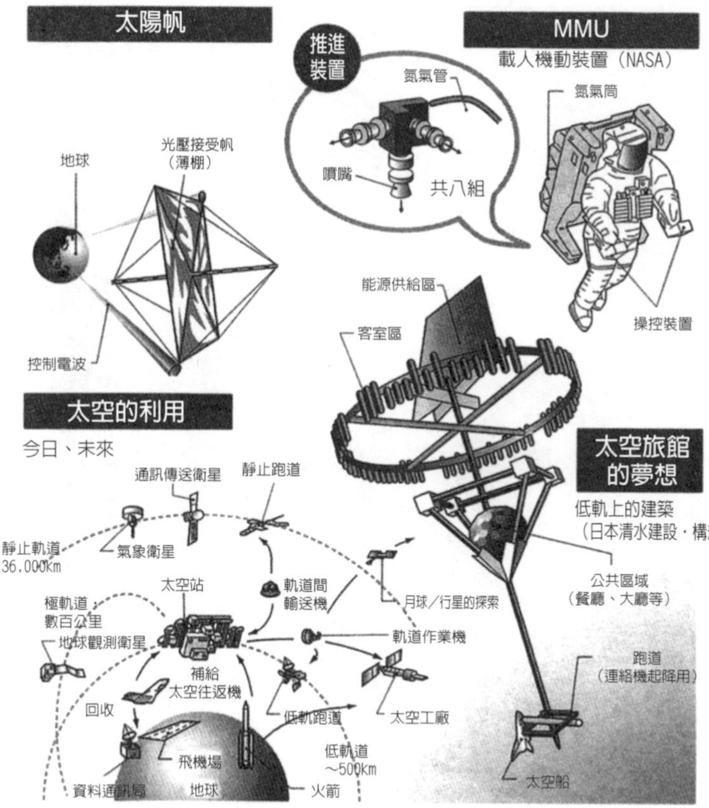
太陽帆
地球
光壓接受帆
（薄棚）
控制電波
推進
裝置
氮氣管
噴嘴
共八組
MMU
載人機動裝置（NASA）
氮氣筒
操控裝置
能源供給區
客室區
太空旅館
的夢想
低軌上的建築
（日本清水建設・構想圖）
公共區域
（餐廳、大廳等）
跑道
（連絡機起降用）
太空船
太空的利用
今日、未來
通訊傳送衛星
靜止跑道
靜止軌道
36,000km
氣象衛星
太空站
軌道間
輸送機
月球／行星的探索
極軌道
數百公里
地球觀測衛星
軌道作業機
補給
太空往返機
回收
低軌跑道
太空工廠
飛機場
低軌道
～500km
資料通訊局
地球
火箭

▼人們利用太空進行傳播、通訊、氣象觀測，近來更利用於汽車衛星導航裝置等領域。地球周圍，除了太空站長期滯留的載人太空船，還有許多各式人造衛星都在太空中規律地運行著。

不久的將來一旦太空旅遊開始，太空旅館的計劃必不可缺。因為技術進步，太空飛行時所承受的重力已不再成為問題。那麼人類悠遊於太空中，將不再是夢想。

宇宙漫步必備的是MMU（載人機動裝置）。從噴嘴噴出氮氣，產生的反作用力可幫助移動。移動速度類似漫步，一般的移動速度大約可運作4小時。

光能會產生壓力，太陽帆可利用太陽的光壓產生動力，改變航行方向，控制行進路線，目前各國月球太空競賽的計劃，正在檢討無人、無限操控的可行性。

8-8 虛擬實境系統

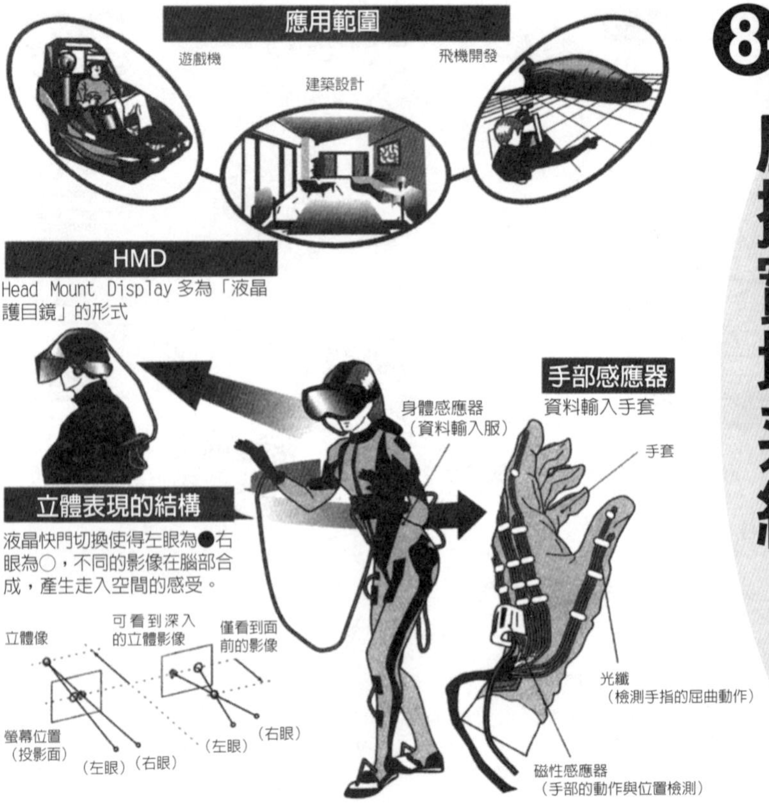
應用範圍
遊戲機
建築設計
飛機開發
HMD
Head Mount Display 多為「液晶護目鏡」的形式
手部感應器
資料輸入手套
身體感應器（資料輸入服）
手套
立體表現的結構
液晶快門切換使得左眼為●右眼為○，不同的影像在腦部合成，產生走入空間的感受。
可看到深入的立體影像
僅看到面前的影像
立體像
螢幕位置（投影面）
（左眼）（右眼）
（左眼）
（右眼）
光纖（檢測手指的屈曲動作）
磁性感應器（手部的動作與位置檢測）

▼VR（虛擬實境）的結構設計，可讓使用者產生彷彿置身現場的感受。應用在建築設計上，感覺就像可以走入房間一樣，開門眺望，開關水龍頭等等。

換句話說，使用者不僅是單方面的觀看螢幕，還能隨意動作，感受變化，這是由於電腦立體影像技術的應用而得以實現。

VR裝置包括檢測身體動作的感應器，及顯示影像的穿戴式眼鏡HMD（Head Mount Display）。

立體影像有紅、藍、濾光方式以及偏光應用等方式。而VR多採液晶快門（Shutter）方式，能快速切換左眼右眼，在螢幕上顯示兩個不同的影像，以產生立體空間的感受。

人類在化學分子結構方面已有多方面的探索研究，加上VR的輔助，使得虛擬實境系統的應用更加廣泛。

國家圖書館出版品預行編目（CIP）資料

機械構造解剖圖鑑 修訂版／和田忠太著；劉明成譯.
-- 再版. -- 新北市：世茂，2015.04
面；　公分. --（科學視界；180）
譯自：メカニズム解剖図鑑：機械のしくみが
見えてくる
ISBN 978-986-5779-72-6（平裝）

1. 機械設計

446.19　　104003735

科學視界 180

機械構造解剖圖鑑 修訂版

作　　者／和田忠太
總 審 訂／賴光哲
審　　校／劉傳根
譯　　者／劉明成
主　　編／陳文君
封面設計／辰皓國際出版製作有限公司
出 版 者／世茂出版有限公司
負 責 人／簡泰雄
地　　址／（231）新北市新店區民生路 19 號 5 樓
電　　話／（02）2218-3277
傳　　真／（02）2218-3239（訂書專線）·（02）2218-7539
劃撥帳號／19911841
戶　　名／世茂出版有限公司 單次郵購總金額未滿 500 元（含），請加 50 元掛號費
世茂網站／www.coolbooks.com.tw
排版製版／辰皓國際出版製作有限公司
印　　刷／祥新彩色印刷股份有限公司
再版一刷／2015 年 4 月
三刷／2020 年 2 月

ISBN／978-986-5779-72-6
定　　價／280 元

黏貼處

世茂好書．豐富心靈

世潮精典．智慧同行

電話：(02) 22183277

傳真：(02) 22187539

廣告回函

北區郵政管理局登記證

北台字第 9 7 0 2 號

免貼郵票

231新北市新店區民生路19號5樓

世茂
世潮 出版有限公司 收
智富

黏貼處

請沿虛線剪下裝訂寄回，謝謝！

讀者回函卡

感謝您購買本書，為了提供您更好的服務，歡迎填妥以下資料並寄回，
我們將定期寄給您最新書訊、優惠通知及活動消息。當然您也可以E-mail：
Service@coolbooks.com.tw，提供我們寶貴的建議。

您的資料（請以正楷填寫清楚）

購買書名：________________________

姓名：____________ 生日：______年____月____日

性別：□男 □女 E-mail：________________

住址：□□□______縣市________鄉鎮市區________路街
______段______巷______弄______號______樓

聯絡電話：________________

職業：□傳播 □資訊 □商 □工 □軍公教 □學生 □其他：______

學歷：□碩士以上 □大學 □專科 □高中 □國中以下

購買地點：□書店 □網路書店 □便利商店 □量販店 □其他：______

購買此書原因：___ ___ ___ ___ ___ ___（請按優先順序填寫）
1封面設計 2價格 3內容 4親友介紹 5廣告宣傳 6其他：______

本書評價：
___ 封面設計 1非常滿意 2滿意 3普通 4應改進
___ 內　容 1非常滿意 2滿意 3普通 4應改進
___ 編　輯 1非常滿意 2滿意 3普通 4應改進
___ 校　對 1非常滿意 2滿意 3普通 4應改進
___ 定　價 1非常滿意 2滿意 3普通 4應改進

給我們的建議：